U0251799

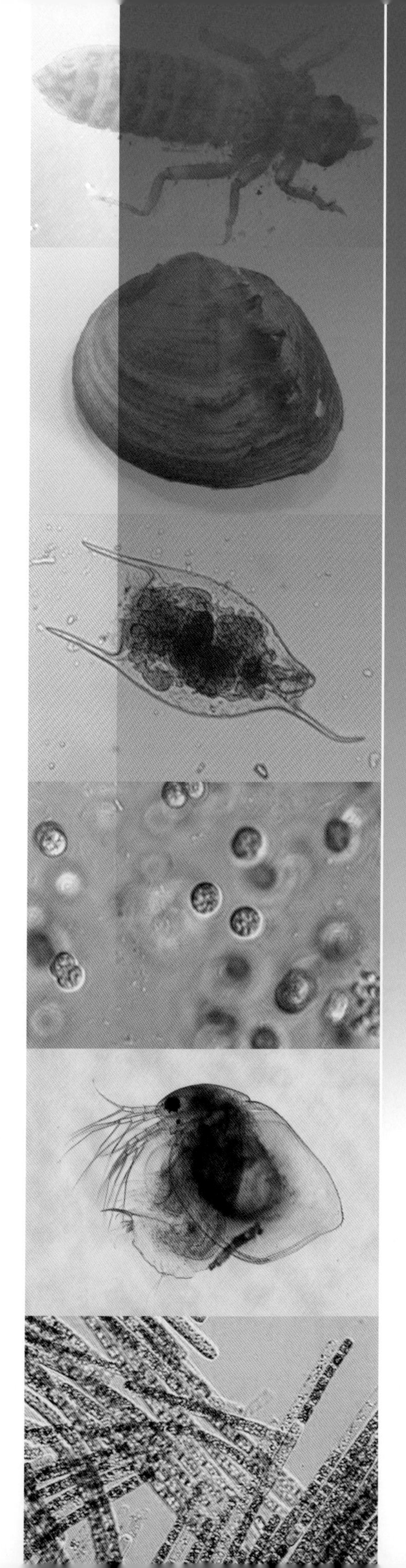

洞庭湖水生生物监测

DONGTINGHU SHUISHENG SHENGWU JIANCE

湖南省洞庭湖生态环境监测中心◎编著

中国环境出版集团

图书在版编目（CIP）数据

洞庭湖水生生物监测 / 湖南省洞庭湖生态环境监测中心编著．—北京：中国环境出版集团，2022.8

ISBN 978-7-5111-5214-5

Ⅰ．①洞…　Ⅱ．①湖…　Ⅲ．①洞庭湖—水生生物—生物资源—监测　Ⅳ．① Q178.1

中国版本图书馆 CIP 数据核字（2022）第 136328 号

出 版 人　武德凯
责任编辑　曲　婷
责任校对　任　丽
封面设计　彭　杉

出版发行　中国环境出版集团
（100062　北京市东城区广渠门内大街 16 号）
网　　址：http：//www.cesp.com.cn
电子邮箱：bjgl@cesp.com.cn
联系电话：010-67112765（编辑管理部）
010-67112736（第五分社）
发行热线：010-67125803，010-67113405（传真）

印　　刷　北京中献拓方科技发展有限公司
经　　销　各地新华书店
版　　次　2022 年 8 月第 1 版
印　　次　2022 年 8 月第 1 次印刷
开　　本　787 × 1092　1/16
印　　张　13.25
字　　数　242 千字
定　　价　100.00 元

《洞庭湖水生生物监测》

编 委 会

主　　编　黄代中　　李利强　　李本超

副 主 编　王丑明　　张　屹　　鲁志军　　石慧华

参编人员　李芬芳　　田　琪　　郭　晶　　尹宇莹

　　　　　张　静　　李书印　　李正飞　　连　花

　　　　　熊丹妮　　符　哲　　高吉权　　张君倩

　　　　　黄　谦　　曾　妮　　康厚尧　　何飞祥

　　　　　龚　正　　刘　妍　　李一帆　　金佳慧

顾　　问　邓立佳　　谢志才

序

FOREWORD

洞庭湖是长江流域两个重要大型通江湖泊之一，也是长江经济带绿色发展的重要保障，洞庭湖生态功能的保护，对三湘四水、长江流域乃至全国都具有十分重要的意义。2018 年 4 月，习近平总书记在考察长江经济带时，对湖南提出了守护好一江碧水的重要嘱托，洞庭湖的生态环境保护更显任重道远。保护好、治理好洞庭湖的生态环境，是抓好长江大保护的重要基础，也是湖南省义不容辞的历史责任。

2015 年开始，湖南省先后推进洞庭湖水环境整治五大专项行动、洞庭湖生态环境综合整治“三年行动计划”等重点工作，2017 年起连续 6 年开展污染防治攻坚战“夏季攻势”，集中时间与资源攻坚克难，一大批突出生态环境问题得到有效解决，洞庭湖水环境质量持续得到改善。目前，从水化学指标来看，湘江流域水质结果总体为优，干流断面水质均达到或优于Ⅲ类标准。然而，仅采用化学指标进行评价不足以全面反映湘江流域水生态质量。生态环境部《生态环境监测规划纲要（2020—2035 年）》提出“十四五”期间我国地表水从单一水质监测向水生态环境监测转型，《2022 年国家生态环境监测方案》中也正式将长江流域水生态考核监测提上工作日程。为积极响应国家水生态监测工作要求，准确了解洞庭湖流域水生态健康状况，开展持续的水生态调查工作必不可少，而水生生物监测是重中之重。水生生物监测与传统化学分析不同，物种鉴定需要系统深入的专业基础和工作经验，《洞庭湖水生生物监测》一书提供了洞庭湖流域 200 多个常见物种的实物照片，可作为洞庭湖流域水生生物监测的重要参考。

根据原国家环境保护局于 1986 年发布的《环境监测技术规范》中生物

监测（水环境）部分的监测内容和要求，湖南省洞庭湖生态环境监测中心从1988年起开始进行洞庭湖生物监测，对洞庭湖流域水生生物展开了较深入地研究，积累了大量宝贵数据和相关图片资料，本书凝练了湖南省洞庭湖生态环境监测中心三十多年来在洞庭湖生态环境监测和研究领域取得的系列工作成果。全书紧密结合洞庭湖的特点和生态环境保护工作需求，为全省乃至全国生态环境监测系统的同事提供了一本实用的工具书，对洞庭湖流域水生态监测预警、长江流域水生态考核等工作具有很好的借鉴和指导意义。

陈善荣

中国环境监测总站站长

2022年3月

前言

PREFACE

洞庭湖作为我国第二大淡水湖，亚洲最大的内陆湿地保护区，是世界自然基金会认定的全球200个生物多样性热点地区之一，也是国家重点生物多样性保护和世界淡水鱼类优质种质资源基因库。近几十年来，随着湖区经济的快速发展和人口的急剧增长，人类对自然资源的开发不断加剧，受其影响，洞庭湖的生态环境质量逐年下降，富营养化程度日益加剧。为贯彻习近平生态文明思想，落实《中华人民共和国长江保护法》及生态环境部关于洞庭湖保护的相关部署，湖南省明确提出要加强湿地生物多样性保护，提升生态环境质量监测能力和水平，推动水生态环境监测网络体系建立。

为客观评价洞庭湖流域水生态环境质量，支撑长江流域水生态考核工作，在洞庭湖流域开展水生生物监测具有重要的意义。水生生物监测是水生态监测的重点，也是难点。为指导水生生物监测，全国多个重点流域均有相关水生生物监测的参考书籍，但洞庭湖作为长江流域的重要水域，目前尚缺乏水生生物监测及相关图谱的专著。湖南省洞庭湖生态环境监测中心从1988年起开展洞庭湖生物监测，积累了宝贵的生物监测数据和相关图谱资料。本书涵盖了中心生物监测人员30余年的监测和研究成果，主要有现场采样、标本制作、种类鉴定和拍摄图片等。本书是一部较全面系统介绍洞庭湖流域浮游藻类、浮游动物和底栖动物三大常见类群的专著，汇集了洞庭湖流域常见的水生生物物种显微图，可作为洞庭湖流域水生生物监测的重要参考资料。

全书共分为五篇。第一篇绪论，介绍洞庭湖流域基本情况、污染特征及水环境质量。第二篇介绍了洞庭湖水生生物分布特征，对洞庭湖水生生物群落结构与水质的关系进行了阐述。第三篇至第五篇分别介绍了洞庭湖流域浮游藻类、浮游动物和底栖动物三大类群中常见的种类，共涵盖了超过 210 个属，300 余张显微图片。

在本书的编写过程中，得到了参编单位中国科学院水生生物研究所、生态环境部长江流域生态环境监督管理局生态环境监测与科学研究中心的大力支持。在此作者对为本书提供支持和帮助的各位领导和同志们表示衷心的感谢。

由于作者水平有限，书中难免存在错误或瑕疵，希望广大读者批评指正。

黄代中

2022 年 3 月

目录

CONTENTS

第一篇　绪　论

第二篇　洞庭湖水生生物分布特征

第三篇 浮游藻类

Phytoplankton

第四篇 浮游动物

Zooplankton

第五篇 底栖动物

Zoobenthos

第一篇 绪论

第一章 洞庭湖流域概况

洞庭湖位于长江中游荆江河段南岸，湖北省南部、湖南省北部，北纬28° 44′ ～29° 35′，东经111° 53′ ～113° 05′，是我国第二大淡水湖，同时也是世界自然基金会划定的全球重要生态区、国际重要湿地，承担着调蓄滞洪、生物多样性保护、水资源供给、气候调节等多种生态功能，是保障长江中下游水生态安全不可缺少的屏障。洞庭湖流域系指以洞庭湖为中心的广大河、湖，冲积、淤积平原和环湖岗丘及外围低山区，属亚热带湿润季风气候，热量丰富、四季分明、雨量充沛而集中、年际变化大；多年平均降水量1 200～1 400 mm，年均降水值为1 235 mm；多年平均蒸发量1 150～1 500 mm，全年干燥度为0.6～0.8，湖区暴雨日多年平均为3～4 d，6月暴雨最多，最大日暴雨量为293.8 mm。

洞庭湖来水较为复杂，北纳长江的松滋、太平、藕池三口来水（以下简称“长江三口”）（调弦口已于1958年冬封堵），南和西接湘、资、沅、澧四水（以下简称“四水”），由岳阳市城陵矶注入长江，湖区多年（1956—2012年）平均入湖径流量达2 823亿 m^3，约占长江多年平均入海径流量的1/3。其中来自“长江三口”的约874亿 m^3，占31.0%；来自“四水”的约1 656亿 m^3，占58.7%；来自洞庭湖区间的约293亿 m^3，占10.3%。多年平均水深为6.39 m。湖水更换周期最长为19 d，属典型的过水性湖泊。洞庭湖由于历史演变和泥沙淤积严重，湖区面积萎缩和湖体破碎化程度日益加剧，由鼎盛期的6 000 km^2 还多，缩减到中华人民共和国成立初期的4 350 km^2，目前萎缩到2 650 km^2，分隔为东洞庭湖、南洞庭湖和西洞庭湖三个核心湖体，湖区外围形成数量众多的内湖、港汊和沟渠，河流曲折交织，湖荡星罗棋布，堤垸纵横，水系复杂，但目前仍是我国第二大淡水湖。

多年来，随着人类活动加剧和江湖关系的变化，长江上游地区兴建水利设施，洞庭湖水文情势发生较大变化。有关资料表明，2008年以后洞庭湖“长江三口”来水量每年至少减少100亿 m^3，同时荆江三口分流、分沙呈逐年减少趋势，分流比逐渐降低，断流时间提前，断流期延长。通常，洞庭湖在每年 7—9 月处于丰水期，降水量明显增加，长江经“三口”进入洞庭湖的水量也明显增加，洞庭湖的水位常会达到最高峰，呈现“涨水一大片”的景象；而在 11 月至翌年 2 月处于枯水期，水量逐渐减少，滩涂逐渐裸露，呈现出“落水几条线”的景象。

第二章 洞庭湖污染特征

洞庭湖水体常年超标的指标以总氮、总磷为主，因此本书仅对总氮和总磷两项指标的来源进行分析。洞庭湖污染排放主要由“四水”“长江三口”入湖排放和洞庭湖区污染排放两部分贡献。

“四水”“长江三口”是洞庭湖的主要径流来源，其入湖污染物浓度、污染物输入量直接影响洞庭湖的水质状况。2014 年，入湖河流共输入洞庭湖总氮 49.93×10^4 t，湘、资、沅、澧四水占主导，共占 75.8%（图 1-2-1），其中湘江占 30.7%，沅江占 29.0%；入湖河流共输入洞庭湖总磷 21.23×10^3 t，湘、资、沅、澧四水占主导，共占 65.0%，其中沅江占 34.4%，“长江三口”的松滋口占 28.7%。显然，入湖总氮污染物主要源于沅江和湘江，总磷污染物主要源于沅江和松滋口水系。

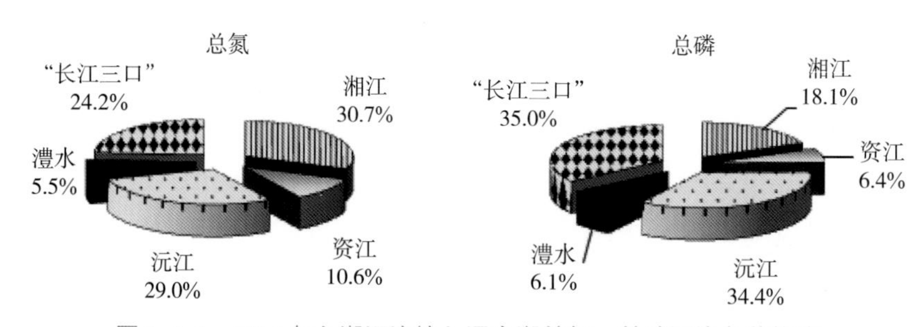

图 1-2-1　2014 年入湖河流输入洞庭湖总氮、总磷污染负荷构成

洞庭湖水质状况除受主要入湖河流输入影响外，还与滨湖区污染源的排放密不可分。调查数据显示，2014 年，滨湖区污染源主要污染物总氮排放量约为 5.52×10^4 t，主要源于畜禽养殖业和城镇生活污水排放，两者共占入湖氮总量的 63.6%（图 1-2-2），其中以畜禽养殖业污染最为严重，占 40.2%。总磷排放量约为 5.7×10^3 t，主要源于畜禽养殖业和城镇生活污水排放，分别占总量的 57.0% 和 16.1%。此外，水产养殖、农村生活污水、农田径流、工业废水排放也对总磷有一定贡献。2014 年，洞庭湖区畜禽养殖污染源共 64 908 个，其中规模化养殖场 7 468 个，养殖专业户

57 440 个，出栏生猪 2 257 万头。当年污染处理设施配套建成率仅为 46.4%，即便有配套的污染处理设施，也多因设施不完善或运行费用高等原因，处于闲置状态，从而导致污水直排或污水治理效果差。分散养殖户的养殖规模虽小，但户数众多，养殖总量大，且无治理设施，畜禽排泄物基本随意排放，也对洞庭湖的水质造成了很大的负面影响。

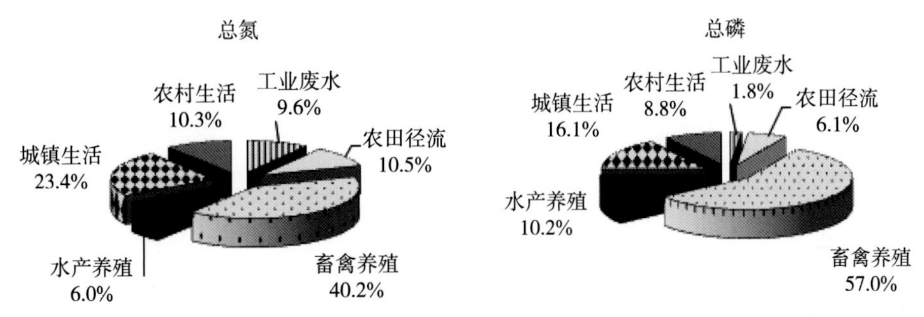

图 1-2-2 2014 年洞庭湖区污染源构成

从入湖总负荷构成分析，总氮和总磷入湖通量分别为 49.93×10^4 t 和 21.23×10^3 t，占入湖总负荷的 90.0% 和 78.8%，可见入湖通量占主导，是污染物输入主要来源。但从影响洞庭湖水环境质量方面分析，入湖河流高背景污染物浓度则是主要原因，湖区污染物汇入进一步影响洞庭湖的水质状况。因此，洞庭湖水环境的整治需从流域大尺度范围内进行综合考虑，即从“四水”“长江三口”、湖区农业面源、城镇生活源、工业废水及水土流失等方面进行综合整治。

第三章　洞庭湖水环境质量

一、监测工作概况

（一）监测断面设置及历史沿革

洞庭湖水质监测工作始于 1983 年，水生生物监测始于 1988 年，监测断面由于水位变化、国控断面改变和监测工作任务分配等客观原因几经调整，水质监测断面由最初的 10 个调整为目前的 20 个，水生生物监测断面从 6 个调整为目前的 16 个。1983—1990 年，洞庭湖监测断面位置与数量变化较大；1991—2001 年监测断面小范围调整；2002 年以后监测断面基本固定，目前共设置 20 个水质监测断面，其中 8 个入湖口断面、11 个湖体断面和 1 个出湖口断面；水生生物监测断面 16 个，其中 4 个入湖口断面（即“四水”入湖口）、11 个湖体断面和 1 个出湖口断面。断面布设情况详见表 1-3-1 和图 1-3-1。

表 1-3-1　洞庭湖监测断面设置情况

水域	编号	断面名称	断面布设意图	经纬度	备注
入湖口	1	樟树港	掌握湘江入湖水质	112°48′7.6″E 28°34′6.9″N	国控断面
	2	万家嘴	掌握资江入湖水质	112°23′12.1″E 28°37′0.6″N	国控断面
	3	坡头	掌握沅江入湖水质	112°7′3.3″E 28°54′46.6″N	国控断面
	4	沙河口	掌握澧水入湖水质	112°5′38.2″E 29°15′21.0″N	国控断面
	5	马坡湖	掌握松滋河东支入湖水质	112°6′3.3″E 29°38′40.7″N	国控断面
	6	南渡	掌握汨罗江入湖水质	113°1′54.4″E 28°52′58.6″N	国控断面

续表

水域		编号	断面名称	断面布设意图	经纬度	备注
入湖口		7	八仙桥	掌握新墙河入湖水质	113°6′6.7″E 29°11′11.3″N	国控断面
		8	六门闸	掌握华容河入湖水质	112°45′56.0″E 29°27′19.7″N	国控断面
湖体	西洞庭湖	9	南嘴	掌握松澧洪道、澧水合流水质	112°17′56.2″E 29°3′46.8″N	国控断面
		10	蒋家嘴	掌握西洞庭湖水质	112°9′52.6″E 28°51′47.1″N	国控断面
		11	小河嘴	掌握西洞庭湖出口水质	112°18′38.9″E 28°51′5.7″N	国控断面
	南洞庭湖	12	万子湖	掌握万子湖水质	112°24′39.3″E 28°49′6.2″N	国控断面
		13	横岭湖	掌握横岭湖水质	112°51′58.1″E 28°50′15.1″N	国控断面
		14	虞公庙	掌握湘资合流水质	112°53′24.8″E 28°49′47.0″N	国控断面
	东洞庭湖	15	鹿角	掌握南洞庭湖入东洞庭湖水质	112°59′19.1″E 29°9′14.7″N	国控断面
		16	扁山	岳阳市主城区入境断面	113°3′20.3″E 29°20′16.6″N	国控断面
		17	东洞庭湖	掌握东洞庭湖水质	112°59′55.0″E 29°19′48.0″N	国控断面
		18	岳阳楼	掌握东洞庭湖出口水质	113°5′20.4″E 29°24′9.5″N	国控断面
		19	大小西湖	掌握大小西湖水质	112°49′12.8″E 29°28′48.7″N	—
出湖口		20	洞庭湖出口	掌握洞庭湖出湖水质	113°8′15.6″E 29°26′34.6″N	国控断面

（二）监测项目与监测频率

洞庭湖湖体水质监测项目包括《地表水环境质量标准》（GB 3838—2002）表 1 的基本项目 24 项，以及透明度和叶绿素 a。水生生物监测项目包括浮游藻类、浮游动物和底栖动物。浮游藻类及浮游动物的样品采集、检测、分析按照《湖库水生态环境质量监测与评价技术指南》及《水和废水监测分析方法（第四版）》所规定的方法及要求执行；底栖动物的样品采集、检测、分析按照《湖库水生态环境质量监测与评价技术指南》及《生物多样性观测技术导则　淡水底栖大型无脊椎动物》（HJ 710.8—2014）规定的要求执行。

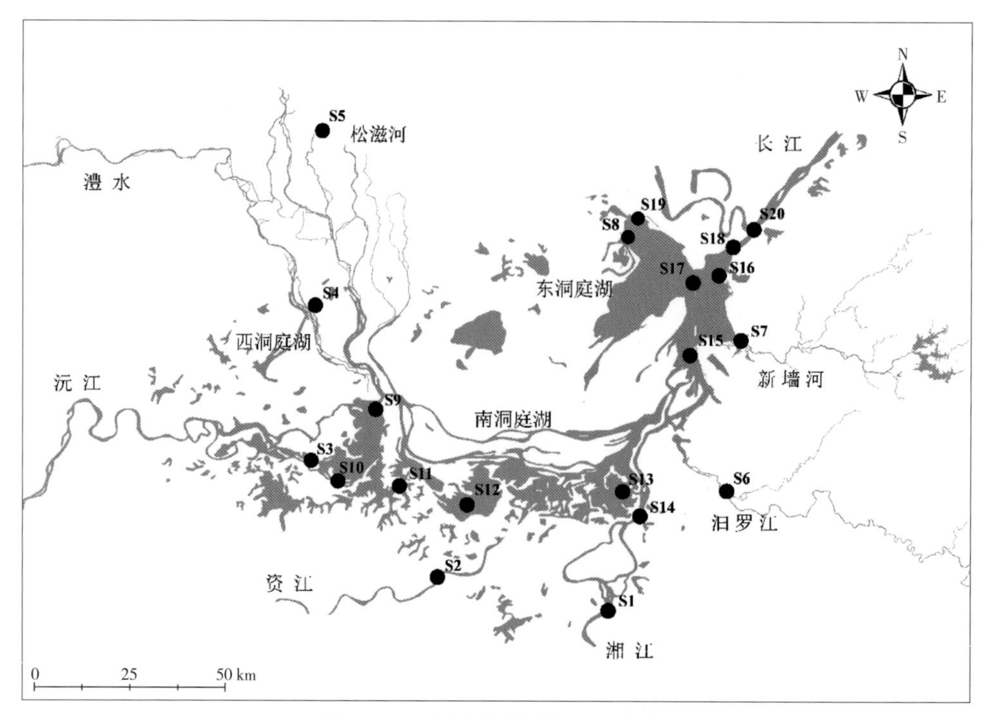

图 1-3-1 洞庭湖监测断面示意图

水质指标监测频率，1991—1994 年为每年 4 次（3 月、6 月、9 月、12 月），1995—2004 年为每年 3 次（1 月、5 月、9 月），2005 年至今为每月 1 次；水生生物监测频率，1991—1993 年为每年 4 次（3 月、6 月、9 月、12 月），1994—2011 年为每年 3 次（1 月、5 月、9 月），2012 年至今为每年 4 次（3 月、6 月、9 月、12 月）。

二、水质类别

2020 年洞庭湖 8 个入湖口断面Ⅰ～Ⅲ类水质断面比例为 100.0%，总体水质状况为优；12 个湖体和出湖口断面中，除小河嘴断面为Ⅲ类水质外，其他断面均为Ⅳ类，Ⅲ类和Ⅳ类水质断面比例分别为 8.3% 和 91.7%，总体水质为Ⅳ类，属轻度污染，主要超标污染物为总氮和总磷。

从近 10 年洞庭湖水质类别比例变化状况（图 1-3-2）可知，洞庭湖各入湖河流的入湖口断面水质类别以Ⅱ类、Ⅲ类水质为主，湖体及出湖口断面水质类别基本稳定，以Ⅳ类为主，总体属轻度污染。总体来说，近 10 年洞庭湖水质呈现先变差再转好的态势，2015 年为近 10 年水质最差年份，洞庭湖Ⅴ类水质断面比例高达 44.4%。值得一提的是，“十三五”期间优于Ⅲ类水质断面比例由 35% 逐步上升到 45%，Ⅳ类水质断面比例逐步下降到 55%，Ⅴ类水质断面逐渐消失，洞庭湖水质呈现稳中向好的趋势。

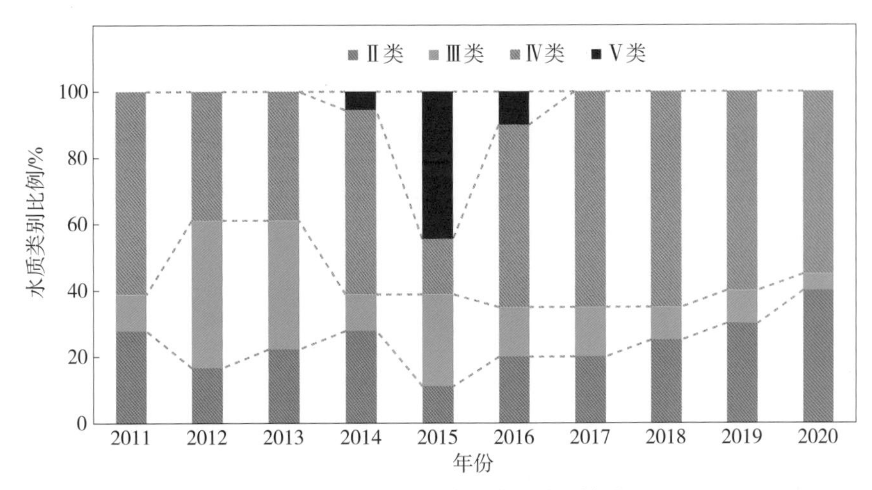

图 1-3-2 近 10 年洞庭湖水质类别变化图

“十三五”与“十二五”期间水质相比（图 1-3-3），洞庭湖入湖口断面总体水质由“十二五”的“优”下降为“十三五”的“良好”，主要是受新增监测断面六门闸的影响。湖体总体水质不变，均稳定在轻度污染的状态。但湖体断面Ⅴ类水质比例下降幅度较大，由“十二五”期间的 16.4% 下降到“十三五”期间的 3.3%，且近 4 年洞庭湖Ⅴ类水质断面完全消失，洞庭湖湖体水质呈现好转的趋势。

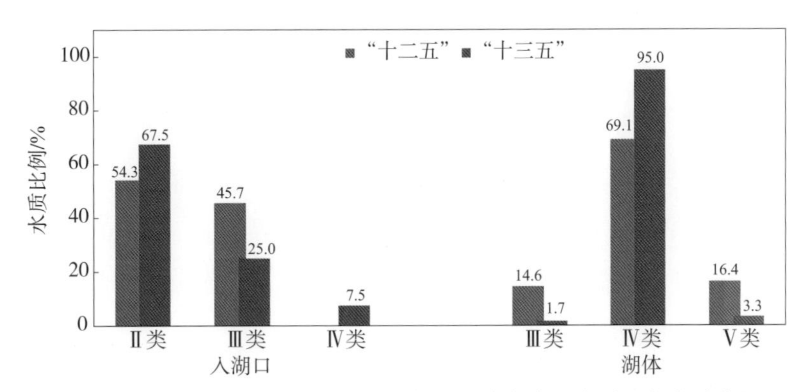

图 1-3-3 “十二五”与“十三五”期间洞庭湖水质类别及占比对比图

三、主要污染物

历年来，总氮和总磷为洞庭湖的主要污染物，也是影响洞庭湖水体富营养的主要营养指标，已引起社会的广泛关注。

（一）总氮

2020 年，洞庭湖各监测断面总氮年均浓度及年度比较见图 1-3-4。洞庭湖 20 个断面的总氮年均浓度为 1.27～2.08 mg/L，均明显超过《地表水环境质量标准》

（GB 3838—2002）Ⅲ类标准限值（1.0 mg/L），年超标率为 100%。空间分布上，入湖口总氮年均浓度高于出湖口，出湖口总氮年均浓度高于湖体，湖体总氮浓度以西洞庭湖和南洞庭湖最低。2020 年，洞庭湖全湖总氮年均浓度略低于 2019 年。与 2019 年相比，总氮年均浓度下降的断面占 70.0%，其中万子湖（−20.63%）和大小西湖（−21.51%）下降幅度在 20.0% 以上。

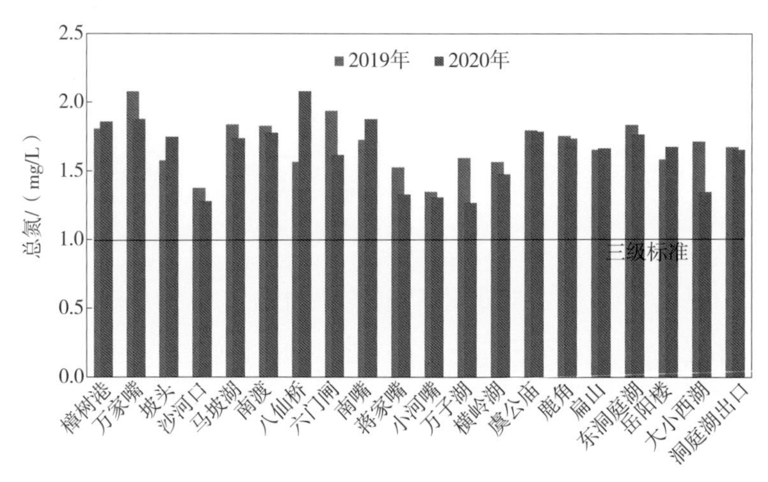

图 1-3-4　2019 年、2020 年洞庭湖各监测断面总氮年均浓度比较

近 10 年洞庭湖 20 个监测断面的总氮年均浓度均明显高于《地表水环境质量标准》（GB 3838—2002）Ⅲ类标准限值（1.0 mg/L），各断面的总氮年均浓度为 1.258～3.890 mg/L。空间分布上，区间的总氮年均浓度较高，西洞庭湖的总氮年均浓度较低（图 1-3-5）。洞庭湖全湖平均总氮污染物变化趋势采用秩相关系数法进行 Daniel 检验，检验结果 r_s 值为 −0.842，绝对值大于临界值 w_p（N=10 时，w_p=0.746），在 0.01 水平（单侧）极显著相关，表明近 10 年洞庭湖全湖总氮平均浓度呈现显著下降的趋势，洞庭湖氮污染有所减缓。

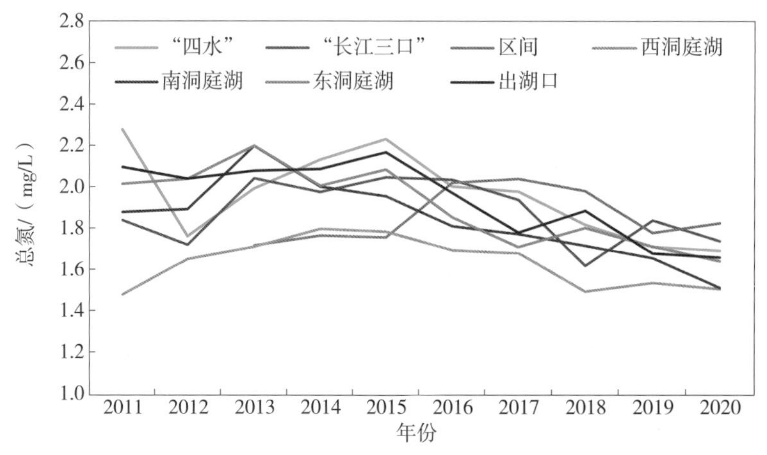

图 1-3-5　近 10 年洞庭湖各水域的总氮平均浓度变化趋势

（二）总磷

2020 年洞庭湖各监测断面总磷年均浓度及年度比较见图 1-3-6。2020 年洞庭湖 20 个监测断面的总磷年均浓度范围为 0.040～0.088 mg/L，8 个河流断面均低于河流Ⅲ类标准限值（0.2 mg/L），除小河嘴外，其他 11 个湖体断面的总磷年均浓度均高于《地表水环境质量标准》（GB 3838—2002）中湖、库Ⅲ类水质的标准限值（0.05 mg/L），年超标率为 55.0%。2020 年洞庭湖总磷年均浓度（0.064 mg/L）略低于 2019 年（0.072 mg/L）。与 2019 年相比，总磷年均浓度下降的断面占 60.0%，其中有 5 个监测断面的总磷年均浓度降幅超过 20%。

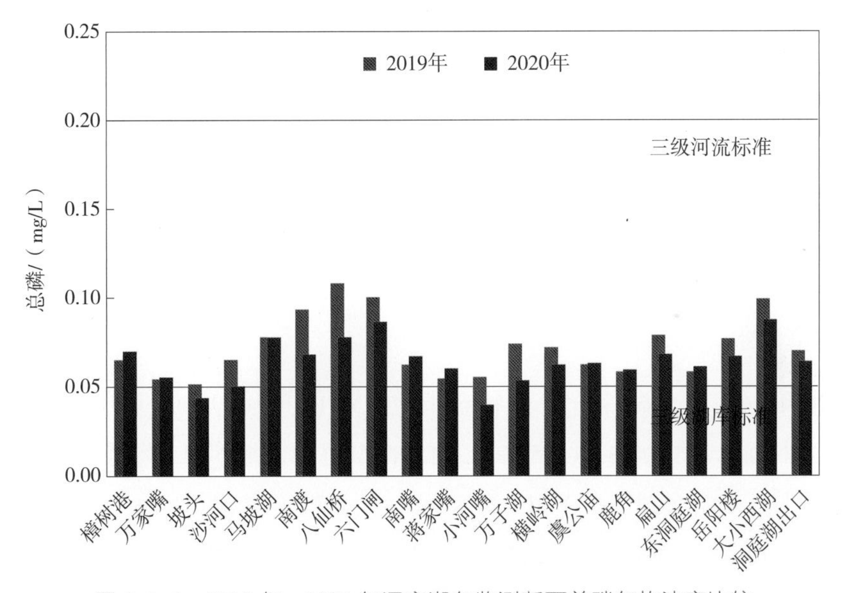

图 1-3-6 2019 年、2020 年洞庭湖各监测断面总磷年均浓度比较

近 10 年洞庭湖监测断面总磷年均浓度为 0.040～0.139 mg/L，其中总磷年均浓度低于《地表水环境质量标准》（GB 3838—2002）中湖、库Ⅲ类标准限值（0.05 mg/L）的断面有 6 个，分别为 2011—2013 年的万家嘴断面，2012—2013 年的扁山断面、东洞庭湖断面、岳阳楼断面和洞庭湖出口断面，2020 年的小河嘴断面，其他断面的总磷年均值均高于湖库Ⅲ类标准限值（0.05 mg/L），而低于河流Ⅲ类标准限值（0.2 mg/L）。空间分布上，区间和“长江三口”的总磷年均值较高，“四水”的总磷年均值较低，湖体居中，湖体中东洞庭湖高于西、南洞庭湖（图 1-3-7）。

近 10 年洞庭湖全湖平均总磷污染物变化趋势采用秩相关系数法进行 Daniel 检验，检验结果 r_s 值为 -0.467，绝对值小于临界值 w_p（N=10 时，w_p=0.564），无显著意义。但“十三五”期间，洞庭湖全湖总磷平均浓度的秩相关系数为 -1，绝对值

大于临界值 w_p（N=5 时，w_p=0.900），表明近 5 年洞庭湖全湖总磷呈现显著下降的趋势，与图 1-3-7 变化趋势吻合，洞庭湖磷污染程度有所减轻。

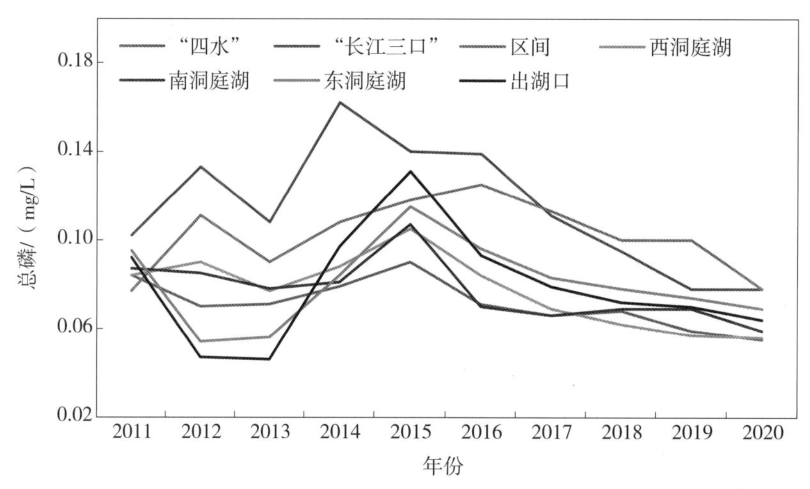

图 1-3-7　近 10 年洞庭湖各水域的总磷年均浓度变化趋势

四、富营养变化

（一）洞庭湖水体的富营养化现状

2020 年洞庭湖全湖综合营养状态指数（∑TLI）为 49.60，属中度营养水平；12 个监测断面 ∑TLI 为 43.24～59.05，西、南洞庭湖区域 ∑TLI 均低于 50，处于中度营养水平；东洞庭湖区域 ∑TLI 为 52.86，处于轻度富营养水平，其中大小西湖断面的 ∑TLI 最大，为 59.05。2020 年 1 月、4—7 月、12 月，洞庭湖全湖 ∑TLI 均超过 50，达到轻度富营养水平，其他月份 ∑TLI 均小于 50，属于中度营养水平。下半年营养水平稍好于上半年。

（二）洞庭湖水体 ∑TLI 的年际变化趋势

从时间上看，1991—2020 年，洞庭湖全湖 ∑TLI 为 41.09～51.68，总体呈上升趋势（图 1-3-8），其中 1998 年、2000 年、2010 年、2014—2016 年的 ∑TLI 均超过 50，处于轻度富营养水平，其余年份均处于中度营养水平。可分为三个时间段分析：1991—2000 年为第一阶段，这一时期 ∑TLI 明显上升，尤其是 1998 年和 2000 年，都达到了轻度富营养水平，这可能与这一时期洞庭湖暴发洪水有关。洪水期间，地表径流携带的大量悬浮物会使湖泊水体中氮磷等污染物浓度升高，另外强烈的风暴也会破坏水生植物群落，底泥悬浮易导致沉积物中营养物质得以释放。2001—2007 年为第二阶段，这一时期 ∑TLI 均低于 50，水体富营养化趋势减缓，主要受低浓度叶绿素 a 的影响。2008—2020 年为第三阶段，∑TLI 上升趋势明显，水体富营养化加剧。该时段洞庭湖流域工业和生活污染、农业面源污染增加，且湖区内水产养殖破坏水生植被，湖体自净能力减弱等加剧了湖泊富营养化进程。另外，三峡工程运行也可能使洞庭湖水体透明度增大，水环境容量减少，水华暴发风险增大。

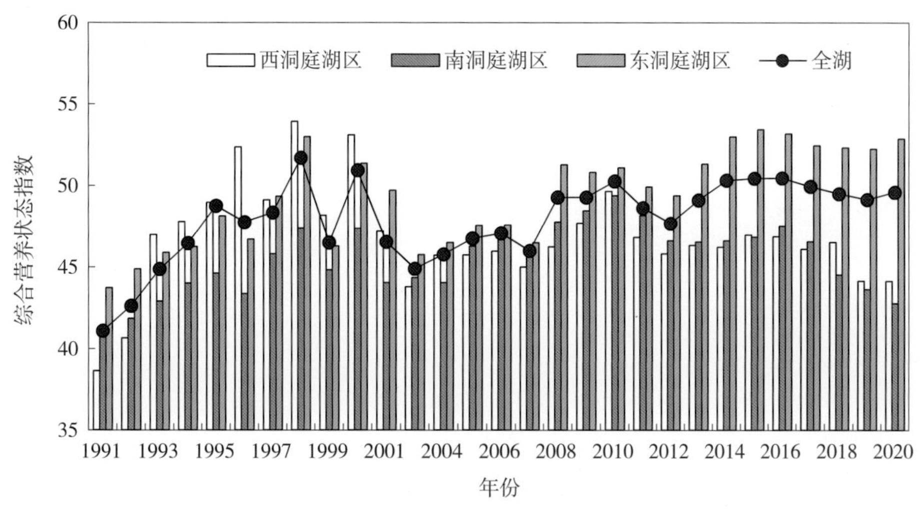

图 1-3-8 1991—2020 年洞庭湖 ∑TLI 变化趋势

（三）洞庭湖水体 ∑TLI 的空间变化趋势

洞庭湖富营养的空间分布按西、南、东三个湖区进行比较，总体表现为东洞庭湖 > 西洞庭湖 > 南洞庭湖。近 30 年来，南洞庭湖区 ∑TLI 一直低于 50，长期稳定在中度营养水平。西洞庭湖区在 1996 年、1998 年和 2000 年 ∑TLI 高于 50，属轻度富营养水平，其他年份 ∑TLI 低于 50，属中度营养水平。东洞庭湖区 ∑TLI 呈上升趋势，与其他湖区差异显著，在 1998 年、2000 年、2008—2010 年和 2013—2020 年都超过了 50，属轻度富营养水平，这主要是受大小西湖的影响。大小西湖断面位于东洞庭湖国家级自然保护区的核心区，其附近连通水域大都水流缓慢，营养盐浓度较高，在 2008 年首次出现了水华，2013 年 9 月水华面积达 400 km^2，优势种为微囊藻。“十三五”期间，大小西湖断面平均 ∑TLI 高于 59，接近中度富营养水平，应引起高度重视。

第二篇

洞庭湖水生生物分布特征

第一章 浮游藻类

一、浮游藻类采样及分析方法

浮游藻类样品的采集、检测、分析按照《湖库水生态环境质量监测与评价技术指南》及《水和废水监测分析方法（第四版）》所规定的方法及要求执行。具体操作步骤如下：

根据不同水深开展分层采样时，应按照由浅到深的顺序进行，使用采水器于每个采样层分别采集 1 L 水样，倒入清洁水桶，充分摇匀后，取 1 L 装入样品瓶，并立即加入 15 mL 鲁哥氏液进行固定。将固定后的浮游藻类水样摇匀倒入固定在架子上的 1 L 沉淀器中，2 h 后将沉淀器轻轻旋转，使沉淀器壁上尽量少附着浮游藻类，再静置 24 h。充分沉淀后，用虹吸管慢慢吸去上清液。虹吸时管口要始终低于水面，吸液口距离分液漏斗底部应大于 3 cm，流速、流量不能太大，沉淀和虹吸过程中不可发生摇动，如摇动了，底部应重新沉淀。吸至澄清液的 1/3 时，应逐渐减缓流速，至留下含沉淀物的水样约 20 mL，放入 30 mL 的定量样品瓶中。用吸出的少量上清液冲洗沉淀器 2～3 次，一并放入样品瓶中，定容到 30 mL。如样品的水量超过 30 mL，可静置 24 h 后，或到计数前再吸去超过定容刻度的多余水量。浓缩后的水量多少要视浮游藻类浓度大小而定，浓缩标准以每个视野里有十几个藻类为宜。如无分液漏斗，可在试剂瓶中以同样方法逐次浓缩。

浮游藻类计数前需先核准浓缩沉淀后定量瓶中水样的实际体积，可加纯水使其成 30 mL 整量。然后将定量样品充分摇匀，迅速吸出 0.1 mL 置于 0.1 mL 计数框内。样品注入计数框后，至少要静置 15 min，让浮游藻类沉到框底后，方可开始计数，对于某些不下沉的蓝藻要单独计数，然后加入总数内。计数时，显微镜的目镜可用 10×，物镜用 40×，根据实际情况可加以变动。计数的视野应均匀分布在计数框内，每片计数视野数可按浮游藻类的多少而酌情增减，一般为 50～300 个，使得计数值至少在 300 以上。

二、浮游藻类种类组成及优势种

1988—2020 年洞庭湖浮游藻类种属数量变化见图 2-1-1。自 1988 年，洞庭湖共记录浮游藻类 8 门 139 属，其中蓝藻门 21 属，绿藻门 63 属，硅藻门 39 属，裸藻门 4 属，甲藻门 4 属，隐藻门 2 属，金藻门 3 属，黄藻门 3 属。洞庭湖浮游藻类主要为绿藻门、硅藻门和蓝藻门，分别占全湖种类的 45.3%、28.1% 和 15.1%，其他 5 门仅占 11.5%。洞庭湖浮游藻类的属级分类单元数呈波动式先下降后又上升的趋势，其中 2001 年最低，为 27 属；2020 年最高，为 74 属。

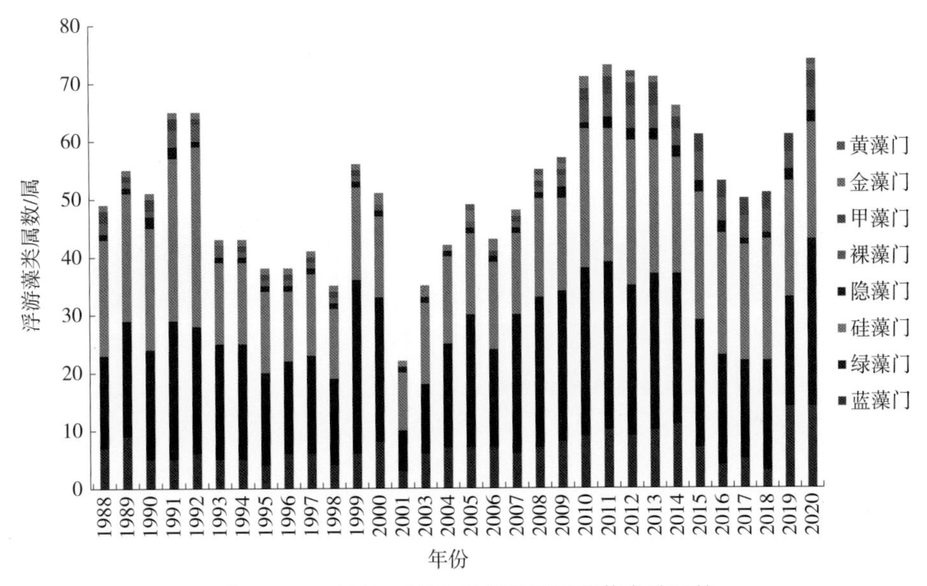

图 2-1-1　1988—2020 年洞庭湖浮游藻类种属数

近 30 年来，洞庭湖浮游藻类优势种发生了较大程度的变迁。1988—1991 年以隐藻门蓝隐藻（*Chroomonas* sp.）和隐藻（*Cryptomonas* sp.）为主要优势属，很多研究表明蓝隐藻能在很多寡营养的水体中大量生长。而在 1992 年之后，则以硅藻门舟形藻（*Navicula* sp.）和直链藻（*Melosira* sp.）为主要优势种，隐藻门只在少数几个年份中成为优势种。值得注意的是从 2012 年开始，蓝藻门颤藻（*Oscillatoria* sp.）、微囊藻（*Microcystis* sp.）和伪鱼腥藻（*Pseudanabaena* sp.）在东洞庭湖的大小西湖断面成为优势种，进而形成蓝藻水华。

三、浮游藻类密度

1988—2020 年洞庭湖浮游藻类的密度呈波动式上升趋势（图 2-1-2），由 20 世纪 90 年代的 2.06×10^4 cells/L 左右上升到近年来的 32.3×10^4 cells/L，其中 1988—1993 年平均密度为 2.06×10^4 cells/L，这期间从未超过 10×10^4 cells/L；1994—2007 年平均密度为 13.8×10^4 cells/L，这期间从未超过 20×10^4 cells/L；2008—2020 年平均密度为 48.2×10^4 cells/L，2020 年达到峰值，为 255.1×10^4 cells/L。从浮游藻类各门类密度占比来看（图 2-1-3），蓝藻门近 30 年来有显著上升，从 1988 年的 0.8% 上升到 2020 年的 72.5%，隐藻门相比来说显著下降，从 1988 年的 44.0% 下降到 2020 年的 13.2%，与水体的富营养化的变化趋势吻合。

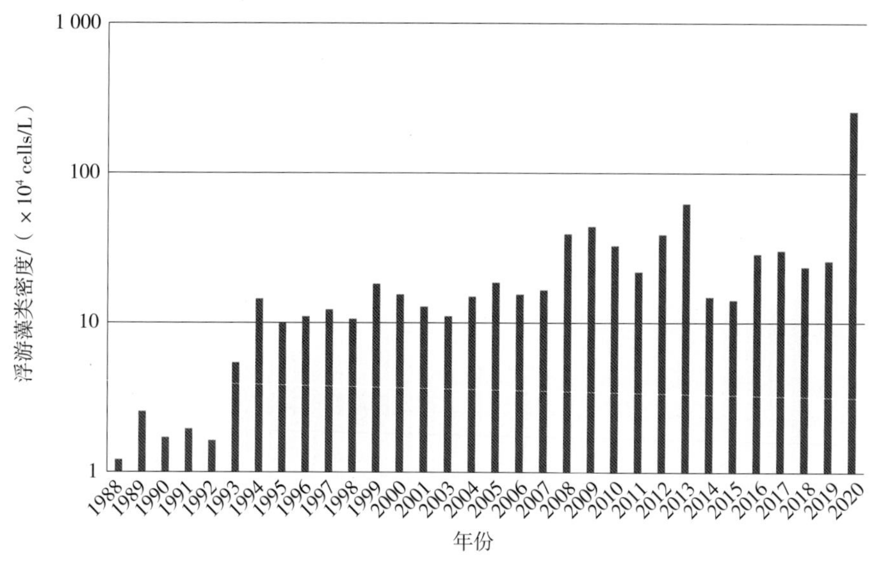

图 2-1-2　1988—2020 年洞庭湖浮游藻类的密度变化

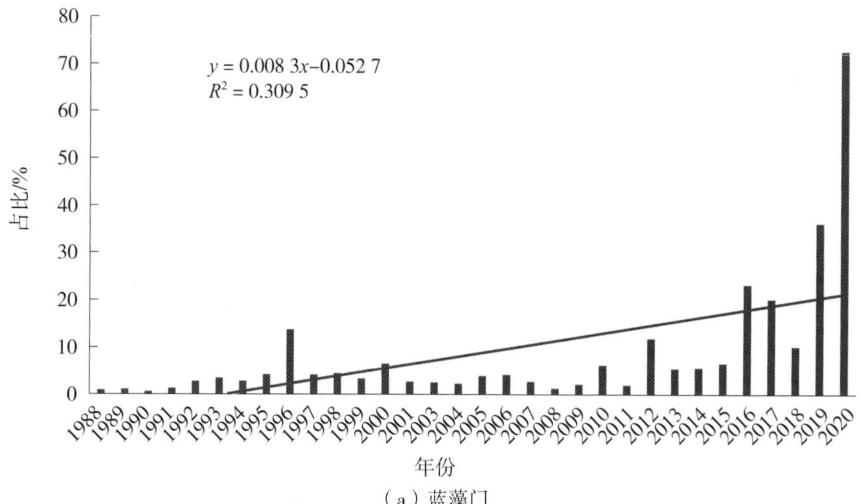

（a）蓝藻门

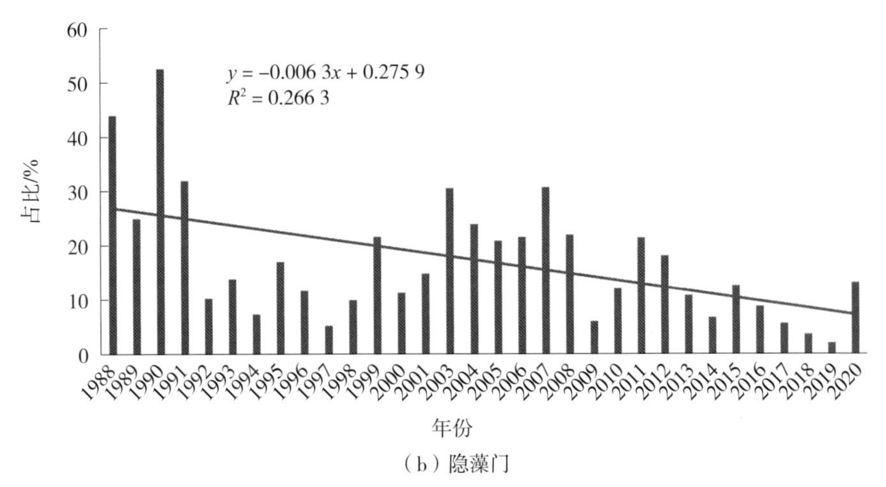

（b）隐藻门

图 2-1-3 1988—2020 年洞庭湖浮游藻类蓝藻门和隐藻门的密度占比变化

四、浮游藻类群落结构与水质的关系

结合 1988 年以来洞庭湖的溶解氧（DO）、水温（WT）、pH、氨氮（NH_3-N）、高锰酸盐指数（COD_{Mn}）、总氮（TN）、总磷（TP）、叶绿素 a（Chl-a）、透明度（SD）和综合营养状态指数（∑TLI）分别与浮游藻类密度和种类数进行分析，发现密度与 NH_3-N、TN、Chl-a 和 ∑TLI 都呈显著正相关，但是与 DO 呈显著负相关，种类数与 TN 呈显著正相关，但是与 DO 和 COD_{Mn} 呈显著负相关（表 2-1-1）。

表 2-1-1 洞庭湖浮游藻类群落结构与水质的相关性分析

	DO/（mg/L）	WT/℃	pH	NH_3-N/（mg/L）	COD_{Mn}/（mg/L）	TN/（mg/L）	TP/（mg/L）	Chl-a/（mg/m^3）	SD/m	∑TLI
密度 /（cells/L）	-0.676^{**}	0.014	0.100	0.377^{*}	−0.231	0.634^{**}	0.137	0.469^{*}	0.272	0.472^{**}
种类数 /（属）	-0.430^{*}	0.335	0.075	−0.041	-0.572^{**}	0.527^{**}	−0.125	0.280	−0.214	0.041

注：相关性水平 * 为 $p<0.05$，** 为 $p<0.01$。

浮游藻类密度和种类都与总氮呈显著正相关，都与溶解氧呈显著负相关。

总氮是洞庭湖水体主要污染物之一，分析表明，近 30 年来洞庭湖的总氮显著增加。高浓度的营养元素（如氮）能够对浮游藻类群落产生明显的影响。多年研究也表明洞庭湖浮游藻类密度与总氮呈显著正相关。

近 30 年来，洞庭湖溶解氧显著减少，这可能与洞庭湖近 30 年来水体受到污染有关。一般来说，溶解氧是表征水体污染程度的重要指标，一般清洁水体中的溶解氧会趋于饱和，而当水体受到污染时溶解氧浓度则会大幅降低。相关研究表明，浮游藻类与溶解氧呈显著负相关，相关分析也表明洞庭湖浮游藻类与溶解氧呈显著负相关。近30年来，洞庭湖富营养化显著加剧，综合营养状态指数由1991年的中度营养转为2016年的轻度富营养，这促进了浮游藻类的增长，同时也导致了水体缺氧。

五、浮游藻类的演变

浮游藻类可以作为湖泊水环境演化和富营养化发展的指示性生物，以隐藻门为优势种的湖泊，一般为贫—中营养；以硅藻门为优势种的湖泊，一般为中—富营养；而以蓝藻门为优势种的湖泊，一般为重富营养。洞庭湖浮游藻类优势种群从20世纪80年代末的以隐藻和硅藻为主转变为90年代中后期的以硅藻和绿藻为主。2008年以后，在个别湖区（如大小西湖）已经出现以蓝藻为优势种群的水体，相应地，近30年来洞庭湖的营养状态从贫—中营养转为中—富营养，个别湖区（如大小西湖）的营养状态已经成为重富营养。

洞庭湖浮游藻类密度在1988—2007年缓慢上升，自2008年以来呈现急剧上升趋势，在2020年最高达到过255.1×10^4 cells/L。在此过程中，隐藻占比显著下降，而蓝藻密度开始迅速上升，同时各主要污染物浓度均有显著上升的趋势。这一时期内水质变化趋势可能是流域内社会经济持续快速发展引起的工业污染、农业面源污染及湖内沉积物释放所造成的。这一时期三峡工程的运行和严重干旱等原因也导致了入湖水量减少致使水体交换不畅，削弱了湖泊水体自身的净化能力，直接造成湖区水环境容量减小和污染物浓度上升，从而使水体富营养化。东洞庭湖浮游藻类密度显著高于西洞庭湖和南洞庭湖。分析也表明，东洞庭湖的总氮、氨氮、叶绿素a和营养状态指数均明显高于西洞庭湖和南洞庭湖，这可能是主要受大小西湖的影响。大小西湖位于东洞庭湖国家级自然保护区的核心区，水流较慢，营养盐含量较高，自2008年均发现蓝藻水华。尤其是在2013年9月，东洞庭湖水域水华发生区域从大小西湖扩展至君山，水华面积达400 km^2。由此可见，水流较缓的湖湾区面临蓝藻生长过快甚至是暴发水华的严峻形势。

第二章 浮游动物

一、浮游动物采样及分析方法

浮游动物样品的采集、检测、分析按照《湖库水生态环境质量监测与评价技术指南（试行）》及《水和废水监测分析方法（第四版）》所规定的方法及要求执行。具体操作步骤如下：

轮虫定量用浮游藻类定量样品，枝角类和桡足类定量样品用采水器采集，每个采样点采水样 10～50 L，再用 25 号浮游生物网过滤浓缩，将浓缩样品装入 100 mL 采样瓶，并使用蒸馏水冲洗网内侧 2～3 次，将冲洗浓缩液也加入同一采样瓶中。轮虫固定方法与浮游藻类相同，枝角类和桡足类定量样品应立即用 37%～40% 的甲醛溶液固定，其用量应为水样体积的 5%。

轮虫计数：将浓缩样品充分摇匀，准确吸出 1 mL 样品，置于 1 mL 计数框内，在显微镜 10× 或 20× 物镜下全片计数。每瓶样品计数 2 片，若误差超过 15%，则计数第 3 片，取其平均值。

枝角类和桡足类计数：准确吸取 5 mL 样品，置于 5 mL 计数框内，在显微镜 4× 或 10× 物镜下全部计数。枝角类和桡足类样品需要全样计数。

二、浮游动物种类组成及优势种

2012—2020 年，洞庭湖浮游动物种类数量年变化见图 2-2-1。自 2012 年，洞庭湖共记录浮游动物 3 类 58 属，其中轮虫 24 属，枝角类 18 属，桡足类 16 属，分别占全湖种类的 41.4%、31.0% 和 27.6%。其中 2019 年最低，为 22 属；2014 年最高，为 39 属。2012 年以来，洞庭湖浮游动物优势种变化较小，主要种类为轮虫的臂尾轮虫、枝角类的象鼻溞和桡足类的无节幼体。

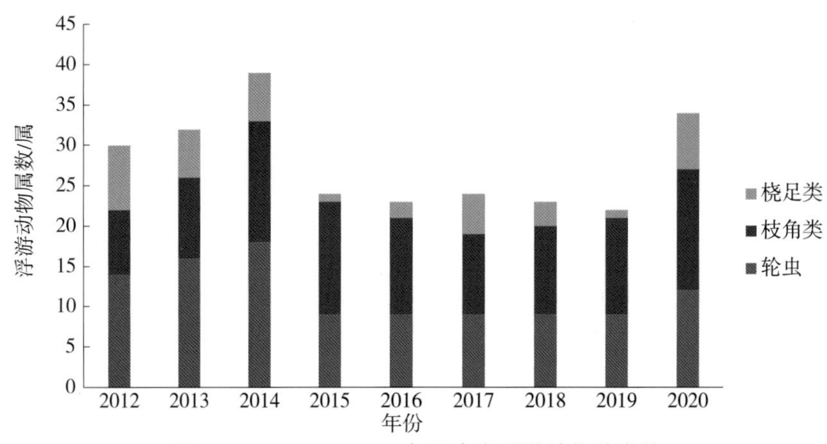

图 2-2-1 2012—2020 年洞庭湖浮游动物种类数

三、浮游动物密度

2012—2020 年洞庭湖浮游动物的密度变化见图 2-2-2。2012—2020 年洞庭湖浮游动物的密度呈上升趋势，其中轮虫密度增幅较大，2018 年达到峰值，2019 年明显下降，2020 年略有回升。枝角类和桡足类则呈现出先降后升的趋势；全湖浮游动物的平均密度为 72.1 个 /L。浮游动物密度在 2018 年达到峰值，为 146.6 个 /L。洞庭湖浮游动物以轮虫为主，占总密度的 96.5%。

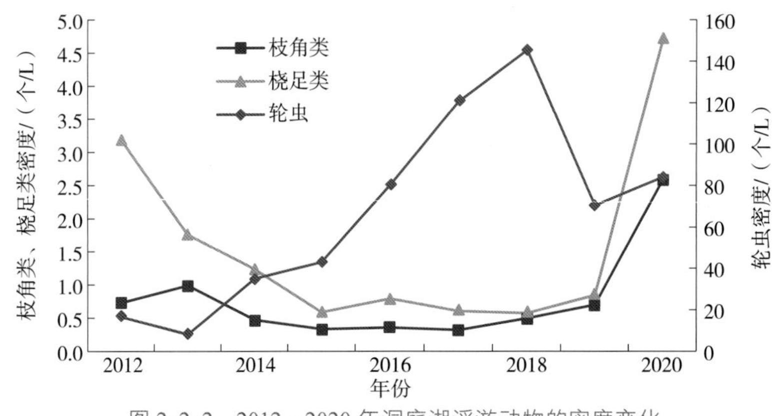

图 2-2-2 2012—2020 年洞庭湖浮游动物的密度变化

洞庭湖浮游动物群落结构表现为以小型轮虫为主的特征，而大型的枝角类和桡足类相对较少，这与国内大多数大型淡水湖泊的研究结果相似。研究表明，随着湖泊富营养化，浮游动物的群落结构由大型浮游动物向小型浮游动物转变。近些年洞庭湖的富营养化程度有加重的趋势，浮游藻类优势种群为蓝藻，不利于枝角类、桡足类等大型浮游动物的摄食，而轮虫可以利用蓝藻，导致其在水体中占优，此外洞庭湖鲢、鳙等鱼类对枝角类和桡足类的滤食也可能是浮游动物趋向小型化的因素之一。空间分布上，东洞庭湖浮游动物密度始终高于全湖密度，这主要是由于洞庭湖富营养化水域中的大小西湖断面位于东洞庭湖。2020 年，大小西湖浮游动物密度达到最高，为 637 个 /L。

四、浮游动物群落结构与水质的关系

CCA 分析结果显示，水体叶绿素 a（chl–a）、总氮（TN）、总磷（TP）和透明度（SD）是影响洞庭湖浮游动物优势种分布的主要因素。第一轴与透明度显著负相关，出现在第一轴正轴的优势种主要是异尾轮虫和无节幼体，这些物种主要分布在氮、磷较高，透明度较低的东洞庭湖。出现在第一轴负轴的优势种主要有多肢轮虫和龟甲轮虫，它们主要分布在透明度较高，叶绿素 a 较低的西洞庭湖和南洞庭湖（图 2–2–3）。

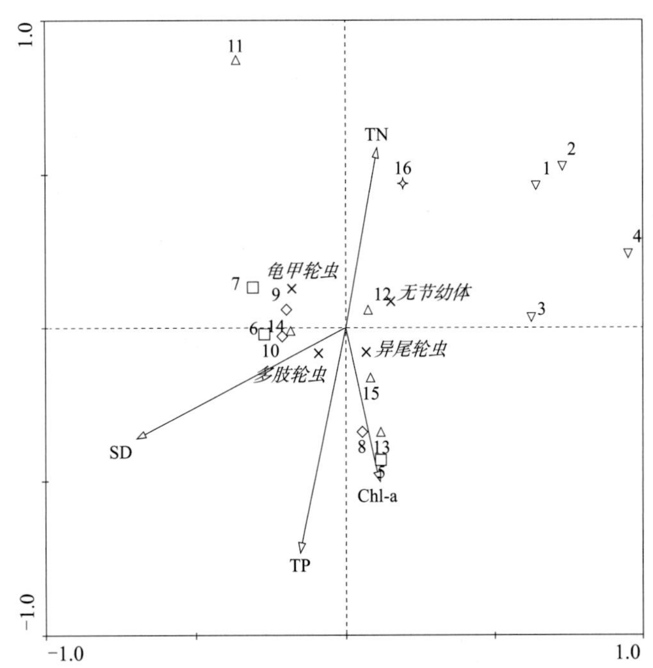

图 2–2–3　洞庭湖浮游动物优势种与关键环境变量的 CCA 排序图
（▽：入湖口；□：西洞庭湖；◇：南洞庭湖；△：东洞庭湖；✧：洞庭湖出口）

叶绿素 a 含量与浮游藻类密度密切相关，浮游动物主要摄食浮游藻类，因此叶绿素 a 是影响浮游动物的关键因子之一。氮、磷是湖泊营养状态的重要因素，它们能影响浮游藻类的生长，从而对浮游动物产生间接影响。透明度反映了光照强弱，因此透明度也通过影响浮游藻类而间接影响浮游动物的分布。相关研究分析结果同样表明，叶绿素 a、氮、磷等是影响鄱阳湖、太湖、湖北长湖、宁夏沙湖等湖区中浮游动物分布的重要影响因素。可以看出，洞庭湖与国内大多数湖泊影响浮游动物的因素较为一致。

第三章 底栖动物

一、底栖动物采样及分析方法

底栖动物的样品采集、检测、分析按《湖库水生态环境质量监测与评价技术指南》及《生物多样性观测技术导则　淡水底栖大型无脊椎动物》（HJ 710.8—2014）规定的要求执行。具体操作步骤如下：

底栖动物采样使用开口面积为 1/16 m^2 的抓斗采泥器（如彼得森采泥器）采集 2～4 次，采样厚度一般为 10～15 cm。若为疏松的湖底底质，则需要穿透 20 cm 底质。将每个样点采集、筛洗后的样品连同杂物全部装入同一个塑料自封袋或塑料广口瓶中，贴上标签（写明采集地点、样点编号、日期和采集人），必要时可在样品袋内或样品瓶中放入写有相同内容的标签。缚紧袋口或盖紧瓶口后带回实验室处理。若气温较高（高于 33 ℃）或路途中放置的时间较长（超过 5 h），则需在样品袋或样品瓶中加入适量的乙醇溶液（调节至终浓度为 70% 左右）或乙醇 - 甲醛溶液（由 90% 乙醇和 40% 甲醛按 9：1 混合配制），以防止样品腐烂。将待筛选样品置于 40 目网筛中，然后将筛底置于水盆的清水中轻轻摇荡，洗去样品中剩余的污泥，筛洗后挑出其中的杂物和植物枝条、叶片等（仔细检查并拣出掺杂在其中的动物），将筛上肉眼能看得见的全部样品倒入白瓷盘中进行分拣。向白瓷盘中加入少许清水，用圆头镊或眼科镊、解剖针、吸管拣选，拣出各类底栖动物。必要时需借助体视显微镜进行拣选。个体柔软、体型较小的动物也可用毛笔分拣，避免损伤虫体。分拣出的样品可放入广口标本瓶或标本缸中。

软体动物宜用 75% 乙醇溶液保存，4～5 d 后再换一次乙醇溶液。也可用 5% 的甲醛溶液固定，但要加入少量苏打或硼砂中和。还可去除内脏后保存空壳。水生昆虫可用浓度为 5% 的甲醛溶液固定，5～6 h 后移入浓度为 75% 的乙醇溶液中保存。水栖寡毛类应先放入培养皿中，加少量清水，并缓缓滴加数滴 75% 的乙醇溶液将虫体麻醉，待其完全舒展伸直后，再用浓度为 5% 的甲醛溶液固定，移入 75% 的乙醇溶液保存。样品保存时需按各样点编号，分别保存在标本瓶内。在标签上填写样点编号、采集日期、采集地点、采集人，将标签贴在样品瓶外，并在样品瓶内放入同样内容的标签。

对采得的样品进行形态分类和物种鉴别。将每个采样点的底栖动物种类和数量（个体数）进行准确、系统的统计，最后要把计数的结果换算为每平方米面积上的个数（个 /m^2）。

二、底栖动物种类组成及优势种

自 1988 年，洞庭湖共记录大型底栖动物 229 种，隶属 4 门 7 纲，其中软体动物门 84 种、寡毛纲 28 种、昆虫纲 105 种、蛭纲 7 种、甲壳纲 4 种、线形动物门 1 种。洞庭湖出现的物种主要是水生昆虫和软体动物，分别占全湖种类的 45.9% 和 36.7%，而寡毛类只占 12.2%。从图 2-3-1 中可以看出，1988—2020 年，洞庭湖大型底栖动物物种数呈波动式下降趋势，其中 2011 年最低，为 24 种；1991 年最高，为 86 种。

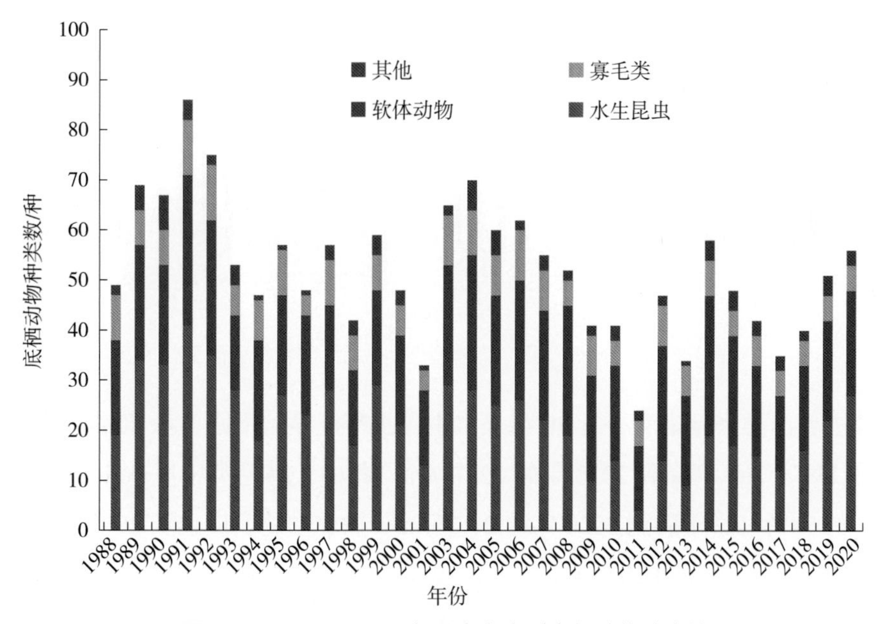

图 2-3-1　1988—2020 年洞庭湖大型底栖动物种类数

近 30 年洞庭湖底栖动物优势种发生了较大程度的变化，其中水生昆虫的种类数下降最为显著，相对较为耐污的种类成为优势种，如齿斑摇蚊（*Stictochironomus* sp.）。寡毛类优势种出现了较为耐污的苏氏尾鳃蚓（*Branchiura sowerbyi*）。洞庭湖软体动物资源较为丰富，特有物种较多，但大部分处于受威胁和接近受威胁的状态，洞庭湖的双壳类优势种则由大型的蚌类演变为小型的河蚬。

三、底栖动物密度及其变化

1988—2020 年洞庭湖大型底栖动物的密度呈波动式下降趋势（图 2-3-2），其中 1988—1992 年密度较高，平均密度为 410 个 /m^2；1993—2001 年密度有所降低，平均密度为 185 个 /m^2；2003—2008 年密度又有所上升，平均密度为 290 个 /m^2；但是 2009—2020 年又有所下降，平均密度为 151 个 /m^2。洞庭湖底栖动物以水生昆虫和软体动物为主，分别占总密度的 30.4% 和 37.6%。

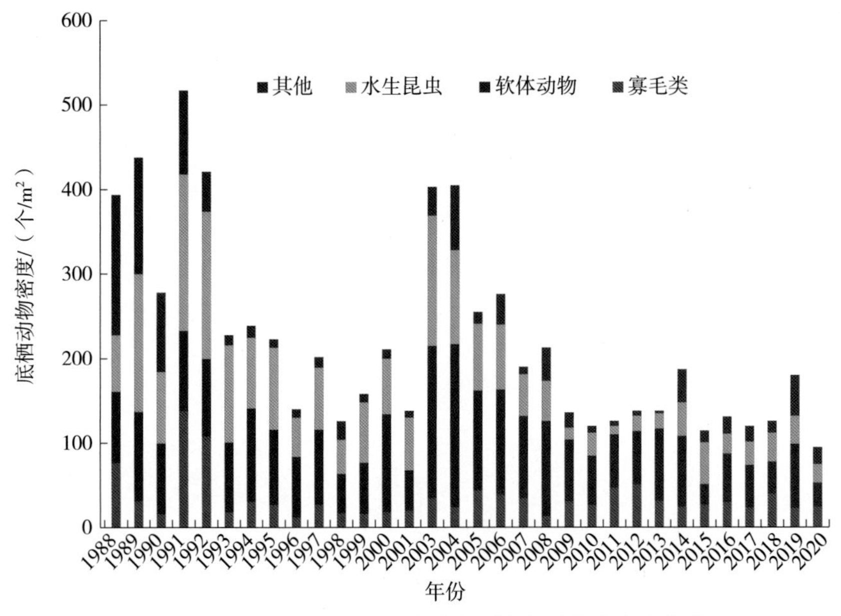

图 2-3-2 1988—2020 年洞庭湖大型底栖动物的密度变化

从主要门类密度来看，近 30 年来水生昆虫密度显著下降，从 20 世纪 90 年代前后的 131 个 /m^2 下降到 2020 年的 22 个 /m^2。其中，寡毛类密度从 20 世纪 90 年代前后的 74 个 /m^2 下降到 2020 年的 24 个 /m^2，软体动物密度也从 20 世纪 90 年代前后的 93 个 /m^2 下降到 2020 年的 29 个 /m^2。

四、底栖动物群落结构与水质的关系

结合 1988 年以来洞庭湖的 COD_{Mn}、TN、TP、Chl-a、SD 和 ∑TLI 分别与底栖动物物种数和密度进行分析，发现物种数和密度与 TN 和 ∑TLI 都呈显著的负相关（表 2-3-1）。

表 2-3-1　洞庭湖大型底栖动物群落结构与水质的相关性分析

指标	COD_{Mn}/（mg/L）	TN/（mg/L）	TP/（mg/L）	Chl-a/（mg/m^3）	SD/m	ΣTLI	密度 /（个 /m^2）
密度 /（个 /m^2）	−0.061	−0.531**	−0.115	−0.461*	−0.148	−0.778**	1
种类数 / 种	−0.118	−0.507**	−0.205	−0.384	−0.039	−0.657**	0.783**

注：相关性水平 * 为 $P<0.05$，** 为 $P<0.01$。

高浓度的营养元素（如氮）能够对大型底栖动物群落产生明显的影响，而且也是造成湖泊富营养化的因素之一。洞庭湖 2001—2020 年底栖动物的平均物种数（48 种）明显低于 1988—2000 年（58 种），其中水生昆虫的种类数下降最为显著，由 27 种下降到 18 种，相应地，其密度也由 97 个 /m^2 下降到 47 个 /m^2。相较于其他水生生物，水生昆虫的耐污能力要差一些，遭受有机污染的水体中，底质环境的溶解氧常处于相对较低的水平，这对于生活在这种环境中的底栖动物来说，溶解氧明显地成为限制它们生存的因子，多数种类因不适应这种环境而逐渐消失。三峡蓄水后，洞庭湖入湖水量减少 599 亿 m^3、湖容降低、水位变幅缩小，换水周期延长，水环境相对稳定，水体自净能力降低，导致氮、磷等污染物浓度增加，对底栖动物又会产生一定的不利影响。

五、底栖动物的演变

近 30 年来洞庭湖优势种发生了较大程度变化，相对较为耐污的种类成为优势种。据统计，东洞庭湖在 1988—2001 年的 14 年中有 8 个年份蜉蝣（*Ephemera* sp.）都为优势种。该种类为敏感种，一般生活在清洁水体中。然而在 2003—2017 年的 15 个年份中蜉蝣却不再是优势种，取而代之的是耐污能力更高的环棱螺（*Bellamya* sp.）和钩虾（*Gammaridae* sp.），它们在这 15 个年份中有 9 个年份都是优势种。西洞庭湖在 1988—1995 年优势种为钩虾科和仙女虫科（Naididae），然而在 1996—2008 年，较为耐污的齿斑摇蚊（*Stictochironomus* sp.）成为优势种，在这 13 个年份中共有 8 个年份是优势种，在 2009—2020 年则是更为耐污的苏氏尾鳃蚓（*Branchiura sowerbyi*）成为优势种。南洞庭湖优势种类差别不大，优势种主要为软体动物河蚬（*Corbicula fluminea*）。值得注意的是，2011 年南洞庭湖的优势种中出现了苏氏尾鳃蚓，这反映了南洞庭湖出现了一定程度的水质污染。

长江流域地区，尤其是大型通江湖泊，如洞庭湖中，软体动物资源十分丰富，但近年来有下降的趋势。20 世纪 60 年代，洞庭湖的双壳类有 47 种，其中 35 种为我国特有种。优势种以大型蚌类为主，如楔蚌属（*Cuneopsis* sp.）、矛蚌属

(*Lanceolaria* sp.)和丽蚌属(*Lamprotula* sp.)等物种，2003—2005 年调查发现，洞庭湖的双壳类有 35 种，其中 24 种为我国特有种。2014 年调查发现，洞庭湖的双壳类有 11 种，其中 7 种为我国特有种。与 20 世纪 60 年代相比，双壳类物种损失率高达 76.6%，特有种损失率更是高达 80%。此时期优势种以小型河蚬为主，洞庭湖的双壳类优势种由大型的蚌类演变为小型的河蚬类。根据 1989—1992 年对洞庭湖的调查，洞庭湖共有腹足类 27 种，其中特有种有 10 种。然而 2014 年调查发现，洞庭湖的腹足类有 17 种，特有种只有 6 种。与 20 世纪 90 年代初相比，腹足类物种损失率高达 37.0%，特有种损失率更高达 40%(表 2-3-2)。

表 2-3-2　不同年份洞庭湖软体动物物种数调查结果

调查时间	双壳类(特有种)	腹足类(特有种)	参考文献
1956—1963 年	47(35)	—	张玺等，1965
1989—1992 年	—	27(10)	胡自强，1993
1995—1998 年	45(32)	30(22)	吴小平等，2000
2003—2005 年	35(24)	22(13)	舒凤月等，2009
2014 年	11(7)	17(6)	王丑明等，2016

洞庭湖特有种较多。据调查，洞庭湖软体动物种类数为 148 种，其中特有种 96 种，占总数的 64.9%。河螺属是我国特有属，仅分布在长江中下游流域，特别是洞庭湖水系；蚌科(Unionidae)洞庭湖特有种比例最高，分布最为集中，洞庭湖水域辽阔，为淡水双壳类免遭冰川的袭击提供了良好的避难所，良好的自然环境有利于特有种的形成和保存。然而，由于江湖阻隔、过度捕捞和水体污染等干扰，近年来，洞庭湖软体动物多样性受到严重威胁，濒危物种较多，其中受威胁和接近受威胁的物种共有 29 种，占总数的 50.9%，腹足类物种有卵河螺(*Rivularia ovum*)、球河螺(*R. globosa*)、双龙骨河螺(*R. bicarinata*)、耳河螺(*R. auriculata*)和格氏短沟蜷(*Semisulcospira gredleri*)，双壳类物种均为蚌科的种类，无齿蚌属(*Anodonta* sp.)的种类最多。空间分布上，双壳类的种类和数量呈由南向北逐渐减少的趋势，南洞庭湖的种类和数量显著高于西洞庭湖和东洞庭湖。底质可能是影响双壳类分布的重要原因，湘江和资江注入南洞庭湖，其底质组成以沙泥底为主，泥底较少。双壳类主要是滤食者，一些对环境条件比较严格的种类，在沙底分布较多，因此南洞庭湖软体动物比西洞庭湖和东洞庭湖丰富。

洞庭湖水生昆虫的种类数仅次于软体动物，戴友芝等 1995 年对洞庭湖底栖动物的调查结果显示，洞庭湖水生昆虫种类比例达到 46.6%；汪星等在 2010 年对洞庭湖底栖动物的调查结果显示，洞庭湖水生昆虫种类比例减少到了 35%；而 2014 年调查发现，洞庭湖水生昆虫种类比例进一步下降到了 32.8%。分析发现，洞庭湖减少的种类主要是敏感种，如毛翅目等种类。1995 年戴友芝等发现洞庭湖毛翅目种类有 5 种，而 2014 年调查只发现了一种纹石蛾（*Hydropsychidae* sp.）。此外，洞庭湖较为常见的敏感种类蜉蝣（*Ephemera* sp.）的出现频率已经不到 50%。洞庭湖寡毛类种类数较少，密度也较低，优势种为苏氏尾鳃蚓。而在富营养化的湖泊（如滇池）中，寡毛类的种类为优势种，而且密度也很高，优势种为霍甫水丝蚓（*Limnodrilus hoffmeisteri*），这表明洞庭湖的富营养化程度还没有滇池那么严重。

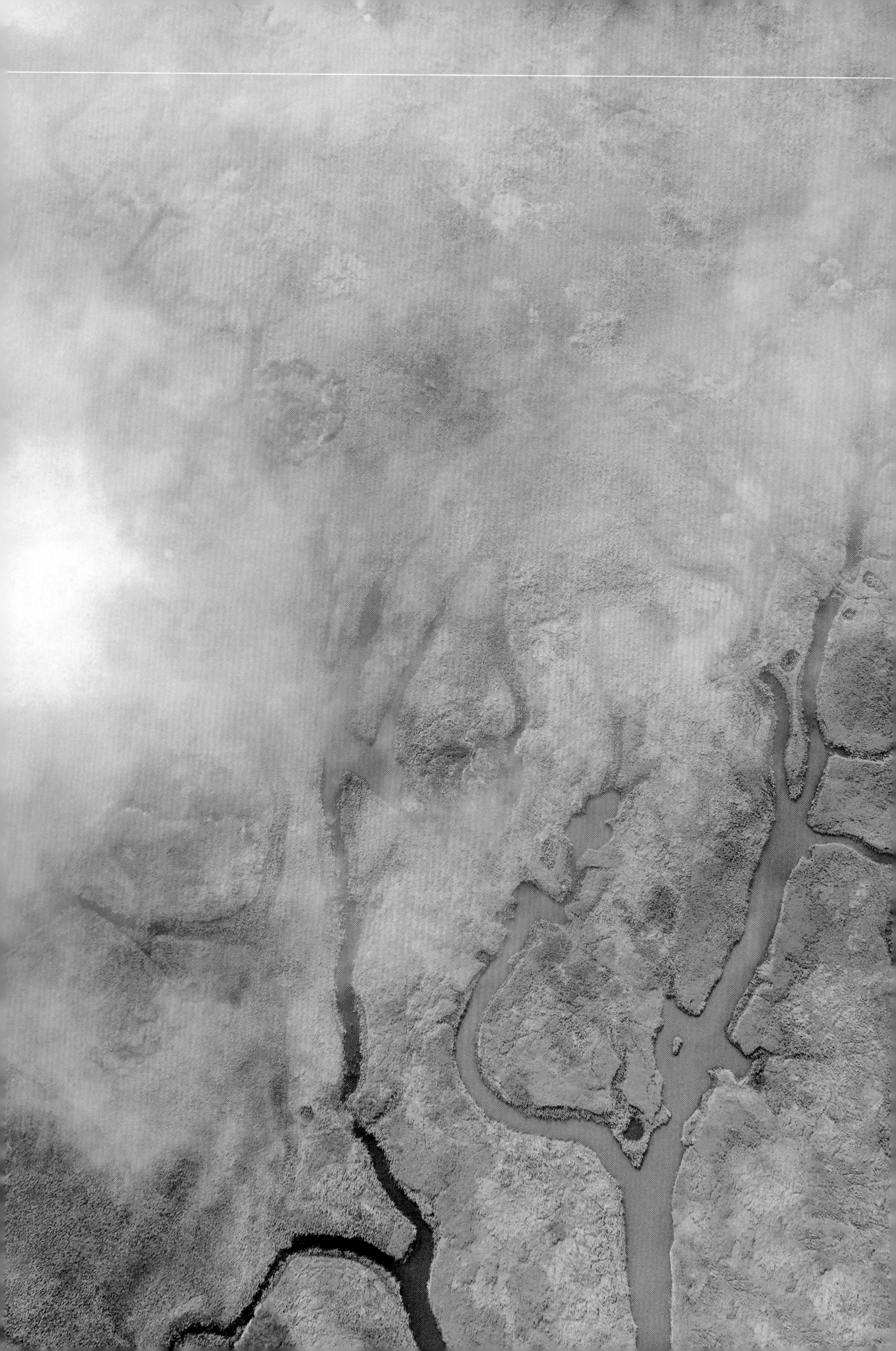

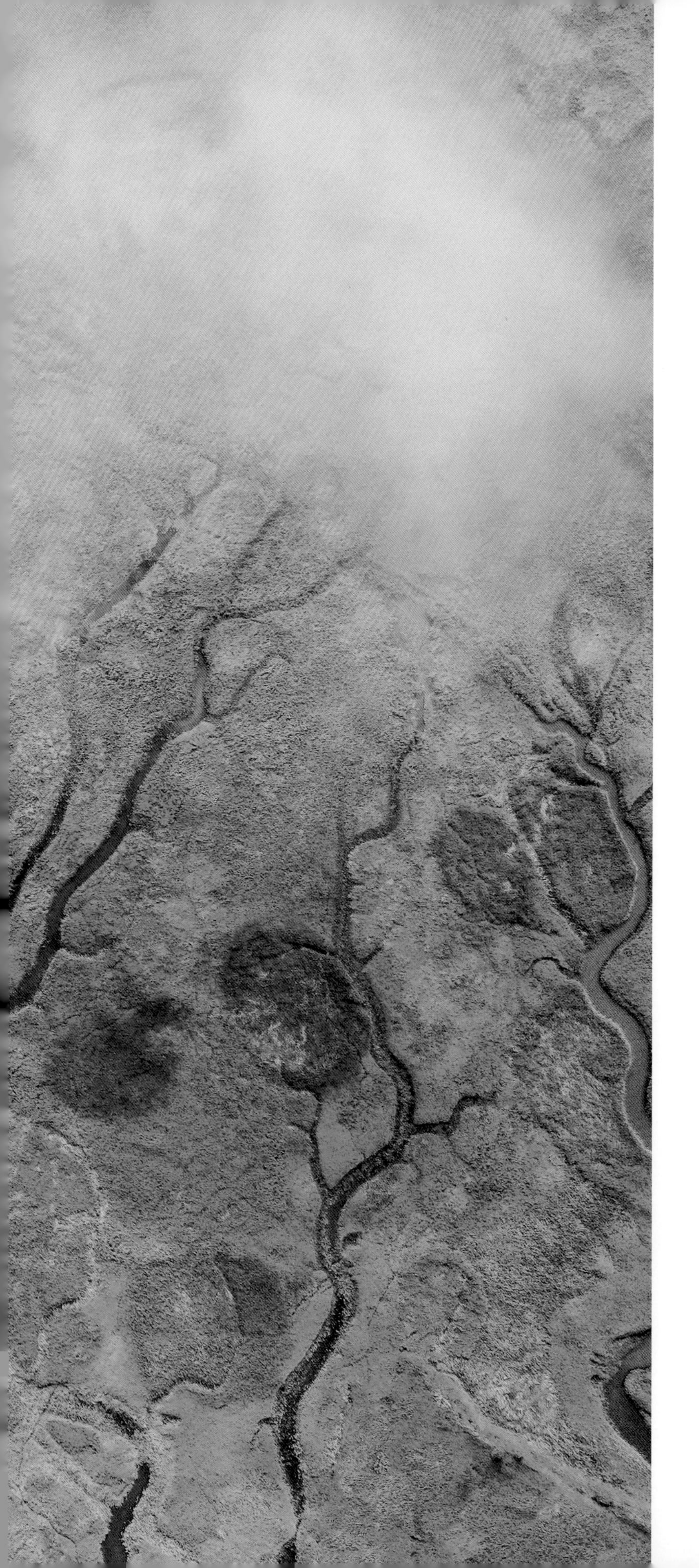

第三篇

浮游藻类

Phytoplankton

浮游藻类是低等植物中的一个大类，它同花草树木一样具有叶绿素 a，能利用光能进行光合作用，将无机物转变成有机物。藻类植物整个藻体都能吸收光能制造有机物质，不需要像高等植物那样将相当多的能量消耗在支持器官上。藻类植物形态多样，许多种类要用显微镜或电镜才能观察清楚。藻类形态结构、繁殖方法简单，通常以细胞分裂为主。当环境条件适宜、营养物质丰富时，藻类个体数的增长非常快速。藻类分布十分广泛，各种水域中均有。有些种类在小水体和浅水湖泊中常大量繁殖，使水体呈现色彩，这一现象称为水华。

藻类藻体形态多种多样，有单细胞体、群体、多细胞体。单细胞体种类大多营浮游生活，为小型或微型藻类。藻体常为球形、桶球形、圆柱形、纺锤形、纤维形、新月形等。群体类型常呈球状、片状、丝状、树枝状或不规则团块状。丝状体又可分为由单列细胞组成的不分支丝状体和呈有分支的异丝性丝状体。分支以侧面相互愈合而成盘状假薄壁组织。藻体的形态以及群体中的细胞数目、排列方式、细胞的相互关系都是分类的重要依据。总之，藻类细胞具有趋同性，球形或近似球形，有利于浮游生活的适应。

藻类学家一般将藻类分为 11 个门，浮游藻类一般有 8 门，即蓝藻门、金藻门、黄藻门、硅藻门、甲藻门、隐藻门、裸藻门、绿藻门，其他 3 门（轮藻门、褐藻门、红藻门）主要是大型藻类。

第一章 蓝藻门（Cyanophyta）

蓝藻是一类原核生物，其结构简单，又称蓝细菌。蓝藻为单细胞体，通常形成丝状或非丝状群体。非丝状群体的形态多种多样，但大多数为不定形群体，群体常具一定形态和不同颜色的胶被。丝状群体由相连的一列细胞组成藻丝，藻丝具胶鞘或不具胶鞘，藻丝及胶鞘合称“丝状体”。藻丝宽度一致或一端或两端明显尖细，藻丝具分枝或假分枝，假分枝由藻丝的一端穿出胶鞘延伸生长而形成。

蓝藻细胞没有色素体和真正的细胞核等细胞器。原生质体常分为外部色素区和内部中央区。色素区位于原生质体周边，色素均匀地分散在色素区内，使细胞呈现一定的颜色。无色中央区主要含有环形丝状的 DNA、无核膜及核仁。有些种属的少数营养细胞分化形成异形胞，异形胞比营养细胞大，细胞壁厚，内含物稀少，在光镜下无色透明，但异形胞内含丰富的固氮酶，是这些类群细胞固氮的场所。

蓝藻生长在各种水体或潮湿土壤、岩石、树干及树叶上，不少种类能在干旱的环境中生长繁殖。水生类群常在含氮较高，有机质丰富的碱水体中生长。在夏、秋季，湖泊、池塘有时会因一些蓝藻（如微囊藻、束丝藻）大量繁殖形成水华，不仅破坏湖泊景观，还使湖泊含氧量降低，有的微囊藻、束丝藻会释放毒素，严重破坏水体生态系统，造成鱼、虾等水生生物死亡，同时还危及人类健康。

本门仅 1 纲，即蓝藻纲。

一、蓝藻纲（Cyanophyceae）

特征与门相同。蓝藻纲包括 4 目。洞庭湖流域浮游藻类主要为色球藻目、颤藻目和念珠藻目，无真枝藻目。

（一）色球藻目（Chroococcales）

通常形成群体，单细胞的种类较少。群体呈球形、椭圆形、不规则形、平板状、穿孔状等。单细胞多呈球形、椭圆形，很少有长形的，无顶端和基部的分化。

群体有胶被（群体胶被）或无胶被，群体内的细胞有胶被（个体胶被）或无胶被。胶被均匀或分层。无色或呈黄色、褐色、红色等。本目主要是淡水产，是重要的浮游藻类。繁殖以细胞分裂为主。

1. 聚球藻科（Synechococcaceae）

细胞单生或细胞为不规则排列的胶群体，或者多在胶被中向一个方向排列，有时形成假丝状；胶质群体无结构，不定形；但有的属为球形群体，细胞分布在胶被的周边或者胶质柄的内侧或末端；有的属细胞周围具有特殊的胶被；细胞罕见圆球形的，通常是略为明显的延长形、宽卵形、卵形、椭圆形、纺锤形、圆柱形（似杆状）到几乎呈丝状的。

（1）隐杆藻属（*Aphanothece*）

形态特征：植物团块由少数或多数细胞聚集成的不定形胶质群体；群体球形，或者不规则；群体胶被均匀，透明而宽厚，或较薄、无色，或有时在群体边缘呈黄色或棕黄色；大多数种类的个体胶被彼此融合而不分层，或有时分层；细胞杆状、椭圆形或圆桶形，细胞内含物大多数均匀，无颗粒物，淡蓝绿色至亮蓝绿色。

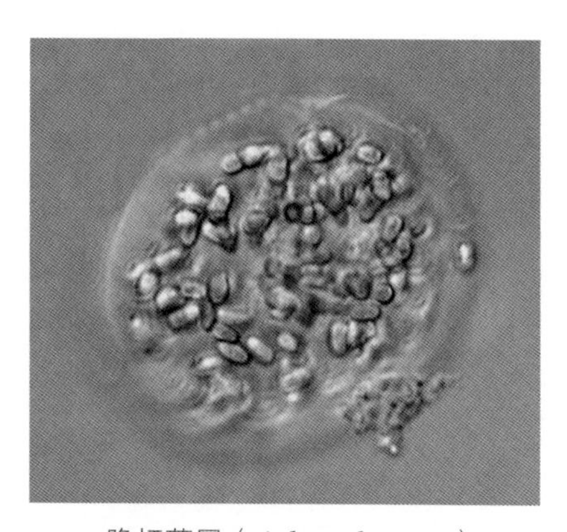

隐杆藻属（*Aphanothece* sp.）

（2）蓝纤维藻属（*Dactylococcopsis*）

形态特征：群体微小，漂浮，或混杂于其他浮游藻类中，群体胶被不明显，无色；细胞细长，圆柱形，两端狭而长，直出，或多或少作螺旋状绕转，“S”形，或不规则弯曲；单细胞或由少数以至多数细胞聚合于柔软而透明的群体胶被中；细胞的原生质体均匀，淡蓝绿色至亮蓝绿色；细胞分裂为与纵轴垂直的横裂。

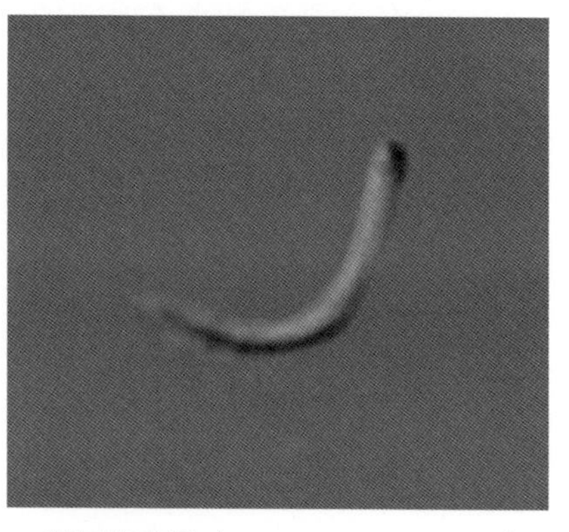

蓝纤维藻属（*Dactylococcopsis* sp.）

2. 平裂藻科（Merismopediaceae）

植物体为不规则扁平的（由单层细胞组成的管状）或圆球形胶群体；胶质多数无色，无结构，但有时在圆球形群体中有特殊的中央位的柄状系统发育；细胞圆球形、倒卵形、卵形或杆状；圆形细胞有时或常常具有简单的薄的个体胶被；以双分式进行细胞分裂，常常具有两个相互垂直的分裂面，子细胞在达到原来的细胞的形态和大小前进行下一次分裂；罕见单细胞；非常罕见产生微孢子，群体繁殖以断裂进行。

（1）平裂藻属（*Merismopedia*）

形态特征：群体小，由一层细胞组成平板状；群体胶被无色、透明、柔软；群体中细胞排列整齐，通常两个细胞为一对，两对为一组，四个小组为一群，许多小群集合成一个大群体，群体中的细胞数目不定，小群体细胞多为 32～64 个，大群体细胞多可达数百个乃至数千个；细胞浅蓝绿色、亮绿色，少数为玫瑰红色至紫蓝色；原生质体均匀。细胞有两个相互垂直的分裂面，群体以细胞分裂和群体断裂的方式繁殖。

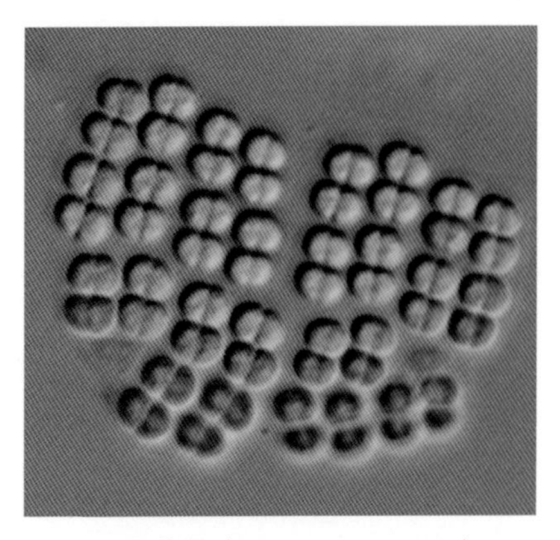

平裂藻属（*Merismopedia* sp.）

此属在洞庭湖为优势种，在东洞庭湖夏秋季常见。

（2）隐球藻属（*Aphanocapsa*）

形态特征：植物体由两个至多个细胞组成的群体，群体呈球形、卵形、椭圆形或不规则形，小的仅在显微镜下才能见到，大的可达几厘米，肉眼可见；群体胶被厚而柔软，无色，黄色，棕色或蓝绿色；细胞球形，常常两个或四个细胞一组分布于群体中，每组间有一定距离；个体胶被不明显，或仅有痕迹；原生质体均匀，无假空孢，浅蓝色，亮蓝色或灰蓝色。细胞有 3 个分裂面。

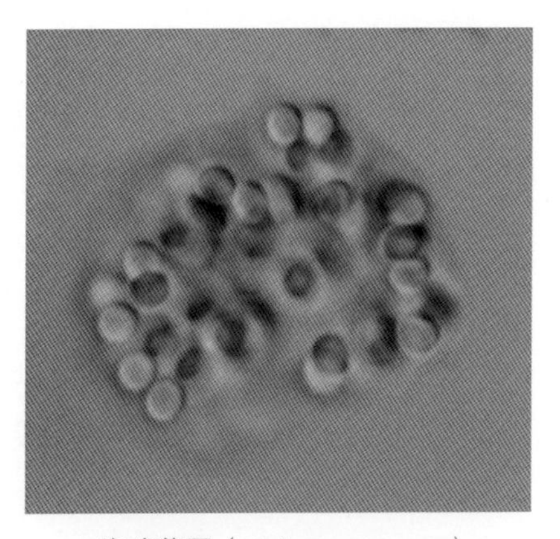

隐球藻属（*Aphanocapsa* sp.）

（3）腔球藻属（*Coelosphaerium*）

形态特征：群体微小，略为圆球形或卵形，有时由子群体组成，老群体罕见不规则形，常为自由漂浮；胶被薄，无色，常无明显界线；仅在细胞周边层周围或围绕边沿形成胶质层。细胞一层，位于群体周边，圆形，分裂后为半球形，常彼此分离，具或无气囊；胶质均匀，薄，无结构，群体中央无胶质柄。细胞分裂为两个彼此垂直面连续分裂。以群体解聚

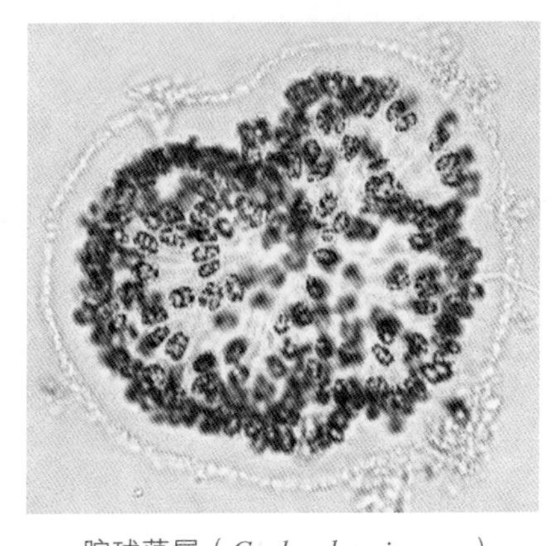

腔球藻属（*Coelosphaerium* sp.）

进行繁殖。

（4）束球藻属（*Gomphosphaeria*）

形态特征：群体球形或不规则，常由小群体组成，有时具不明显的、水合性的胶被，自由漂浮；中央具辐射状的胶柄系统，有时在群体中部与群体胶被融合，柄宽度常比细胞窄，细胞位于柄的末端，具窄的个体胶被，细胞长形、倒卵形或棒状，细胞分裂后平行排列，形成特征性的心形形态。单个细胞或常两个细胞彼此分离约一定距离的心形联合；有时彼此略呈辐射状排列。细胞在群体表面为互相垂直的两个面连续分裂。以群体解聚进行繁殖。

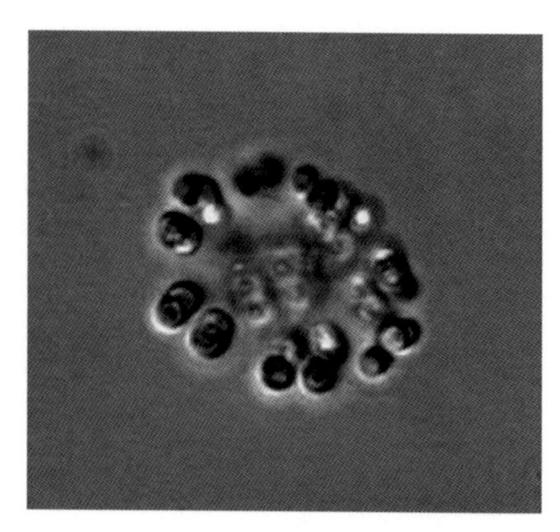

束球藻属（*Gomphosphaeria* sp.）

3. 色球藻科（Chroococcaceae）

植物体球形，群体；罕见单生，主要为不规则联合，或多或少似堆集的胶质，常为微小的，由少数细胞组成，罕见多细胞的、不规则圆球形群体或成群，罕见短列的，成簇的彼此密集或（罕见）彼此远离的；群体有时聚合成大型的垫状或片层；在老群体中细胞排列方式是可变的；胶质薄，水溶性的或坚硬的，分层的，胶化的；细胞圆球形，卵形，肾形，半球形的，钝圆的、多角的或形态不规则。

色球藻属（*Chroococcus*）

形态特征：植物体少数为单细胞，多数为2～6个至更多（很少超过64个或128个）细胞组成的群体；群体胶被较厚，均匀或分层，透明或黄褐色、红色、紫蓝色；细胞球形或半球形，个体细胞胶被均匀或分层；原生质体均匀或具有颗粒，灰色、淡蓝绿色、蓝绿色、橄榄绿色、黄色或褐色，气囊有或无。细胞有3个分裂面。群体中两个细胞相连处大多平直，或出现棱角而使细胞呈半球形。

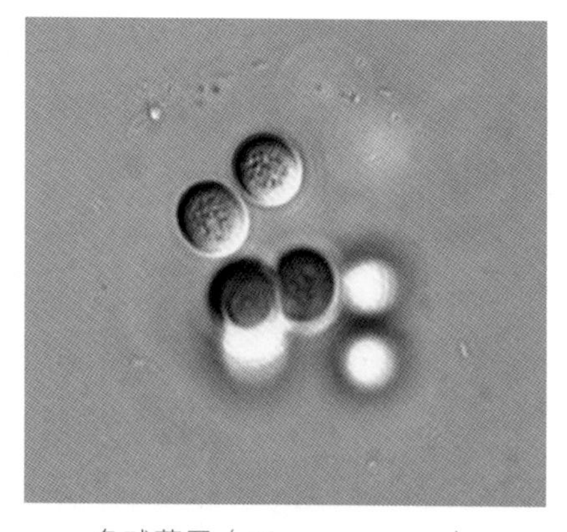

色球藻属（*Chroococcus* sp.）

4. 微囊藻科（Microcystaceae）

群体，细胞在胶群体中无规则或三面相互垂直地排列，具或不具个体胶被。细胞圆球形，分裂后为半球形，具或不具气囊。胶被同质的或特殊的胶质形态。细胞常具分层胶被。

细胞规则地进行互相垂直的 3 个面连续分裂。以群体解聚进行繁殖。有时产生微孢子。

（1）微囊藻属（*Microcystis*）

形态特征：植物团块由许多小群体联合组成，微观或目力可见；自由漂浮于水中或附生于水中其他基物上；群体球形、椭圆形或不规则形，有时在群体上有穿孔，形成网状或窗格状团块；群体胶被无色、透明，少数种类具有颜色；细胞球形或椭圆形；群体中细胞数目极多，排列紧密而有规律；原生质体呈浅蓝绿色、亮蓝绿色、橄榄绿色；营漂浮生活种类的细胞中常含有气囊；非漂浮的种类，细胞内原生质体大都均匀，无假空胞；以细胞分裂进行繁殖，有 3 个分裂面；在本属中仅水华微囊藻产生微孢子。

本属中的蓝藻有不少种类形成水华。2021 年夏季湘江流域水华优势种为本属种类。

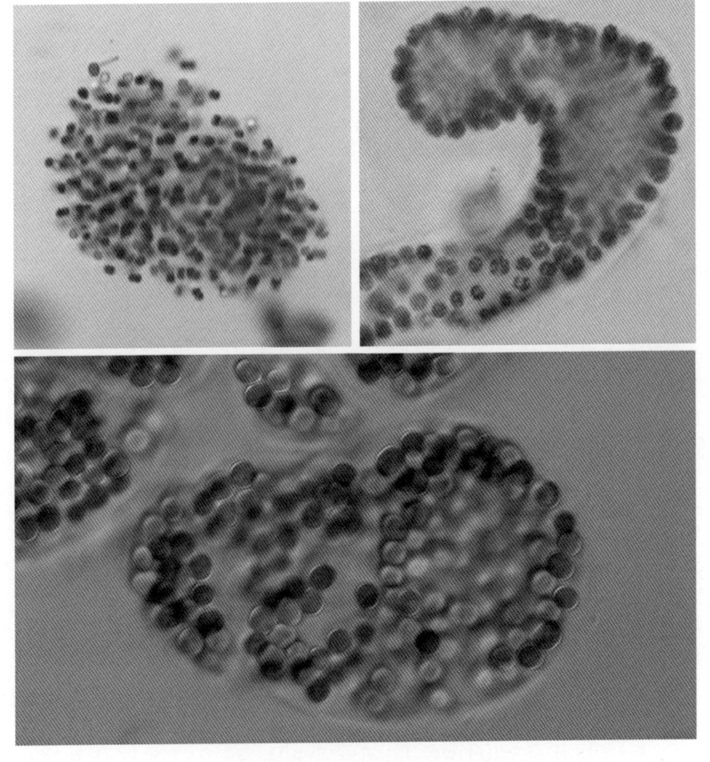

微囊藻属（*Microcystis* sp.）

（2）粘球藻属（*Gloeocapsa*）

形态特征：植物团块球形或不定形，由 2～8 个以至数百个细胞组成的群体；

群体胶被均匀，透明或有明显层理，有无色、黄色、褐色等色彩；细胞球形，个体胶被一般融合在群体胶被中，有时也能看到其痕迹，或新旧胶被互相形成不规则层次；原生质体均匀，或含有颗粒体，色彩多样，常因种的不同而有差别，有灰蓝绿色、蓝青色、橄榄绿色、黄色、橘黄色、紫色、红色等；细胞有 2 个或 3 个分裂面。以细胞分裂或群体断裂进行繁殖。

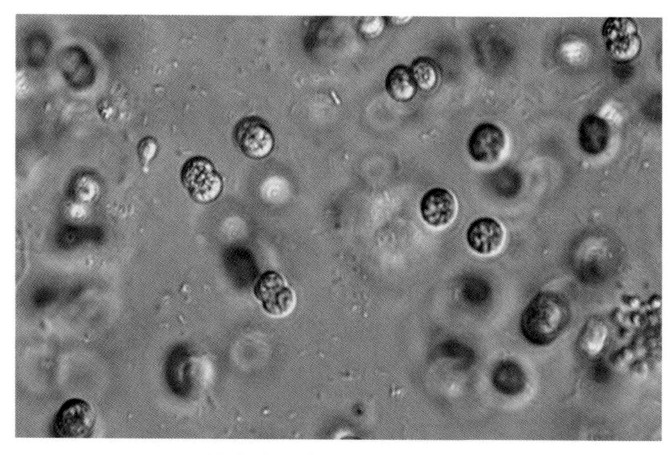

粘球藻属（*Gloeocapsa* sp.）

此属主要为亚气生或气生性种类，多生长在潮湿土壤及岩石上，水生种类较少。

（二）颤藻目（Osillatoriales）

植物体为多细胞单列丝状体，单生或聚集成群，不分枝或具假分枝；藻丝具鞘或不具有鞘，鞘内具有 1 条或多条藻丝；鞘坚固或呈胶状，均匀或分层，透明或有色；有的具群体鞘，等宽，或顶端尖细但不呈毛状；藻丝线形或念珠状，直或螺旋形弯曲；细胞圆柱形、方形或盘状；细胞横壁收缢或不收缢；原生质体均匀或具颗粒或横壁处具有颗粒；具有气囊或细胞两端或一端具有气囊或缺乏；顶部细胞半球形或圆锥形，外壁薄或增厚；无异形胞，以形成藻殖段进行繁殖；许多类群藻丝体能运动。

1. 颤藻科（Oscillatoriaceae）

藻丝罕见单生，主要为基质上薄的或密的层或匍匐垫状，有时以后漂浮水面；藻丝圆柱状，直或弯曲或螺旋卷曲，横壁不收缢或收缢；鞘的形成有的是暂时的（如颤藻在不太正常条件下）或者是稳定的（如毛丝藻、鞘丝藻）；鞘与藻丝连接或略有距离，坚固，有时略分层，包含 1 条或多条藻丝；伪分枝偶尔发生或在具鞘的丝体内出现；细胞呈短的圆盘状，罕见方形的；成熟藻丝的顶端细胞外壁通常增厚或具帽状结构；无鞘的和具鞘的藻丝能动或不动；繁殖时藻丝在死细胞处断裂形成能动的藻殖段或不动的藻殖囊。

（1）颤藻属（*Oscillatoria*）

形态特征：植物体为单条藻丝或由许多藻丝组成皮壳状和块状的漂浮群体，无鞘或罕见极薄的鞘；藻丝不分枝，直或扭曲，能颤动，匍匐式或旋转式运动；横壁收缢或不收缢，顶端细胞形态多样，末端增厚或具帽状结构；细胞短柱或盘状；内含物均匀或具有颗粒，少数具有气囊；以形成藻殖段进行繁殖。

此属在洞庭湖为优势种，在东洞庭湖夏秋季常见。

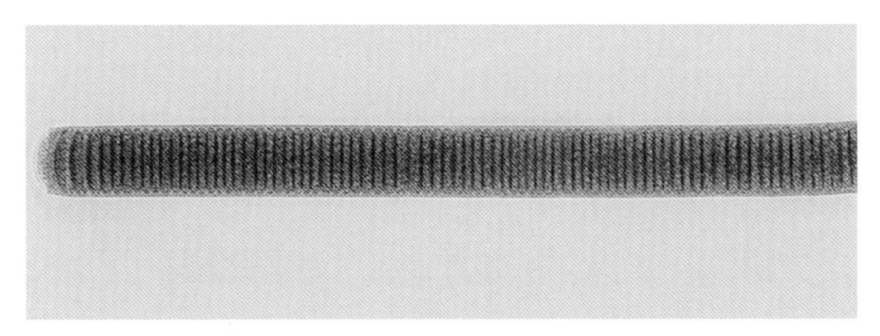

颤藻属（*Oscillatoria* sp.）

（2）鞘丝藻属（*Lyngbya*）

形态特征：丝体罕见单生，常为密集的、大的、似革状的层状；丝体罕见伪分枝，波状；藻丝具鞘，鞘有时分层；藻丝由盘状细胞组成。

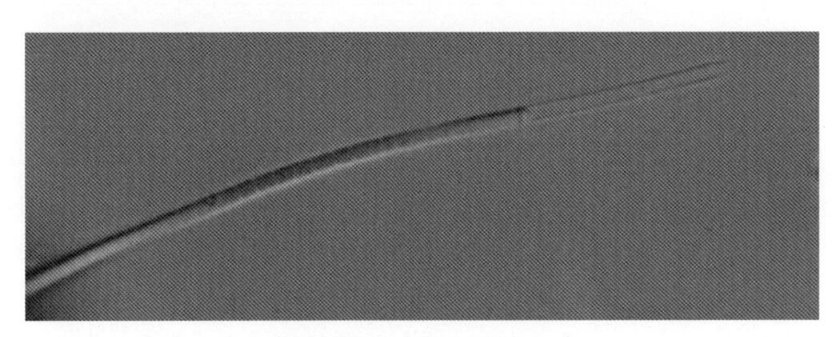

鞘丝藻属（*Lyngbya* sp.）

（3）螺旋藻属（*Spirulina*）

形态特征：藻体单细胞或多细胞圆柱形，无鞘；或松或紧的卷曲呈规则的螺旋状；藻丝顶端通常不渐尖，顶端细胞钝圆，无帽状结构；横壁不明显，不收缢。

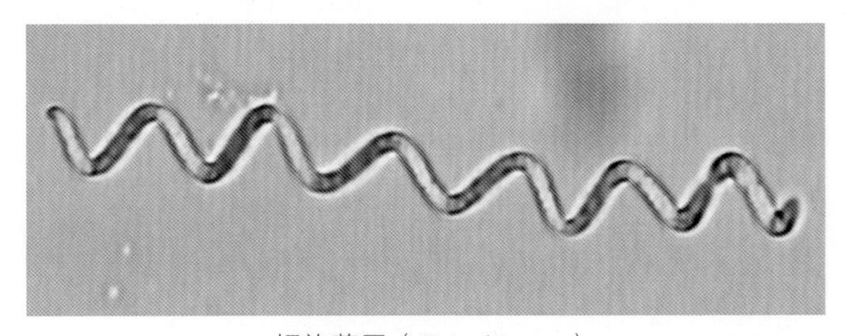

螺旋藻属（*Spirulina* sp.）

2. 伪鱼腥藻科（Pseudanabaenaceae）

单条细的不分枝的藻丝，或形成葡萄状群体（小垫状），有时呈半圆形，似泡状或藻丝缠绕；缺乏坚硬的鞘，罕见具薄的胶被；细胞柱形或方形，有时横壁处明显收缢或者不收缢；顶端细胞有时渐尖，有的具帽状结构；有的在细胞末端或中央位具气囊；每个细胞都能进行分裂；无异形胞，不形成孢子；类囊体大多数为周位平行排列；以藻丝断裂作用进行繁殖，形成由少数细胞组成的能运动的藻殖段或非运动的藻殖囊。

（1）伪鱼腥藻属（*Pseudanabeana*）

形态特征：藻体呈丝状体；藻丝单生或聚合成很细的胶状的垫，直线略呈波状或弯曲；不很长，无分枝，宽 0.8～3 μm，由圆柱形细胞组成，细胞横壁处常略收缢，幼丝体横壁不清晰，无硬的鞘，有时具薄的、无色的，水溶性，窄的胶被（染色可见），藻丝末端不渐细。细胞圆柱形，长大于宽，有时具单个颗粒，或气囊聚合成气囊群，位于细胞末端，末端细胞圆柱形，顶端钝圆或短圆锥状到盾形或尖锐。细胞分裂面垂直于丝体长轴，子细胞长到母细胞大小时进行下一次分裂，通过藻丝解裂（几个单细胞或少数几个细胞段）进行繁殖，不形成死细胞。该属的某些种类会产生异味物质。

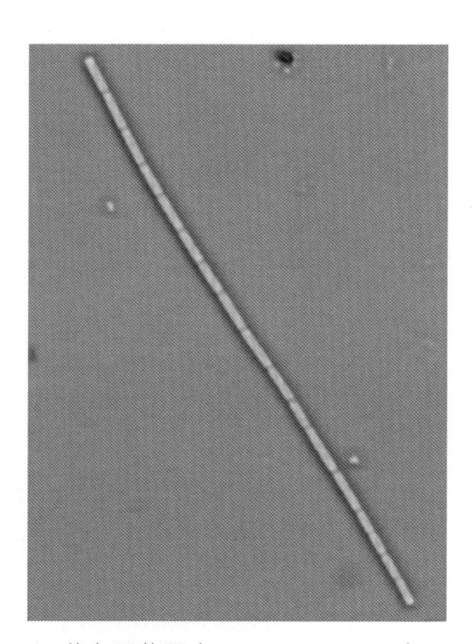

伪鱼腥藻属（*Pseudanabeana* sp.）

此属在洞庭湖为优势种，在全湖夏秋季常见。

（2）泽丝藻属（*Limnothrix*）

形态特征：藻丝漂浮；无鞘，顶端钝圆，不渐尖细，由多数长形、圆柱形细胞组成，横壁处不收缢或略收缢，细胞宽 1～6 μm；气囊位于细胞顶部或中央；以藻丝断裂成小片段的不动藻殖囊进行繁殖，无死细胞。

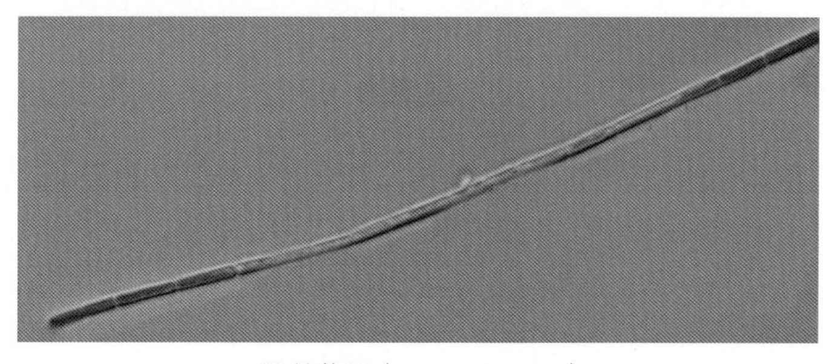

泽丝藻属（*Limnothrix* sp.）

3. 席藻科（Phormidiaceae）

藻丝单生，或呈垫状能动；无鞘或暂时存在，薄或坚硬，顶端开放，鞘内具有1条或多条藻丝；几个属有伪分枝，除顶端细胞外，其他细胞均能进行细胞分裂；具有气囊或缺乏；以藻丝断裂形成能动的藻殖段或不动的藻殖囊进行繁殖。

（1）席藻属（*Phormidium*）

形态特征：植物体胶状或皮状，由许多藻丝组成，着生或漂浮；丝体不分枝，直或弯曲。藻丝具鞘，略硬，彼此粘连，有时部分融合，薄，无色，不分层。藻丝能动，圆柱形，横壁收缢或不收缢。末端细胞头状或不呈头状，细胞内不具气囊；以形成藻殖段繁殖。种类很多，分布很广。

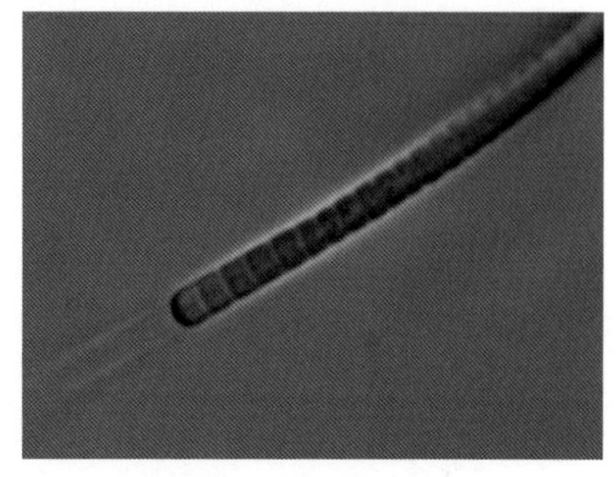

席藻属（*Phormidium* sp.）

（2）浮丝藻属（*Planktothrix*）

形态特征：植物体单生，直或略弯曲，除不正常条件外，无坚硬的鞘；藻丝从中部到顶端渐尖细，具帽状结构，不能运动或不明显运动，宽3.5～10 μm；细胞圆柱形，罕见方形，气囊充满细胞。

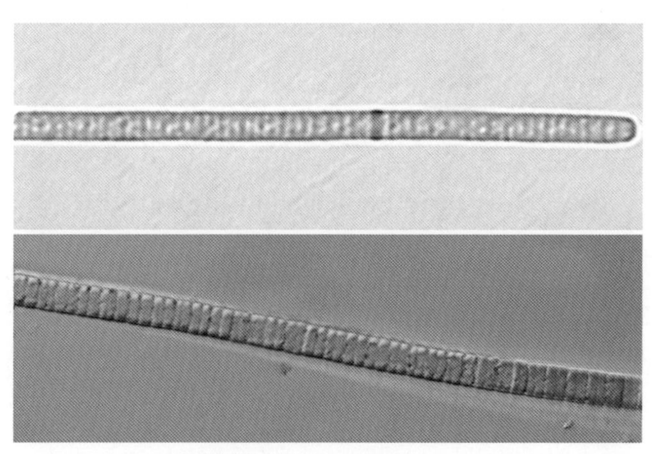

浮丝藻属（*Planktothrix* sp.）

（三）念珠藻目（Nostocales）

丝状体由藻丝组成；藻丝等极的或异极的，具有伪分枝或不分枝，通常缺乏真分枝；具有异形胞和厚壁孢子，厚壁孢子在生活史的一定时期出现；细胞分裂面与藻丝纵轴垂直，仅向1个方向连续分裂，无扁平细胞；主要繁殖方式形成藻殖段或藻殖囊。

念珠藻科（Nostocaceae）

藻丝为等极性的，末端钝圆或狭窄，顶部有时具有延长的细胞；无真分枝或伪分枝；藻殖段从两端对称萌发；具有异形胞（有几个属缺乏，但另一些特征，包括厚壁孢子与念珠藻类型的结构一致）间位或末端位；厚壁孢子常发育成副异形胞的或离异形胞的；所有细胞都有分裂能力；藻丝无分生区。

（1）鱼腥藻属（*Anabaena*）

形态特征：植物体为单一丝体，或不定形胶质块，或柔软膜状；藻丝等宽或末端尖，直或不规则的螺旋状弯曲；细胞球形、桶形；异形胞常为间位；厚壁孢子1个或几个成串，紧靠异形胞或位于异形胞之间。

此属在洞庭湖为优势种，在东洞庭湖夏秋季常见。

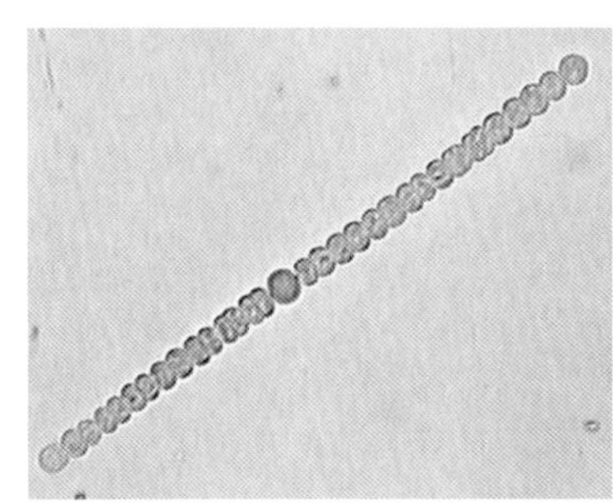
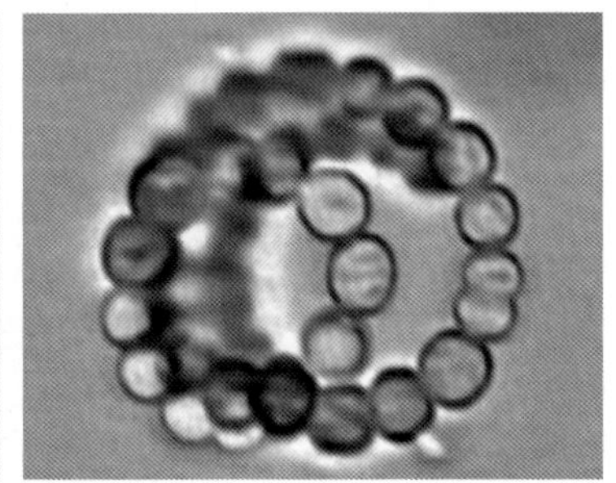

鱼腥藻属（*Anabaena* sp.）

（2）尖头藻属（*Raphidiopsis*）

形态特征：丝状体单一，或多少呈弯曲形。一般由少于20个细胞组成。无衣鞘。丝状体两端尖细，或一端尖细另一端宽圆。细胞呈圆柱形、假空胞有或无。厚壁孢子单生，或在丝状体两端中间成对生。无异形胞。

此属在洞庭湖为优势种，在东洞庭湖夏秋季常见。

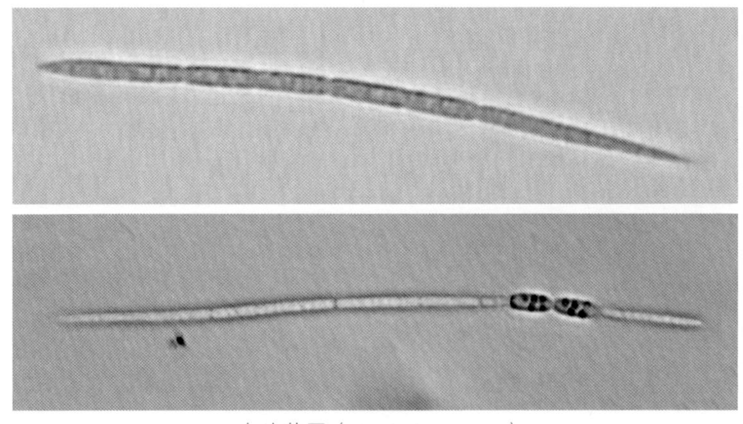

尖头藻属（*Raphidiopsis* sp.）

（3）束丝藻属（*Aphanizomenon*）

形态特征：藻丝多数直立，少数略弯曲，常多数集合形成盘状或纺锤状群体；无鞘，顶端尖细；异形胞间生；孢子远离异形胞。可大量繁殖形成水华。

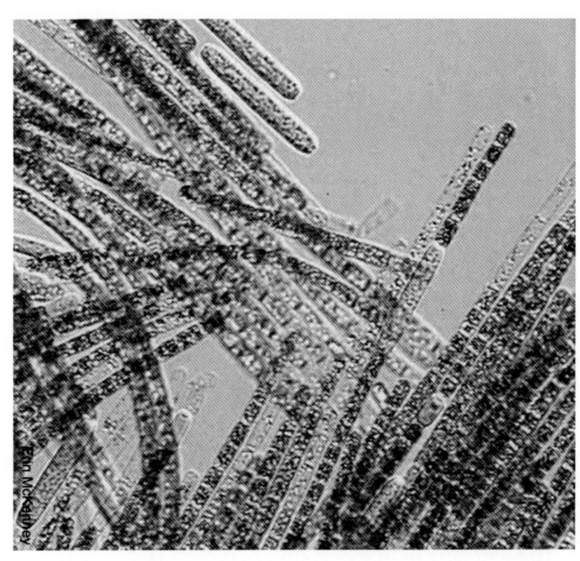

束丝藻属（*Aphanizomenon* sp.）

第二章 硅藻门（Bacillariophyta）

植物体为单细胞，或由细胞彼此连成链状、带状、丛状、放射状的群体，浮游或着生，着生种类常具胶质柄或包被在胶质团或胶质管中。细胞壁除含果胶质外，还含有大量复杂硅质结构，形成坚硬的硅藻细胞（或称为“壳体”）。

硅藻细胞的壳面呈圆形、三角形、多角形、椭圆形、卵形、线形、披针形、菱形、舟形、新月形、弓形、“S”形、棒形、提琴形等，辐射对称或两侧对称。壳面中部或偏于一侧具有1条纵向的无纹平滑区，称“中轴区”，中轴区中部，横线纹较短，形成面积较大的“中央区”。中央区中部，由于壳内壁增厚而形成“中央节”，如壳内壁不增厚，仅具圆形、椭圆形或横矩形的无纹区，称“假中央节”。中央节两侧，沿中轴区中部具有1条纵向的裂缝，称“壳缝”。壳缝两端的壳内壁各有一个增厚部分，称“极节”。有的种类无壳缝，仅有较狭窄的中轴区，称“假壳缝”；有的种类的壳缝是1条纵走的或围绕壳缘的管沟，以极狭的裂缝与外界相通，管沟的内壁具有数量不等的小孔与细胞内部相连，称“管壳缝”。管壳缝与运动有关。根据壳的形状和花纹排列方式，将硅藻门分为中心硅藻纲和羽纹硅藻纲。

硅藻种类繁多，分布极广，生长在淡水、半咸水、海水中，或在潮湿的土壤、岩石、树皮表面，高等水生植物丛中及苔藓中都有，一年四季都能生长繁殖。在夏、秋高温季节，有的硅藻在湖泊、海洋中大量繁殖，形成水华和赤潮。硅藻类是一些水生动物，如浮游动物、贝类、鱼类的饵料。在水生生物生态学研究中，在20世纪早期开始直到现在长期被用作重要的生物指示类群，用以监测水质和评价水环境。

一、中心纲（Centricae）

植物体为单细胞，或由细胞连成链状群体，或共同套在一个胶质管中。多为浮游种类，少数分泌胶质黏附在基质上；壳体呈圆盘形、鼓形、球形、圆柱形、长圆柱形或盒形，壳面为圆形、三角形、多角形或不规则形，极少为椭圆形，细胞壁无或具有突起或棘刺；壳面上的纹饰主要呈辐射状排列，无壳缝或假壳缝；大多数种类的色素体呈小盘状，多数。

营养繁殖为细胞分裂，是主要的繁殖方法。无性生殖产生复大孢子、小孢子或休眠孢子。

此纲绝大多数是海生浮游种类，淡水种类很少。

（一）圆筛藻目（Coscinodiscales）

植物体为单细胞，或由细胞连成链状群体，或共同套在一个胶质管中，或由细的胶质丝联系，多为浮游种类，少数分泌胶质黏附在基质上；细胞呈圆盘形、鼓形或圆柱形，少数为球形或透镜形；壳面圆形，很少数为椭圆形，平、凸起或凹入，壳面具有放射状排列的线纹或网纹，壳缘平、凸出、凹入或呈波状弯曲，常具边缘刺，少数具长刺，个别科、属具乳头状隆起形成的眼点斑，带面观长方形或椭圆形，壳套很发达，多数有线纹或其他花纹，色素体呈小圆盘状，多个，少数为片状。

在中心纲中，此目在淡水中的种类最多，分布最广，常见的仅 1 科。

圆筛藻科（Coscinodiscaceae）

植物体为单细胞，或由细胞连成链状，或共同套在一个胶质管中，或由细的胶质丝联结成树状群体，多为浮游，少数分泌胶质黏附在基质上。细胞圆盘形、鼓形或圆柱形，绝少数为球形或透镜形，壳面圆形，很少数为椭圆形，平、凸起、凹入，壳面具有放射状排列的点纹连成的线纹或网纹，有时点纹间具狭的无纹的空白间隙，常具有边缘刺，少数具有长刺，带面观长方形或椭圆形，壳套很发达，带面多数有线纹或其他花纹。色素体呈小圆盘状，多个。

（1）直链藻属（*Melosira*）

形态特征：植物体由细胞的壳面互相连成链状群体，多为浮游。细胞圆柱形，绝少数圆盘形、椭圆形或球形。壳面圆形，很少数为椭圆形，平或凸起，有或无纹饰，有的带面常有 1 条线形的环状缢缩，称“环沟”，环沟间平滑，其余部分平滑或具纹饰。有 2 条环沟时，两条环沟间的部分称“颈部”，细胞间有沟状的缢入部，称“假环沟”。壳面常有棘或刺。色素体小圆盘状，多数。复大孢子在此属较为常见。

此属是主要的淡水浮游硅藻之一，生长在池塘、浅水湖泊、沟渠、水流缓慢的河流及溪流中。此属在洞庭湖为优势种，在全湖常见。

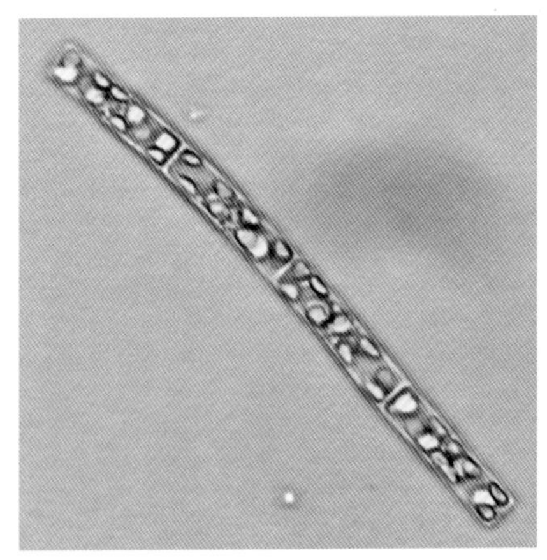
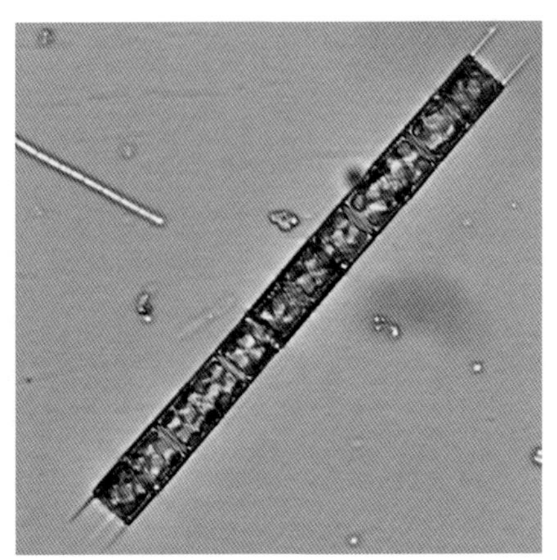

直链藻属（*Melosira* sp.）

（2）小环藻属（*Cyclotella*）

形态特征：植物体为单细胞或由胶质或小棘连接成疏松的链状群体，多为浮游。细胞鼓形，壳面圆形，绝少为椭圆形，呈同心圆皱褶的同心波曲，或与切线平行皱褶的切向波曲，绝少平直；纹饰具边缘区和中央区之分，边缘区具辐射状线纹或肋纹，中央区平滑或具点纹、斑纹，部分种类壳缘具小棘；少数种类带面具间生带。色素体小盘状，多数。

为细胞分裂繁殖；无性生殖；每个细胞产生 1 个复大孢子。

生长在池塘、浅水湖泊、沟渠、沼泽、水流缓慢的河流及溪流中，大多数为浮游种类。广泛分布于淡水水体中，个别种类是喜盐的，仅少数种类海生。

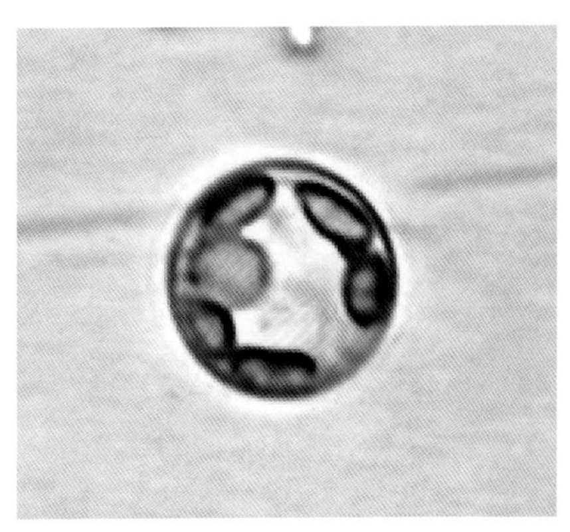
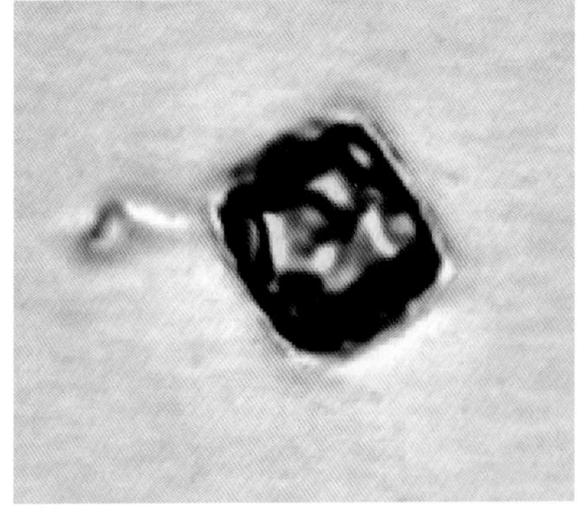

小环藻属（*Cyclotella* sp.）

（3）冠盘藻属（*Stephanodiscus*）

形态特征：植物体为单细胞或连成链状群体，浮游。细胞圆盘形，少数为鼓形、柱形；壳面圆形，平坦或呈同心波曲；壳面纹饰为成束辐射状排列的网孔，在电镜下称“室孔”，其内壳面具有筛膜，壳面边缘处每束网孔为2～5列，向中部成为单列，在中央排列不规则或形成玫瑰纹区，网孔束之间具辐射无纹区（或称“肋纹”），每条辐射无纹区或相隔数条辐射无纹区在壳套处的末端具一短刺，电镜下可见在刺的下方有支持突，有时在壳面上也有支持突，壳面支持突的数目超过1个时，排为规则或不规则的一轮，唇形突1个或数个；带面平滑具少数间生带。色素体小盘状，数个，较大而呈不规则形状的仅1～2个。

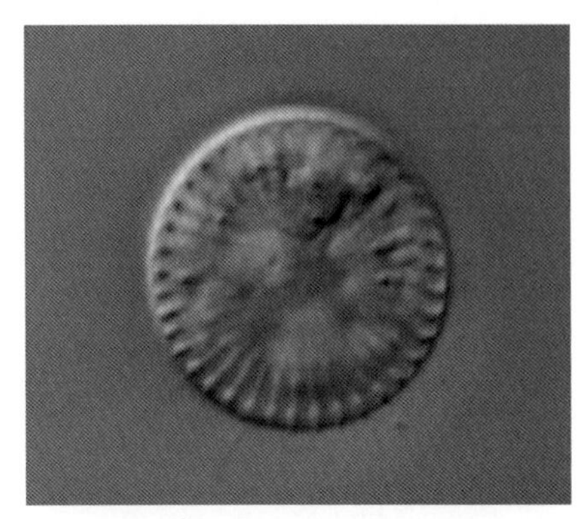

冠盘藻属（*Stephanodiscus* sp.）

为细胞分裂繁殖；无性生殖：每个细胞产生1个复大孢子，球形或椭圆形。

主要是淡水浮游种类，生长在池塘、浅水湖泊、沟渠、沼泽、水流缓慢的河流及溪流中。

（4）圆筛藻属（*Coscinodiscus*）

形态特征：植物体为单细胞，浮游。壳体圆盘形或短圆柱形，常具环形或领形的间生带，贯壳轴短。壳面圆形，绝少为椭圆形或不规则形，平坦或突起呈表玻璃状或于中央略凹入或同心波曲，很少切向波曲；壳面纹饰呈辐射状排列粗网孔纹，一般为六角形排列成紧密的网孔，有的网孔的室壁粗厚，在光学显微镜下显现中孔而使网孔呈圆形；粗网孔在壳面呈辐射状排列、螺旋排列、弯曲的切线排列，很少为不规则的。中央的粗网孔有时特别粗大，排列似玫瑰花形，称“中央玫瑰纹区”；有的中央平滑，称“中央无纹区”；如果中央无纹区较小则称为“裂隙”，壳缘具小刺及辐射列的线纹，有的具不对称的真孔，能分泌胶质使细胞附着。色素体小盘状或小片状，多数。

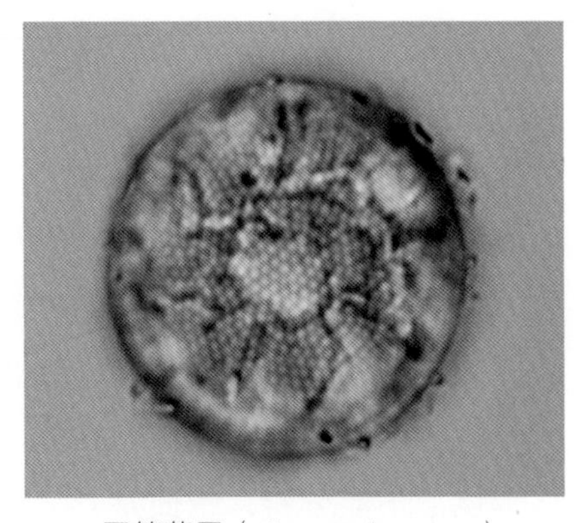

圆筛藻属（*Coscinodiscus* sp.）

为细胞分裂繁殖；无性生殖产生复大孢子，球形或椭圆形。

主要是海洋浮游种类，也可见于半咸水水体，淡水的种类很少。

（二）根管藻目（Rhizosoleniales）

植物体为单细胞或由少数细胞连成暂时性的链状群体，浮游；细胞长棒形或长圆柱形，多数种类细胞壁薄，轻度硅质化，很透明，具细点纹；带面具许多鳞片状、环状、半环状或领状的间生带，使两壳面的距离延长成直的长圆柱形，间生带以末端互相连接呈“Z”形或螺旋形，无隔片；壳面圆形或椭圆形，两端常具对称或不对称排列的长角毛或棘刺；色素体小颗粒状、小圆盘状，多数，较大的盘状或片状。

营养繁殖为细胞分裂，无性生殖产生复大孢子、休眠孢子和小孢子。

主要为海洋的浮游种类，内陆水体的种类较少。此目仅有 1 科。

管形藻科（Solenicaceae）

植物体为单细胞或由少数几个细胞连成暂时性的链状群体，浮游。细胞常呈长棒形、长圆柱形，细胞壁薄，轻度硅质化，具细点纹；带面具许多鳞片状、环状、领状、半环状的间生带，使两壳面的距离延长成直的长圆柱形，间生带以末端互相连接，呈“Z”形或螺旋形，无隔片。壳面圆形或椭圆形，两端常具对称或不对称排列的长角毛或棘刺。色素体小颗粒状、小圆盘状，多数，较大的盘状或片状。

营养繁殖为细胞分裂；无性生殖产生复大孢子、休眠孢子和小孢子。

此科在我国内陆水体中仅发现 1 属。

根管藻属（*Rhizosolenia*）

形态特征：植物体为单细胞或由几个细胞连成直的、弯的或螺旋状的链状群体，浮游。细胞长棒形、长圆柱形，直的或略弯，细胞壁很薄，具规律排列的细点纹，在光学显微镜下不能分辨；带面常具多数呈鳞片状、环状、领状的间生带；壳面圆形或椭圆形，具有帽状或圆锥状凸起，凸起末端延长成或长或短的刚硬棘刺。色素体小颗粒状或小圆盘状，多数，少数种类为较大的盘状或片状。

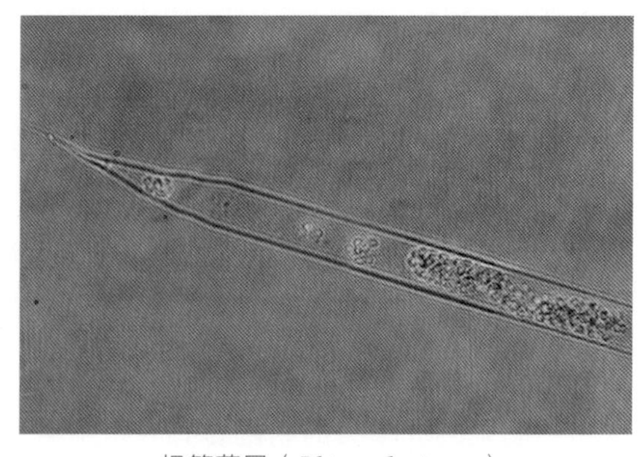

根管藻属（*Rhizosolenia* sp.）

营养繁殖为细胞分裂；无性生殖产生复大孢子、休眠孢子。

是湖泊中常见的真性浮游种类。

二、羽纹纲（Pennatae）

植物体为单细胞，或由细胞连成带状、扇状或星状的群体，多为浮游种类，少数种类分泌胶质黏附在基质上。壳面线形到披针形、卵形、舟形、新月形、弓形、

"S"形等；具壳缝或假壳缝，在壳缝或假壳缝的两侧具有由细点连成的横线纹或横肋纹。有些种类在横线纹或横肋纹上又具有纵线纹。带面多为长方形，两侧对称或不对称，通常无间生带。有些属具有与壳面平行或垂直的隔膜。

营养繁殖为细胞分裂，是主要的繁殖方法；无性生殖产生复大孢子。

此纲多数是淡水种类，分布较广。根据壳缝状况，本纲共分 5 目。

（一）无壳缝目（Araphidiales）

植物体为单细胞，或细胞连成带状、"Z"形或星状群体，浮游或分泌胶质黏附在基质上；壳体椭圆形、菱形、圆柱形、长圆柱形或披针形；壳面线形、披针形、椭圆形、菱形、棒形等，具假壳缝，在假壳缝的两侧具由点纹连成的横线纹或横肋纹；带面多数长方形，两侧对称或不对称，具有或无间生带，有些属具有与壳面平行或垂直的隔膜。色素体小颗粒状、盘状，多数；或片状，1～2 个；一般具片状色素体的种类都具有蛋白核。

营养繁殖为细胞分裂，是主要的繁殖方法；无性生殖产生复大孢子。

生长在池塘、湖泊、河流沿岸带，偶然性浮游或真性浮游，常着生。

脆杆藻科（Fragilariaceae）

植物体为单细胞，或细胞连成带状、"Z"形或星状群体。壳体椭圆形、菱形、圆柱形、长圆柱形或披针形；壳面线形、披针形、椭圆形、菱形、棒形等，少数种类的一端膨大，也有少数种类具波形的边缘，两侧对称；上下壳面均具假壳缝，假壳缝的两侧具由细点纹连成的横线纹或横肋纹；带面多数长方形，两侧对称或不对称，常具间生带和隔膜。色素体小颗粒状，多数，罕为较大的片状。

营养繁殖为细胞分裂，是主要的繁殖方法；无性生殖产生复大孢子。

主要生长在湖泊沿岸带，偶然性浮游种类，真性浮游种类很少，常着生。

（1）平板藻属（*Tabellaria*）

形态特征：植物体由细胞连成带状或"Z"形的群体。壳面线形，中部常明显膨大，两端略膨大；上下壳面均具有假壳缝，假壳缝狭窄，两侧具有由细点纹连成的横线纹；带面长方形，通常具有许多间生带，间生带间具有纵隔膜。色素体小盘状，多数。

生长在湖泊、河流中，浮游。

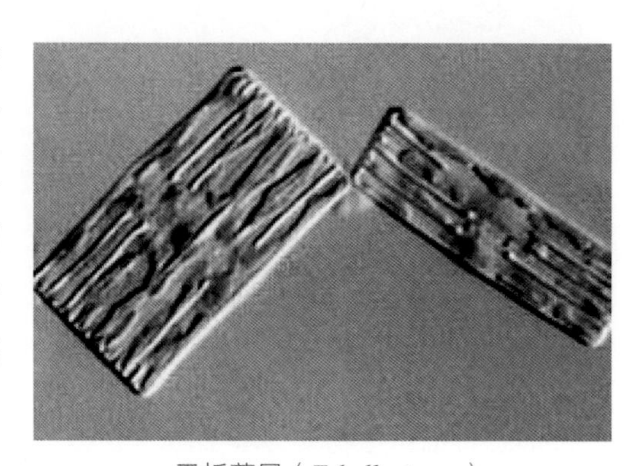

平板藻属（*Tabellaria* sp.）

（2）等片藻属（*Diatoma*）

形态特征：植物体由细胞连成带状、“Z”形或星形的群体。壳面线形、椭圆形、椭圆披针形或披针形，有的种类两端略膨大；假壳缝狭窄，两侧具细横线纹和肋纹，黏液孔（唇形突）很清楚；带面长方形，具有1个到多个间生带、无隔膜。色素体椭圆形，多数。

每个母细胞形成1个复大孢子。

主要是淡水种类，也有在微咸水或半咸水中的。生长在湖泊、池塘、河流中，多为沿岸带着生种类。

（3）脆杆藻属（*Fragilaria*）

形态特征：植物体由细胞互相连成带状群体，或以每个细胞的一端相连成“Z”状群体；壳面细长线形、长披针形、披针形到椭圆形，两侧对称，中部缘边略膨大或缢缩，两侧逐渐狭窄，末端钝圆、小头状、喙状；上下壳的假壳缝狭线形或宽披针形，其两侧具有横点状线纹；带面长方形，无间生带和隔膜。色素体小盘状，多数；或片状，1～4个；具有1个蛋白核。

每个母细胞形成1个复大孢子。

生长在池塘、沟渠、湖泊、缓流的河流中。

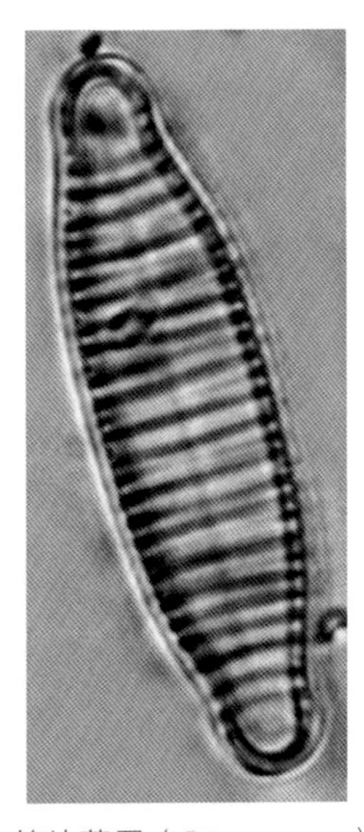

等片藻属（*Diatoma* sp.）

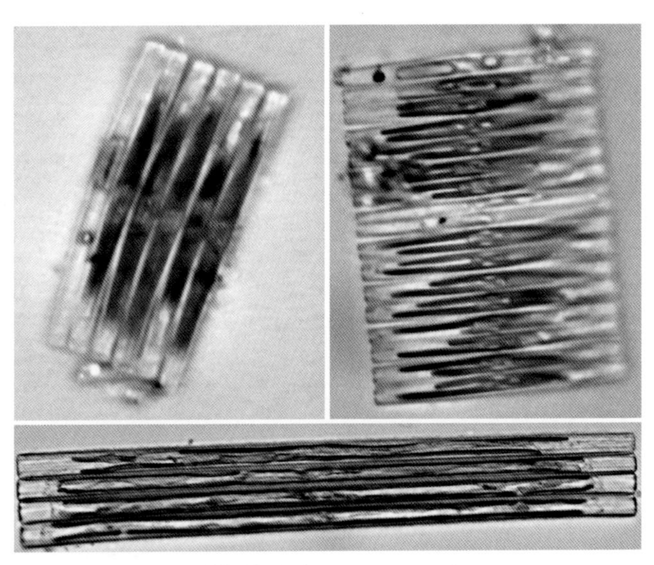

脆杆藻属（*Fragilaria* sp.）

（4）针杆藻属（*Synedra*）

形态特征：植物体为单细胞，或丛生呈扇形，或以每个细胞的一端相连成放射状群体，罕见形成短带状，但不形成长的带状群体；壳面线形或长披针形，从中部向两端逐渐狭窄，末端钝圆或呈小头状；假壳缝狭线形，其两侧具有横线纹或点纹，壳面中部常无花纹；带面长方形，末端截形，具有明显的线纹带；无间插带和隔膜；壳面末端有或无黏液孔（胶质孔）。色素体带状，位于细胞的两侧；片状，2 个；每个色素体常具有 3 个到多个蛋白核。

每个细胞可产生 1～2 个复大孢子。

生长在池塘、沟渠、湖泊、河流中，浮游或着生在基质上。

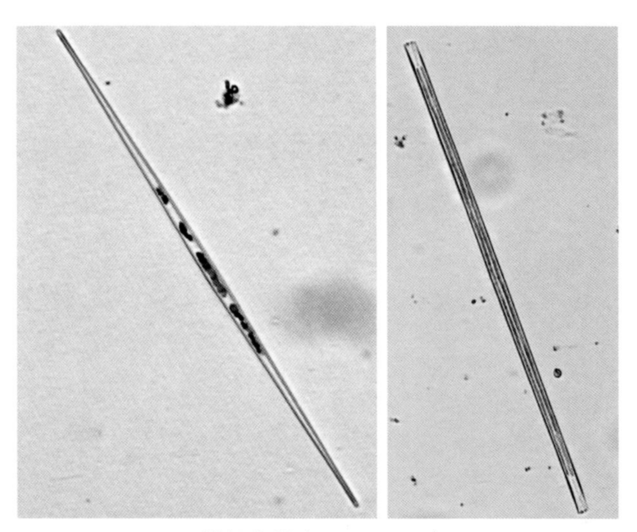

针杆藻属（*Synedra* sp.）

（5）星杆藻属（*Asterionella*）

形态特征：细胞呈棒状，两端异形，通常一端扩大。细胞以一端连成星状、螺旋状等群体。假壳缝不明显。色素体多数，呈板状或颗粒状。

浮游种类，广泛分布在海水和淡水中。

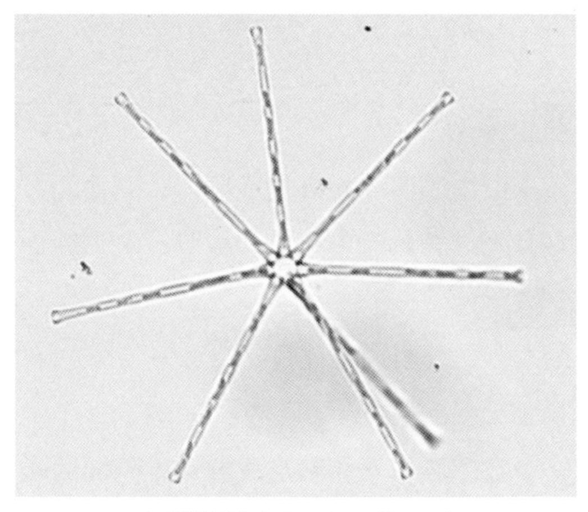

星杆藻属（*Asterionella* sp.）

（二）拟壳缝目（Raphidionales）

植物体为单细胞或细胞互相连成带状群体；细胞月形、弓形，背缘凸出，上下壳面两端的腹缘均具有短的壳缝，壳缝由腹侧向末端延伸，经过壳缘而弯入壳面；具有极节，无中央节；色素体片状，大型，2个。

本目仅有1科。

短缝藻科（Eunotiaceae）

特征同目。

短缝藻属（*Eunotia*）

形态特征：植物体为单细胞或细胞互相连成带状群体；细胞月形、弓形，背缘凸出，拱形或呈波状弯曲，腹缘平直或凹入，两端形态、大小相同，每端具有1个明显的极节，上下壳面两端均具有短壳缝，短壳缝从极节斜向腹侧边缘，无中央节，具有横线纹，由点纹紧密排列而成；带面长方形或线形，常具有间生带，无隔膜。色素体通常片状，大型，2个，无蛋白核。

由2个母细胞的原生质体结合形成1个复大孢子。

本属生长在淡水中，多存在于贫营养的清水水体，pH偏酸性的软水中，浮游或附着在基质上。

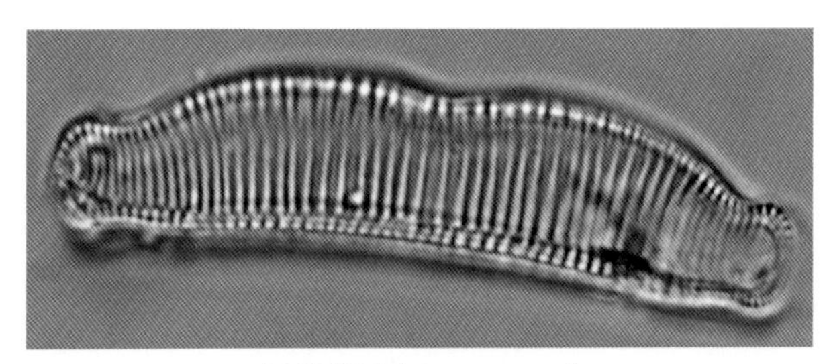

短缝藻属（*Eunotia* sp.）

（三）双壳缝目（Biraphidinales）

植物体为单细胞，少数由胶质互相黏连成群体；壳面两端及两侧对称，或两端不对称，上下壳面均具有壳缝，具有中央节和极节；上下壳面花纹相同；色素体片状，大型，1～2个。

淡水硅藻类中的绝大多数种类属于此目。

1. 舟形藻科（Naviculaceae）

植物体为单细胞，少数由胶质互相粘连成群体；壳面两端及两侧对称，壳面舟形、披针形，椭圆形或菱形，上下壳面均具有壳缝，具有中央节和极节；上下壳面花纹相同；色素体片状，大型，1～2 个。

此科是淡水硅藻类中最大的一个科，但也在咸水和海水中存在。

（1）布纹藻属（*Gyrosigma*）

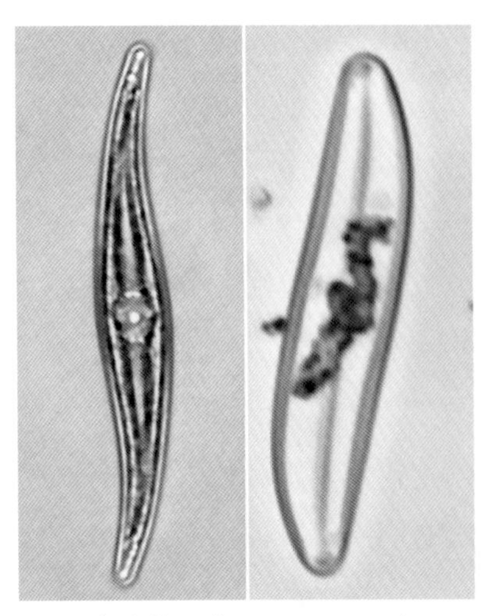

布纹藻属（*Gyrosigma* sp.）

形态特征：植物体为单细胞，偶尔在胶质管内；壳面呈“S”形，从中部向两端逐渐尖细，末端渐尖或钝圆，中轴区狭窄，“S”形到波形，中部中央节处略膨大，具有中央节和极节，壳缝“S”形弯曲，壳缝两侧具有纵线纹和横线纹十字形交叉构成的“布纹”；带面呈宽披针形，无间生带。色素体片状，2 个，常具有几个蛋白核。

生长在淡水、半咸水或海水中，浮游，仅 1 种附着在基质上。

（2）双壁藻属（*Diploneis*）

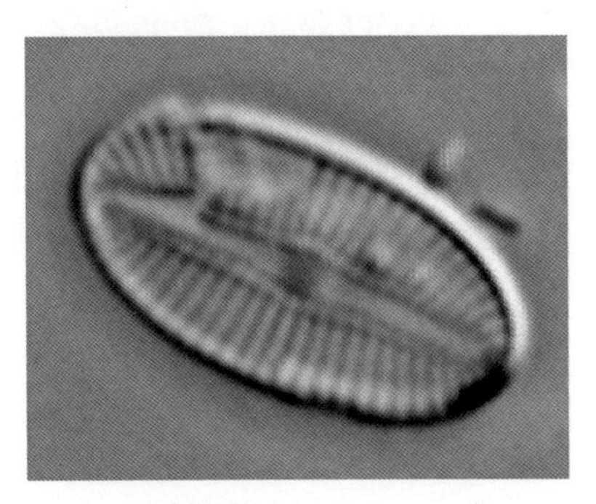

双壁藻属（*Diploneis* sp.）

形态特征：植物体为单细胞；壳面椭圆形、线形到椭圆形、线形、卵圆形，末端钝圆；壳缝直，壳缝两侧具有中央节侧缘延长形成的角状凸起，其外侧具有宽或狭的线形到披针形的纵沟，纵沟外侧具有横肋纹或由点纹连成的横线纹；带面长方形，无间生带和隔片。色素体片状，2 个，每个都具有 1 个蛋白核。

生长在海水中的种类较多，在淡水和半咸水中也常见。

（3）肋缝藻属（*Frustulia*）

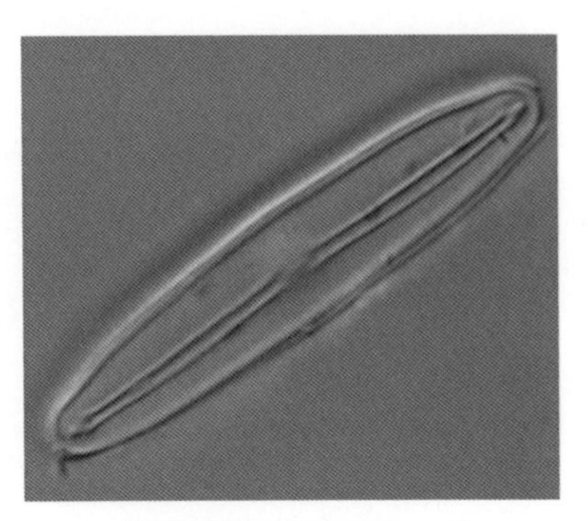

肋缝藻属（*Frustulia* sp.）

形态特征：植物体为单细胞，浮游，有时胶质形成管状，管内每个细胞互相平行排列，着生；壳面披针形、长菱形、菱形披针形、线形披针形、舟形，中轴区中部具有一短的中央节，两条硅质肋条从中央节向极节延伸，其顶端与极节相接。壳缝位于两肋条之间，壳缝两侧具有纵线纹和横线纹，平行或略呈放射状排列；带面呈长方形，无间生带和隔膜。色素体片状，2 个。

由 2 个母细胞的原生质体结合形成 2 个复大孢子。

多生长在淡水中，有的也生长在半咸水中。

（4）辐节藻属（*Stauroneis*）

形态特征：植物体为单细胞，少数连成带状的群体；壳面长椭圆形、狭披针形、舟形，末端头状、钝圆形或喙状；中轴区狭，壳缝直，极节很细，中央区增厚并扩展到壳面两侧，增厚的中央区无花纹，称“辐节”；壳缝两侧具有横线纹或点纹，略呈放射状的平行排列，辐节和中轴区将壳面花纹分成4个部分；具有间生带，但无真的隔片，有或无假隔片。色素体片状，2个，每个具有2～4个蛋白核。

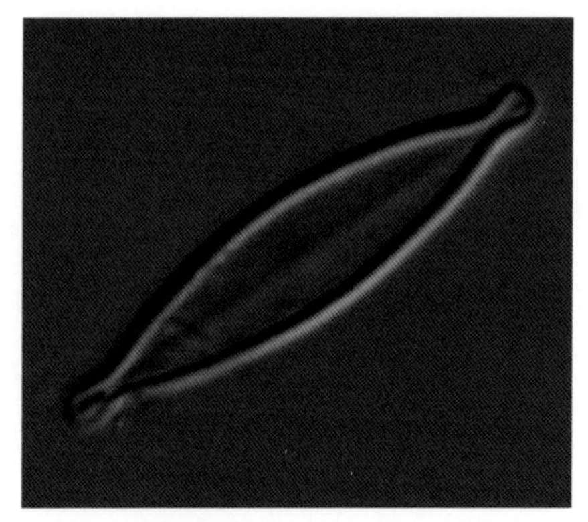

辐节藻属（*Stauroneis* sp.）

由2个母细胞的原生质体分别形成2个配子，互相结合形成2个复大孢子。

生长在淡水、半咸水或海水中。

（5）羽纹藻属（*Pinnularia*）

形态特征：植物体为单细胞或连成带状群体，上下左右均对称；壳面线形、椭圆形、披针形、线形披针形、椭圆披针形，两侧平行，少数种类两侧中部膨大或呈对称的波状，两端头状、喙状，末端钝圆；中轴区呈狭线形、宽线形或宽披针形，有些种类超过壳面宽度的1/3，中央区呈圆形、椭圆形、菱形、横矩形等，具有中央节和极节；壳缝发达，直或弯曲，或构造复杂形成复杂壳缝，其两侧具有粗或细的横肋纹，每条肋纹是1条管沟，每条管沟内具有1～2个纵隔膜，将管沟隔成2～3个小室，有的种类由于肋纹的纵隔膜形成纵线纹，一般壳面中间部分的横肋纹比两端的横肋纹略少。带面呈长方形，无间生带和隔片。色素体片状，大型，2个，各具有1个蛋白核。

生长在淡水、半咸水及海水中。是硅藻类中种类最多的属之一。

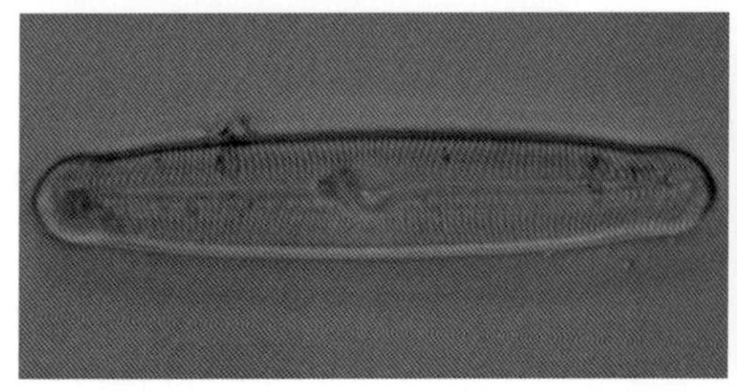

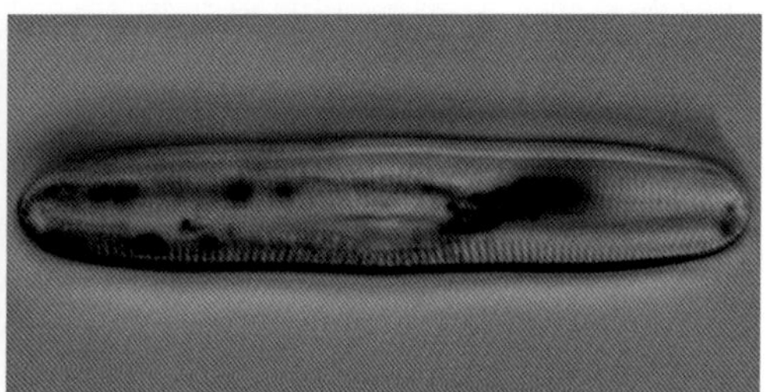

羽纹藻属（*Pinnularia* sp.）

（6）舟形藻属（*Navicula*）

形态特征：植物体为单细胞，浮游；壳面线形、披针形、菱形、椭圆形，两侧对称，末端钝圆、近头状或喙状；中轴区狭窄、线形或披针形，壳缝线形，具有中央节和极节，中央节为圆形或椭圆形，有的种类极节为扁圆形，壳缝两侧具有点纹组成的横线纹，或布纹、肋纹、窝孔纹，一般壳面中间部分的线纹数比两端的线纹数略少（在种类的描述中，在 10 μm 内的线纹数指壳面中间部分的线纹数）；带面长方形，平滑，无间生带，无真隔片。色素体片状或带状，多为 2 个，罕为 1 个、4 个或 8 个。

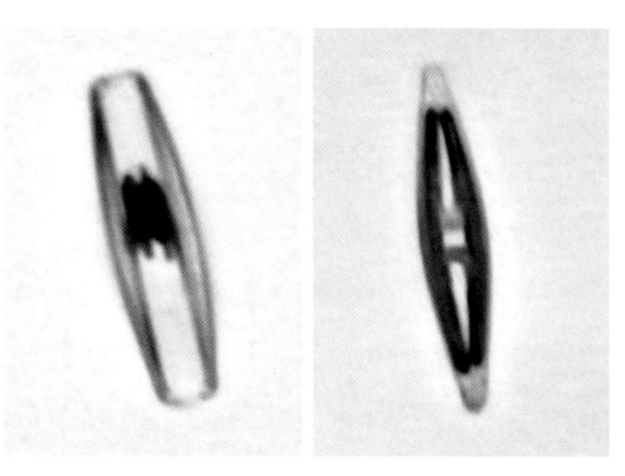

舟形藻属（*Navicula* sp.）

由 2 个母细胞的原生质体分裂，分别形成 2 个配子，互相成对结合形成 2 个复大孢子。

生长在淡水、半咸水及海水中。舟形藻属是淡水硅藻类中种类最多的 1 个属。

此属在洞庭湖为优势种，在南洞庭湖常见。

2. 桥弯藻科（Cymbellaceae）

形态特征：植物体多数为单细胞，少数为群体。浮游或着生，着生种类细胞位于短胶质柄的顶端或在分枝或不分枝的胶质管中；壳面两侧不对称，明显有背腹之分，呈新月形、镰刀形、线形、半椭圆形、半披针形、舟形、菱形披针形，末端钝圆或渐尖；中轴区两侧略不对称，略偏于腹侧，具有中央节和极节；壳缝略弯曲，其两侧具有横线纹或点纹；带面呈长方形或椭圆形，具有或无间生带，无隔膜；色素体侧生、片状，1 个、2 个或 4 个。

生长在淡水、半咸水和海水中。

（1）双眉藻属（*Amphora*）

形态特征：植物体多数为单细胞，浮游或着生；壳面两侧不对称，明显有背腹之分，新月形、镰刀形，末端钝圆形或两端延长呈头状；中轴区明显偏于腹侧，具有中央节和极节；壳缝略弯曲，两侧具有横线纹；带面椭圆形，末端截形，间生带由点连成长线状，无隔膜；色素体侧生、片状，1 个、2 个或 4 个。

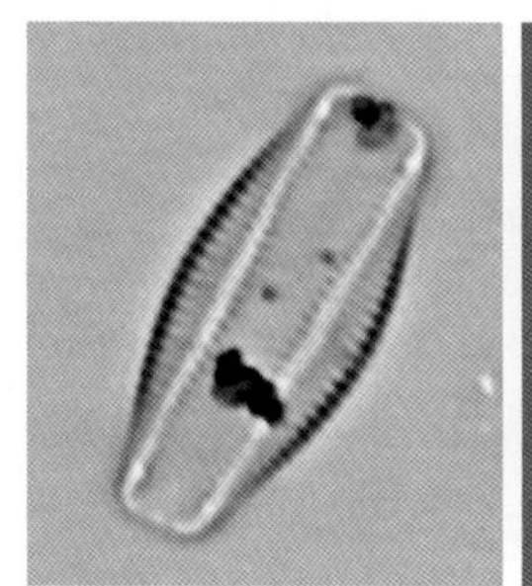
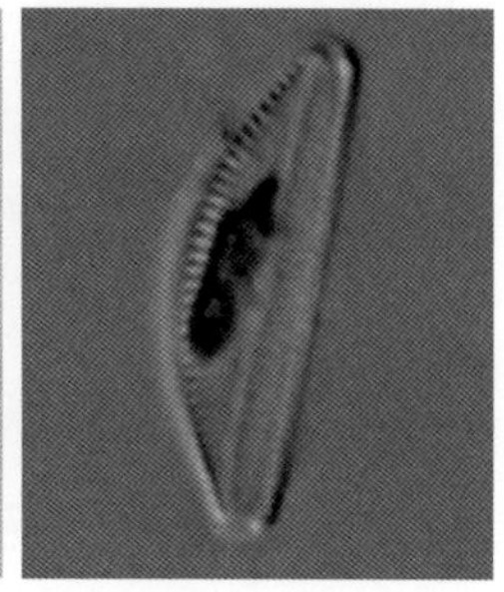

双眉藻属（*Amphora* sp.）

由 2 个母细胞的原生质体结合形成 2 个复大孢子，1 个细胞也可能产生 1 个复大孢子。

绝大多数生长在海水中，生长在淡水和半咸水中的种类不多。海水种类多产于热带、亚热带地区。

（2）桥弯藻属（*Cymbella*）

形态特征：植物体为单细胞，或为分枝或不分枝的群体。浮游或着生，着生种类细胞位于短胶质柄的顶端或在分枝或不分枝的胶质管中；壳面两侧不对称，明显有背腹之分，背侧凸出，腹侧平直或中部略凸出或略凹入，新月形、线形、半椭圆形、半披针形、舟形、菱形披针形，末端钝圆或渐尖；中轴区两侧略不对称，具有中央节和极节；壳缝略弯曲，少数近直，其两侧具有横线纹，一般壳面中间部分的横线纹比近两端的横线纹略少；带面长方形，两侧平行，无间生带和隔膜；色素体侧生、片状，1 个。

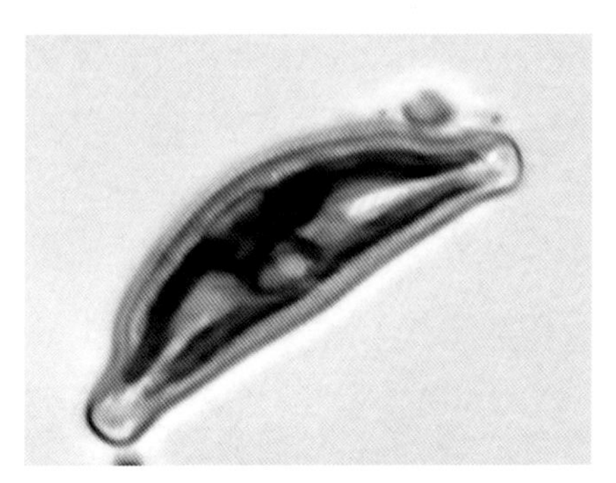

桥弯藻属（*Cymbella* sp.）

由 2 个母细胞的原生质体结合形成 2 个复大孢子。

多数生长在淡水中，少数生长在半咸水中。

3. 异极藻科（Gomphonemaceae）

植物体为单细胞，或为不分枝或分枝的树状群体，浮游或着生，着生种类细胞位于胶质柄的顶端或在分枝的胶质管中；壳面上下两端不对称，或两端及两侧均不对称，前端宽于末端，呈线形、椭圆形、披针形、舟形、菱形披针形，末端钝圆或渐尖；中轴区两侧对称，具有中央节和极节；上下壳面具有真壳缝，壳缝两侧具有横线纹或点纹；带面长方形、楔形、椭圆形，具有或无间生带，无隔膜；色素体侧生、片状，1 个，具有 1 个蛋白核。光合作用产物主要为脂肪，呈小球形。

主要生长在淡水、半咸水中，生长在海水中的种类较少。

异极藻属（*Gomphonema*）

形态特征：植物体为单细胞，或连接为不分枝或分枝的树状群体，细胞位于胶质柄的顶端，以胶质柄着生于基质上，有时细胞从胶质柄上脱落成为偶然性的单细胞浮游种类；壳面上下两端不对称，上端宽于下端，两侧对称，呈棒形、披针形、楔形；中轴区狭窄、直，中央区略扩大，有些种类在中央

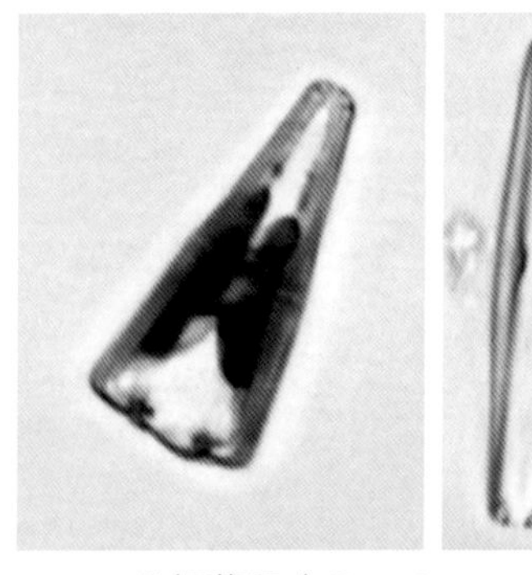

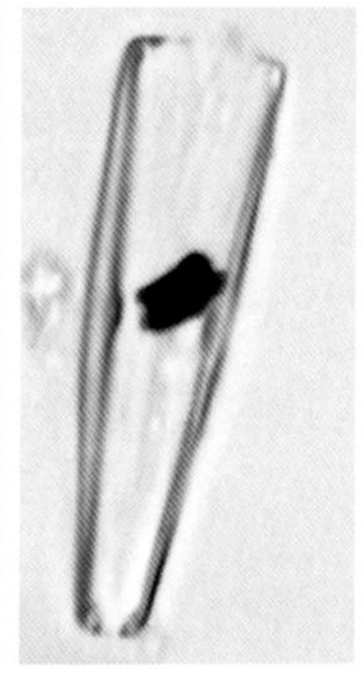

异极藻属（*Gomphonema* sp.）

区一侧具1个、2个或多个单独的点纹，具有中央节和极节；壳缝两侧具有由点纹组成的横线纹；带面多呈楔形，末端截形，无间生带，少数种类在上端具有横隔膜；色素体侧生、片状，1个。

由2个母细胞的原生质体分别形成2个配子，互相成对结合形成2个复大孢子。

此属主要是淡水生种类，少数生长在半咸水或海洋中。

（四）单壳缝目（Monoraphidinales）

植物体为单细胞或连成带状或树状的群体，单细胞的种类多以具有壳缝的一面附着在基质上，群体种类以胶质柄着生在基质上；细胞上下两个壳面，有一个壳面具有真壳缝，另一个壳面具有横线纹构成的假壳缝。

1. 曲壳藻科（Achnanthaceae）

植物体为单细胞或连成带状或树状的群体，单细胞的种类多以具有壳缝的一面附着在基质上，群体种类以胶质柄着生在基质上；壳面呈椭圆形、宽椭圆形、线形、披针形、棒形，上下两个壳面有一个壳面具有真壳缝，具有中央节和极节，另一个壳面具有横线纹构成的假壳缝；带面呈横向弯曲、纵长膝曲状弯曲或弧形，具有纵隔膜或不完全的横隔膜。色素体片状，1～2个；或小盘状，多数。

每2个细胞的原生质体结合形成1个复大孢子，也可能是单性生殖，每个配子发育成1个复大孢子。

（1）卵形藻属（*Cocconeis*）

形态特征：植物体为单细胞，以下壳着生在丝状藻类或其他基质上；壳面椭圆形、宽椭圆形，上下两个壳面的外形相同，花纹各异或相似，上下两个壳面有一个壳面具有假壳缝，另一个壳面具有直的壳缝，具有中央节和极节，壳缝和假壳缝两侧具有横线纹或点纹；带面横向弧形弯曲，具有不完全的横膈膜；色素体片状，1个，具有1～2个蛋白核。

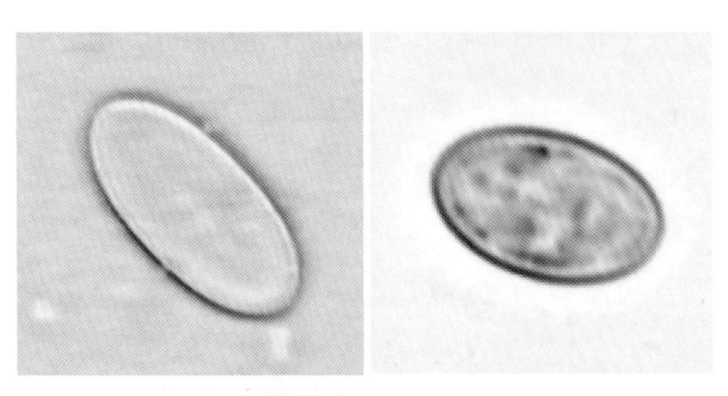

卵形藻属（*Cocconeis* sp.）

每2个母细胞的原生质体结合形成1个复大孢子，单性生殖为每个配子发育成1个复大孢子。

大多数是海水种类，淡水种类附着于基质上生长，常大量发生。

（2）曲壳藻属（*Achnanthes*）

形态特征：植物体为单细胞或以壳面互相连接形成带状或树状群体，以胶柄着生于基质上；壳面线形披针形、线形椭圆形、椭圆形、菱形披针形，上壳面凸出或略凸出，具有假壳缝，下壳面凹入或略凹入，具有典型的壳缝，中央节明显，极节不明显，壳缝和假壳缝两侧的横线纹或点纹相似，或一壳面横线纹平行，另一壳面呈放射状；带面纵长弯曲，呈膝曲状或弧形；色素体片状，1～2个；或小盘状，多数。

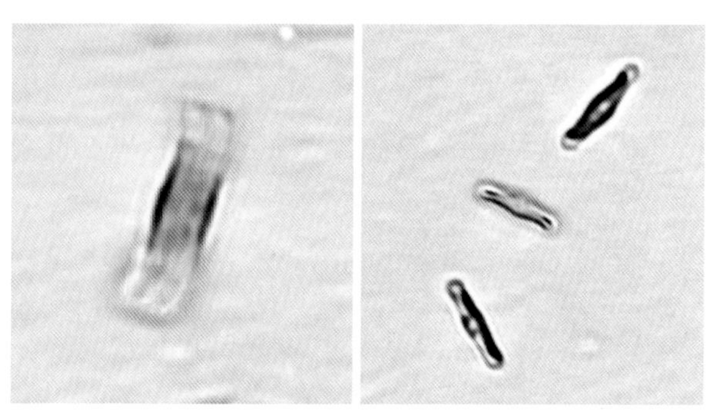

曲壳藻属（*Achnanthes* sp.）

2个母细胞互相贴近，每个细胞的原生质体分裂成2个配子，成对的配子结合，形成2个复大孢子。

此属主要产于海洋中，淡水中的种类多着生于丝状藻类、沉水生高等植物或其他基质上，或亚气生。

（五）管壳缝目（Aulonoraphidinales）

植物体为单细胞或由壳面互相连成短带状群体；细胞上下两个壳面具管壳缝。

1. 窗纹藻科（Epithemiaceae）

植物体为单细胞或由壳面互相连成短带状群体；细胞弓形、舟形，上下两个壳面具发达的管壳缝，管壳缝常在壳面上呈“V”形曲折或位于一侧壳缘的龙骨上，在管壳缝内壁上具有通入细胞内的小孔或无，壳面具有横肋纹，在横肋纹之间具有横线纹或蜂窝状的窝孔纹，中央节或极节退化或完全没有；色素体侧生、片状，1个。

窗纹藻属（*Epithemia*）

形态特征：植物体为单细胞，浮游或附着在基质上；壳面略弯曲，弓形、新月形，左右两侧不对称，有背侧和腹侧之分，背侧凸出，腹侧凹入或近于平直，末端钝圆或近头状，腹侧中部具1条“V”形的管壳缝，管壳缝内壁具有多个圆形小孔通入细胞内，具中央节和极节，但在光学显微镜下不易见到，壳面内壁具

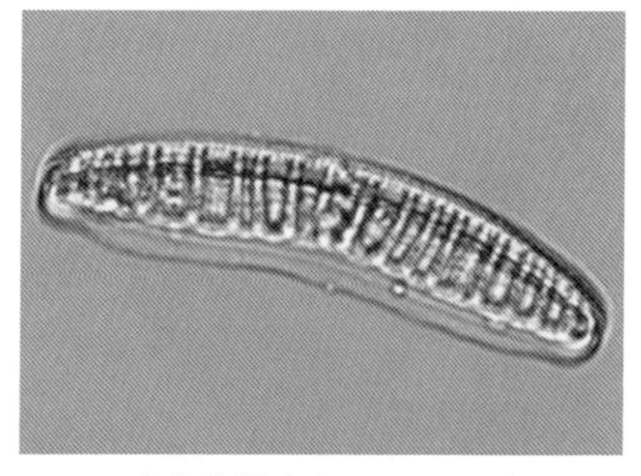

窗纹藻属（*Epithemia* sp.）

有横向平行的隔膜，构成壳面的横肋纹，两条横肋纹之间具有 2 列或 2 列以上与肋纹平行的横点纹或窝孔状的窝孔纹，有些种类在壳面和带面结合处具有 1 纵长的隔膜；带面长方形；色素体侧生、片状，1 个。

每 2 个母细胞的原生质体分裂形成 2 个配子，2 对配子结合形成 2 个复大孢子。

生长在淡水和半咸水中，多数种类以腹面附着在水生高等植物或其他基质上。

2. 菱形藻科（Nitzschiaceae）

植物体多为单细胞，或形成带状或星状的群体，或位于分枝或不分枝的胶质管中；细胞纵长，直或“S”形，罕为椭圆形，上下两个壳面的一侧具有龙骨突起，龙骨突起上具有管壳缝，管壳缝内壁具有许多通入细胞内的小孔，称“龙骨点”，壳面具有横线纹或由点纹组成的横线纹；常无间生带和隔膜；色素体侧生、片状，2 个，少数 4～6 个。

2 个母细胞原生质体分裂分别形成 2 个配子，成对配子结合形成 2 个复大孢子。

（1）菱板藻属（*Hantzschia*）

形态特征：植物体为单细胞；细胞纵长，直或“S”形，壳面弓形、线形或椭圆形，一侧或两侧边缘缢缩或不缢缩，两端尖形、渐尖或近喙状；壳面的一侧的边缘具龙骨突起，龙骨突起上具有管壳缝，龙骨点明显，上下两壳的龙骨突起彼此平行相对，具有小的中央节和极节，壳面具有横线纹或点纹组成的横线纹；带面矩形，两端截形；色素体带状，2 个。

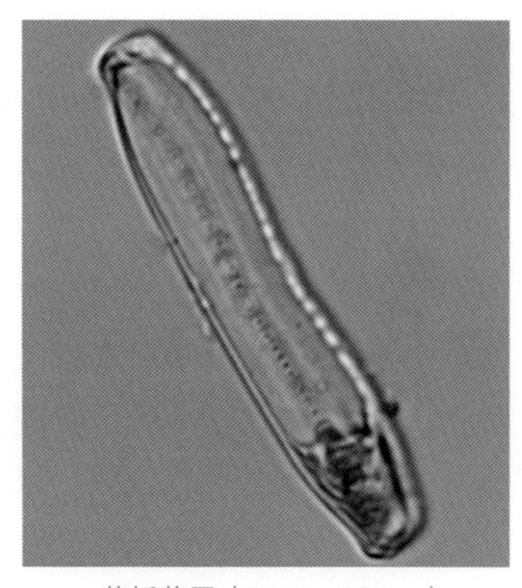

菱板藻属（*Hantzschia* sp.）

2 个母细胞原生质体分裂分别形成 2 个配子，成对配子结合形成 2 个复大孢子。

生长在淡水或海水中。

（2）菱形藻属（*Nitzschia*）

形态特征：植物体多为单细胞，或形成带状或星状的群体，或在分枝或不分枝的胶质管中，浮游或附着；细胞纵长，直或“S”形，壳面线形、披针形、罕为椭圆形，两侧边缘缢缩或不缢缩，两端渐尖或钝，末端楔形、喙状、头状、尖圆形；壳面的一侧具有龙骨突起，龙骨突起上具有管壳缝，龙骨点明显，上下两个壳的龙骨突起彼此交叉相对，具有小的中央节和极节，壳面具有横线纹；细胞壳面和带面不成直角，因此横断面呈菱形；色素体侧生、带状，2 个，少数 4～6 个。

2个母细胞原生质体分裂分别形成2个配子，成对配子结合形成2个复大孢子。

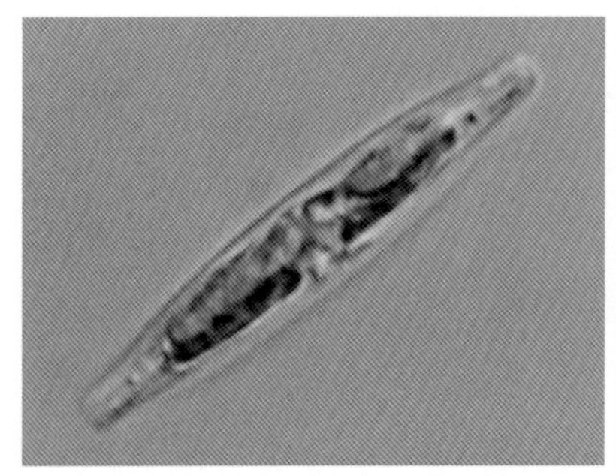
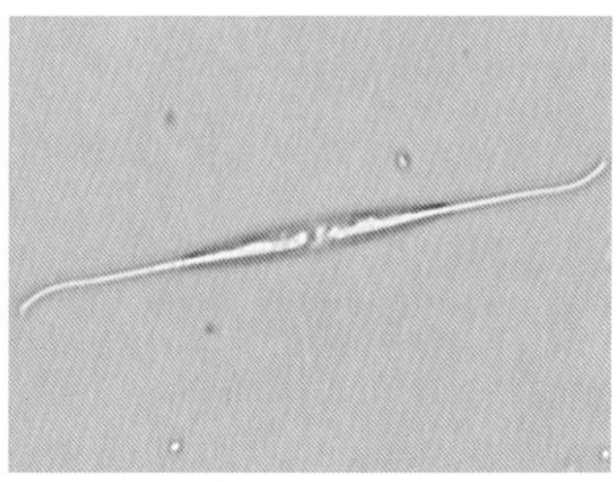

菱形藻属（*Nitzschia* sp.）

3. 双菱藻科（Surirellaceae）

植物体为单细胞；细胞壳面为披针形、线形、椭圆形，呈横向上下波状起伏或平直或弯曲，上下两个壳面的龙骨及翼状构造围绕整个壳缘，龙骨上具有管壳缝，管壳缝通过翼沟与细胞内部相联系，翼沟间以膜相联系，构成中间间隙，壳面具有横肋纹和横线纹；带面呈矩形，两侧平行或具有明显的波状皱褶；色素体侧生、片状，1个。

2个母细胞原生质体结合形成1个复大孢子。

（1）波缘藻属（*Cymatopleura*）

形态特征：植物体为单细胞，浮游；壳面椭圆形、纺锤形、披针形或线形，呈横向上下波状起伏，上下两个壳面的整个壳缘由龙骨及翼状构造围绕，龙骨突起上具管壳缝，管壳缝通过翼沟与壳体内部相联系，翼沟间以膜相联系，构成中间间隙，壳面具有粗的横肋纹，有时肋纹很短，使壳缘呈串珠状，肋纹间具有横贯壳面细的横线纹，横线纹明显或不明显；壳体无间生带，无隔膜，带面矩形、楔形，两侧具有明显的波状皱褶；色素体片状，1个。

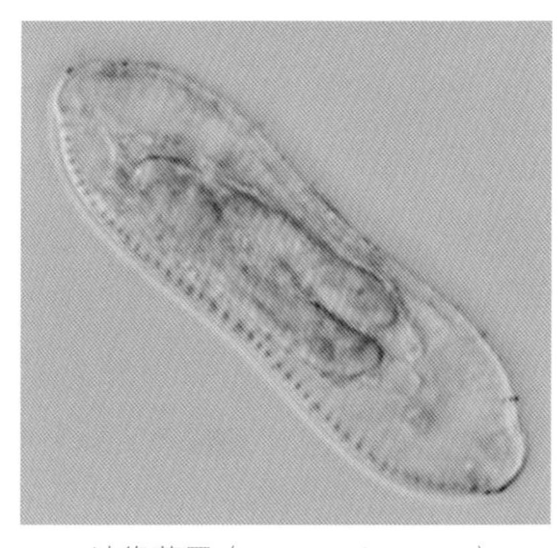

波缘藻属（*Cymatopleura* sp.）

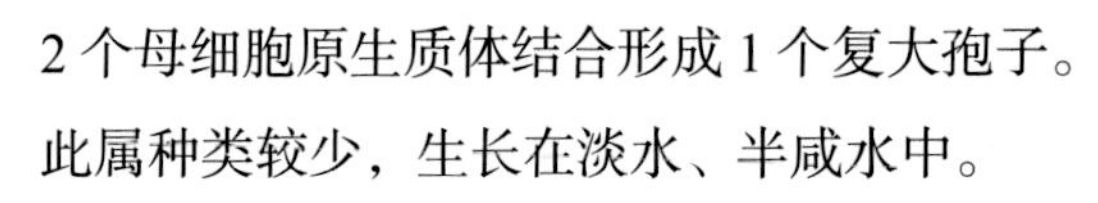

2个母细胞原生质体结合形成1个复大孢子。

此属种类较少，生长在淡水、半咸水中。

（2）双菱藻属（*Surirella*）

形态特征：植物体为单细胞，浮游；壳面线形、椭圆形、卵圆形、披针形，平直或螺旋状扭曲，中部缢缩或不缢缩，两端同形或异形，上下两个壳面的龙骨及翼状构造围绕整个壳缘，龙骨上具有管壳缝，在翼沟内的管壳缝通过翼沟与细胞内部相联系，管壳缝内壁具有龙骨点，翼沟通称“肋纹”，横肋纹或长或短，肋纹间具有明显或不明显的横线纹，横贯壳面，壳面中部具有明显或不明显的线形或披针形的空隙；带面矩形或楔形；色素体侧生、片状，1个。

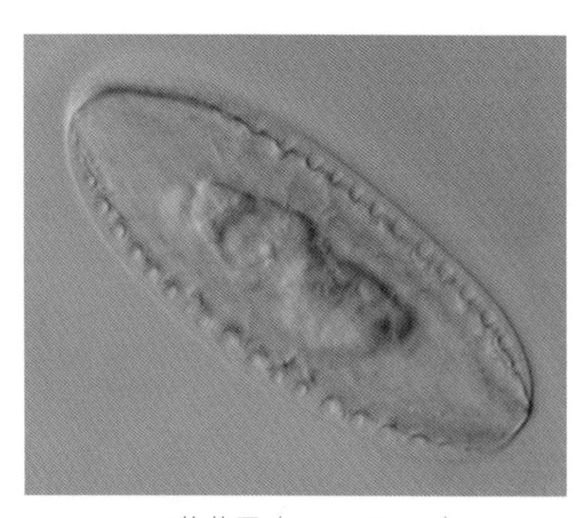

双菱藻属（*Surirella* sp.）

2个母细胞原生质体结合形成1个复大孢子。

此属种类较多，生长在淡水、半咸水中，生长在海水中的种类少，多产于热带、亚热带地区。

第三章 绿藻门（Chlorophyta）

绿藻门的主要特征：光合作用色素组成包括叶绿素 a 和叶绿素 b。与高等植物相同，辅助色素有叶黄素、胡萝卜素、玉米黄素、紫黄质等。绝大多数呈草绿色，通常具有蛋白核，储藏物质为淀粉，聚集在蛋白核周边形成板，或分散在色素体的基质中。细胞壁主要成分是纤维素。鞭毛细胞和动孢子常具有 2 条顶生等长鞭毛，少数种类鞭毛为 4 条，极少数为 1 条、6 条或 8 条。

一、绿藻纲（Chlorophyceae）

藻体为单细胞、群体、丝状体、膜状体、异丝体或管状体。细胞单核或多核。色素体为杯状、星状、片状、环状、盘状或网状。运动细胞或生殖细胞具有 2 条、4 条或多条等长鞭毛。有性生殖多为同配或异配，少有卵配，无接合生殖。

本纲藻类分布极广，各种水体、潮湿土壤乃至冰雪上都有某些类群的分布。

（一）团藻目（Volvocales）

植物体为运动的单细胞或定形群体，具有 1 条、2 条、4 条或 8 条等长的鞭毛，少数具有 2 条不等长的鞭毛；多数类群鞭毛着生在细胞凸出或平整的（少数凹入）顶端，鞭毛无鳞片覆盖，为表面平滑的尾鞭型。鞭毛基部常具有 2 个伸缩泡；细胞裸露无壁，仅具有 1 层表质层或具有细胞壁；有的具有细胞壁的类群与原生质体分离形成囊壳，有的囊壳胶化形成各种形态的扩大的胶被；囊壳有由一整块构成的，也有由 2 瓣套合而成的；绝大多数种类细胞具有色素体，形态多样，有杯状、片状、星芒状、透镜状、“H”形等。色素体常具有 1 个橙红色眼点，使细胞有感光的能力，色素体有（1 个至多个）或无蛋白核；细胞内无大的液泡，但少数种类在细胞质内具有多个分散的小液泡；每个细胞具有 1 个细胞核；无论单细胞或定形群体，遇不良环境时常停止运动并分泌大量不分层的胶质，进入胶群体时期。当环境适宜时胶群体内的细胞又长出鞭毛，离开胶被，恢复到运动状态；还有许多种类在不良环境条件下形成休眠孢子、厚壁孢子或静孢子。

繁殖以细胞分裂为主。有性生殖有同配、异配和卵配三种。结合子有厚的细胞壁，经过一段休眠时间才能萌发。

团藻目的分布十分广泛，江河、湖泊、池塘、水库、海洋、沟渠、各种暂时性的水体、小水坑、潮湿土表，以至于冰雪或温泉、盐湖等极端环境中都有它们的踪迹。绝大多数自由生活在有机质较丰富的水体中，极少数寄生在动物体内。有的种类在某些水体条件适宜时大量繁殖，形成水华。

1. 衣藻科（Chlamydomonadaceae）

单细胞，自由游动，呈球形、卵形、倒卵形、椭圆形、长纺锤形或不规则形状；细胞纵扁或不纵扁。细胞壁平滑或具波形、圆柱形、角锥形的突起，有些种类细胞外具有胶被。细胞前端中央有或无乳头状突起，具有 2 条或 4 条等长的鞭毛，鞭毛基部多数具有 2 个伸缩泡。色素体多数为杯状，少数为片状、盘状、“H”形、星状，极少数类群无色素体。具有 1 个、2 个至多个蛋白核或无。绝大多数种类具有 1 个眼点，少数具有数个或无。细胞单核。

营养繁殖以细胞纵分裂产生子细胞。无性生殖以原生质体分裂形成 2 个、4 个、8 个子原生质体，子原生质体在母细胞壁内产生细胞壁，子细胞经母细胞壁破裂或胶化释放。少数种类产生厚壁孢子。有性生殖为同配、异配及卵式生殖。

（1）衣藻属（*Chlamydomonas*）

形态特征：植物体为游动单细胞；细胞呈球形、卵形、椭圆形或宽纺锤形等，常不纵扁；细胞壁平滑，有或无胶被。细胞前端中央有或无乳头状突起，具有 2 条等长的鞭毛。鞭毛基部具有 1 个或 2 个伸缩泡。具有 1 个大型的色素体，多数呈杯状，少数呈片状、“H”形或星状等，具有 1 个蛋白核，少数具有 2 个或多个。眼点位于细胞的一侧，橘红色。细胞核常位于细胞的中央偏前端，有的位于细胞中部或一侧。

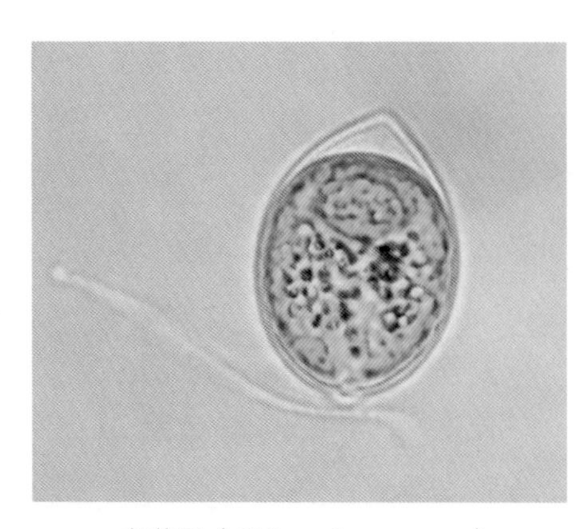

衣藻属（*Chlamydomonas* sp.）

营养繁殖时细胞进行纵分裂或横分裂，无性生殖，原生质体分裂产生 2～16 个动孢子，生长旺盛时期以无性生殖为主，繁殖很快；遇不良环境，形成胶群体，环境适合时，恢复游动单细胞状态。有性生殖为同配、异配，极少数种类为卵式生殖。

此属藻类多在有机质丰富的小水体中和潮湿土表上生长，呈红、黄或褐色。多在春秋两季大量生长。

（2）绿梭藻属（*Chlorogonium*）

形态特征：单细胞，长纺锤形，前端具有狭长的喙状突起，后端尖窄。横断面为圆形。细胞前端具有 2 条等长的、约等于体长一半的鞭毛，基部具有 2 个伸缩泡。色素体为片状或块状，具有 1 个，2 个、数个或无蛋白核。眼点近线形，常位于细胞的前部。细胞核位于细胞的中央。

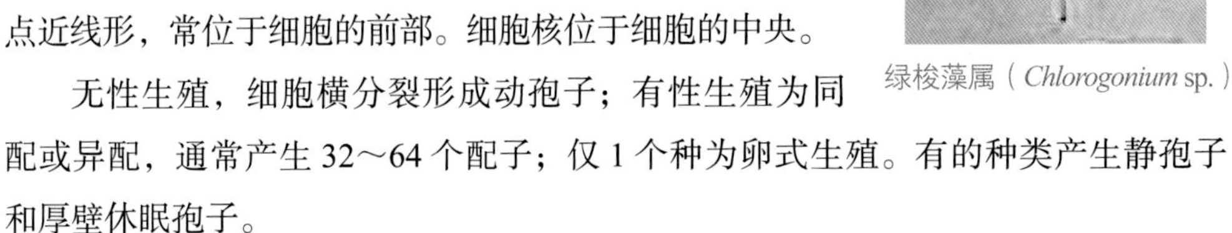

绿梭藻属（*Chlorogonium* sp.）

无性生殖，细胞横分裂形成动孢子；有性生殖为同配或异配，通常产生 32～64 个配子；仅 1 个种为卵式生殖。有的种类产生静孢子和厚壁休眠孢子。

常生长于有机质含量较多的小水体中。

（3）四鞭藻属（*Carteria*）

形态特征：单细胞，呈球形、心形、卵形、椭圆形等，横断面为圆形；细胞壁明显，平滑，细胞前端中央有或无乳头状突起，具有 4 条等长的鞭毛，基部具有 2 个伸缩泡。色素体常为杯状，少数为“H”形或片状，具有 1 个或数个蛋白核。有或无眼点。细胞单核。

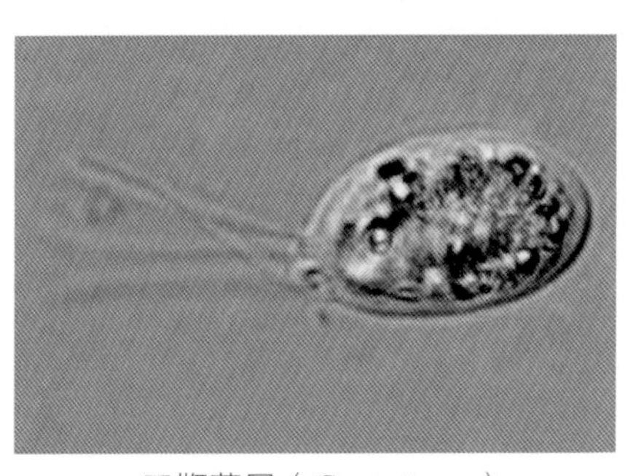

四鞭藻属（*Carteria* sp.）

营养繁殖为细胞分裂产生子细胞。无性繁殖形成 2～8 个动孢子；有性生殖为同配生殖和异配生殖，已知仅 1 种为卵式生殖。在生长旺盛时期，以连续进行细胞分裂为主，繁殖快，遇到不良环境时可形成胶群体，环境适宜时恢复运动。

常见于含有机质较多的小水体或湖泊的浅水区域，春秋两季大量生长。

2. 壳衣藻科（Phacotaceae）

单细胞，正面观为圆形、心形、卵形、椭圆形或方形，侧面观为圆形、卵形、椭圆形、双凸透镜形。细胞壁坚硬，不含纤维素，形成囊壳，常具有钙质或铁的化合物沉积，呈黑褐色，光滑或具有花纹。有的属囊壳由 2 个半片组成，有的属囊壳为完整的 1 块，极大多数属的囊壳与原生质体分离，且形状不同，其间的空隙充满胶状物质。原生质体正面观为圆形、卵形或椭圆形；侧面观为卵形或椭圆形，前端贴近囊壳，中央具有 2 条或 4 条等长的鞭毛，从囊壳的 1 个或 2 个开孔中伸出，基部具有 2 个伸缩泡。色素体大，杯状，蛋白核 1 个、2 个或多个，具有 1 个眼点。

无性生殖为细胞纵分裂，形成 2 个、4 个或 8 个动孢子，由囊壳分成 2 个半片或不规则的破裂而释放；有性生殖为同配生殖或异配。

（1）壳衣藻属（*Phacotus*）

形态特征：单细胞，纵扁；囊壳正面观球形、卵形、椭圆形；侧面观广卵形、椭圆形或双凸透镜形；囊壳明显由2个半片组成，侧面2个半片接合处具有1条纵向的缝线；囊壳常具有钙质沉淀，呈暗黑色，壳面平滑或粗糙，具有各种花纹；原生质体小于囊壳，除前端贴近囊壳外与囊壳分离，其间的空隙充满胶状物质；原生质体为卵形或近卵形，前端中央具有2条等长的鞭毛，从囊壳的1个开孔伸出，基部具有2个伸缩泡；色素体大，杯状，具有1个或数个蛋白核；眼点位于细胞的近前端或近后端的一侧；细胞单核。

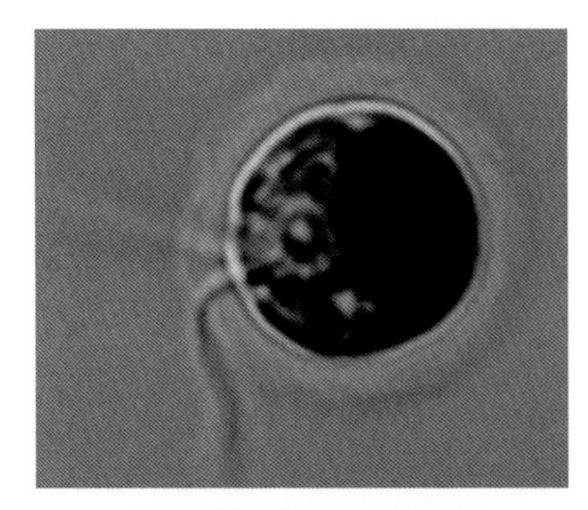

壳衣藻属（*Phacotus* sp.）

无性生殖为细胞纵分裂，产生2～16个动孢子，囊壳裂开而释放。有时也形成胶群体。少数发现有性生殖，为同配式，配子裸露无壁。

此属是分布很广的常见属，已知约有12种。我国目前记载1种，即透镜壳衣藻，常见于富营养型水体和小水体。

（2）翼膜藻属（*Pteromonas*）

形态特征：单细胞，明显纵扁。囊壳正面观球形、卵形，前端宽而平直，或呈正方形到长方形、六角形，角上有或无翼状突起；侧面观近梭形，中间具有1条纵向的缝线。囊壳由2个半片组成，表面平滑。原生质体小于囊壳，前端靠近囊壳，正面观球形、卵形、椭圆形，前端中央具有2条等长的鞭毛，从囊壳的1个开孔伸出，基部具有2个伸缩泡。色素体为杯状或块状，具有1个或数个蛋白核。眼点椭圆形或近线形，位于细胞近前端。细胞核位于细胞的中央或略偏前端。

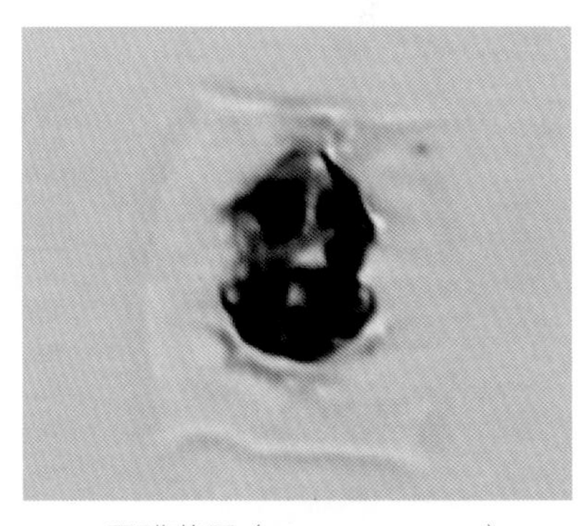

翼膜藻属（*Pteromonas* sp.）

无性生殖为细胞纵分裂，形成2个或4个动孢子，由囊壳裂开释放。有性生殖为同配生殖，产生8个、16个、32个裸露的、具有2条等长鞭毛的配子，两个配子结合形成合子，某些种也曾看到厚壁休眠孢子。

此属类群的细胞形态多样，生态变异较大，地理分布广。

此属的分类特征还需进一步研究。

3. 团藻科（Volvocaceae）

藻体为多细胞具有鞭毛的运动定形群体，群体内细胞具胶被，排列规则。盘藻属由 4～32 个细胞排列在一个平面上，成为板状的方形群体；其他各属细胞排列成中空的球形、卵形、椭圆形群体。

群体由 4 个到多达数万个细胞组成，群体细胞的胶被常彼此融合成为群体胶被，少数群体细胞的个体胶被明显。群体细胞的形状相同，球形、半球形、卵形，前端具有 2 条等长的鞭毛，向外伸出，基部具有 2 个伸缩泡。色素体绝大多数为杯状，少数为长线状、块状、片状，具有 1 个或数个蛋白核。具有 1 个眼点。每个细胞具有 1 个细胞核。

无性生殖为群体细胞或繁殖细胞连续分裂形成似亲群体，其分裂面与群体垂直，根据种的不同，形成 4 个、8 个、16 个或更多个细胞，具有鞭毛的一端向群体内侧，此群体称为皿状体，稍后，皿状体细胞从群体开口处翻转，鞭毛的一侧向外，最后发育成与母群体相同的子群体。仅在盘藻属产生胶群体时期厚壁孢子。有性生殖为同配、异配或卵式生殖。

（1）盘藻属（*Gonium*）

形态特征：群体板状，方形，由 4～32 个细胞组成，排列在 1 个平面上，具有胶被。群体细胞的个体胶被明显，彼此由胶被部分相连，呈网状，中央具有 1 个大的空腔。群体细胞形态构造相同，球形、卵形、椭圆形，前端具有 2 条等长的鞭毛，基部具有 2 个伸缩泡。色素体大，杯状，近基部具有 1 个蛋白核。1 个眼点，位于细胞近前端。

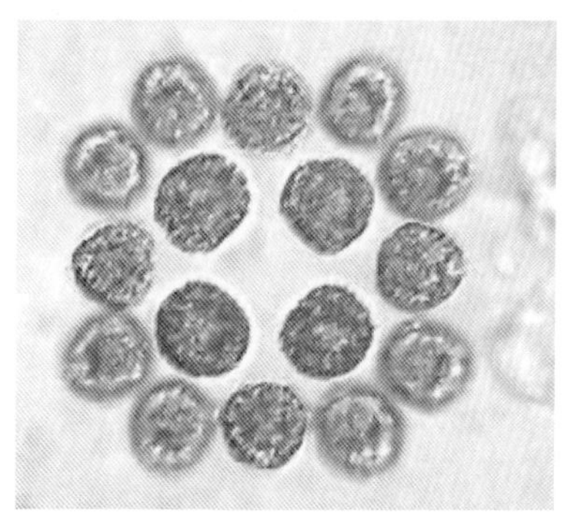

盘藻属（*Gonium* sp.）

无性生殖时，群体内的所有细胞都能进行分裂，形成似亲群体，从群体破裂释出的单个细胞，可发育成厚壁孢子或胶群体；有性生殖为同配生殖或异配生殖。

常生长在浅水湖及池塘中。在有机质多的水体中能大量繁殖。

（2）实球藻属（*Pandorina*）

形态特征：定形群体具有胶被，球形，短椭圆形，由 4 个（罕见）、8 个、16 个（常见）或 32 个细胞组成的。群体细胞彼此紧贴，位于群体中心，细胞间常无空隙，或仅在群体的中心有小的空间。细胞球形、倒卵形、楔形，前端中央具有 2 条等长的鞭毛，基部具有 2 个伸缩泡。色素

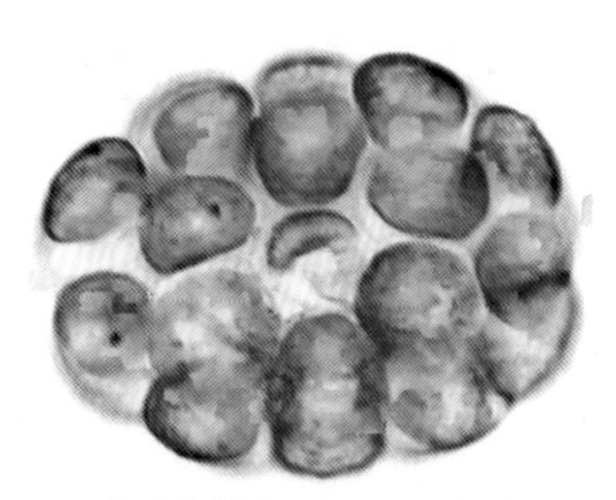

实球藻属（*Pandorina* sp.）

体多数为杯状，少数为块状或长线状，具有 1 个或数个蛋白核和 1 个眼点。无性生殖时群体内所有的细胞都能进行分裂，每个细胞形成 1 个似亲群体。有性生殖为同配生殖和异配生殖。

常见于有机质含量较多的浅水湖泊和鱼池中。

（3）空球藻属（*Eudorina*）

形态特征：定形群体椭圆形，罕见球形，由 16 个、32 个或 64 个（常为 32）细胞组成，群体细胞彼此分离，排列在群体胶被的周边，群体胶被表面平滑或具有胶质小刺，个体胶被彼此融合。细胞呈球形，壁薄，前端偏向群体外侧，中央具有 2 条等长的鞭毛，基部具有 2 个伸缩泡。色素体为杯状，仅 1 种色素体为长线状，具有 1 个或数个蛋白核。眼点位于细胞前端。

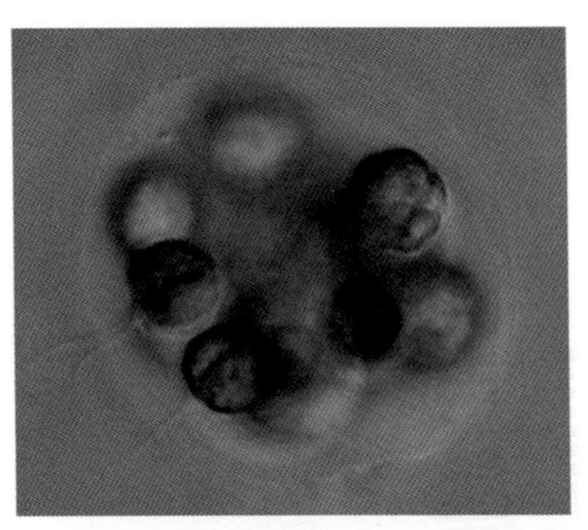

空球藻属（*Eudorina* sp.）

无性生殖为群体细胞分裂产生似亲群体。有性生殖为异配生殖，2 条鞭毛的雄配子呈纺锤形，2 条鞭毛的雌配子呈球形，雄配子游入雌配子群内，结合形成合子。

常见于有机质丰富的小水体内。

（4）杂球藻属（*Pleodorina*）

形态特征：定形群体具有胶被，球形或宽椭圆形，由 32 个、64 个或 128 个细胞组成，群体细胞彼此分离，排列在群体胶被周边，个体胶被彼此融合。群体内具有大小不同的两种细胞，较大的为生殖细胞，较小的为营养细胞，幼群体内两种细胞难以区分，长成的群体中，生殖细胞比营养细胞大 2～3 倍。群体细胞球形到卵形，前端中央具有 2 条等长的鞭毛，基部具有 2 个伸缩泡，色素体为杯状，充满细胞后呈块状，营养细胞具有 1 个蛋白核，但在分裂时具有多个蛋白核，眼点位于细胞的近前端一侧。

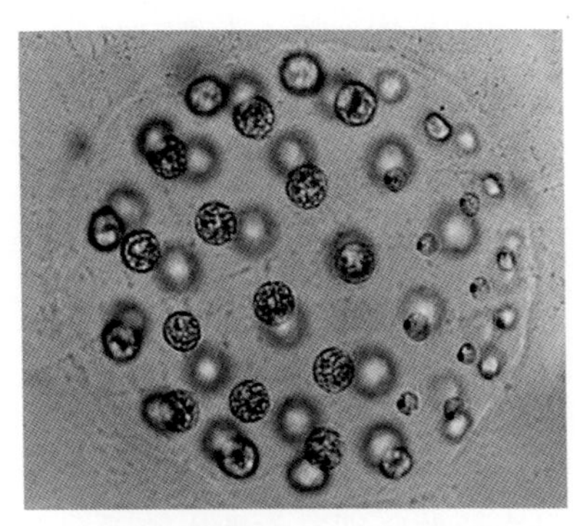

杂球藻属（*Pleodorina* sp.）

无性生殖为生殖细胞分裂产生似亲群体。有性生殖为异配生殖或卵式生殖。

常生长在温带浅水湖泊和池塘中，春秋两季较多。

（5）团藻属（*Volvox*）

形态特征：定形群体具有胶被，球形、卵形或椭圆形，由 512 个至数万个

(50 000)细胞组成。群体细胞彼此分离，排列在无色的群体胶被周边，个体胶被彼此融合或不融合，成熟的群体细胞，分化成营养细胞和生殖细胞，群体细胞间有或无细胞质连丝。成熟的群体，常包含若干个幼小的子群体。群体细胞呈球形、卵形、扁球形、多角形、楔形或星形，前端中央具有2条等长的鞭毛，基部具有2个伸缩泡，或2～5个不规则分布于细胞近前端。色素体为杯状、碗状或盘状，具有1个蛋白核。眼点位于细胞的近前端一侧。细胞核位于细胞的中央。

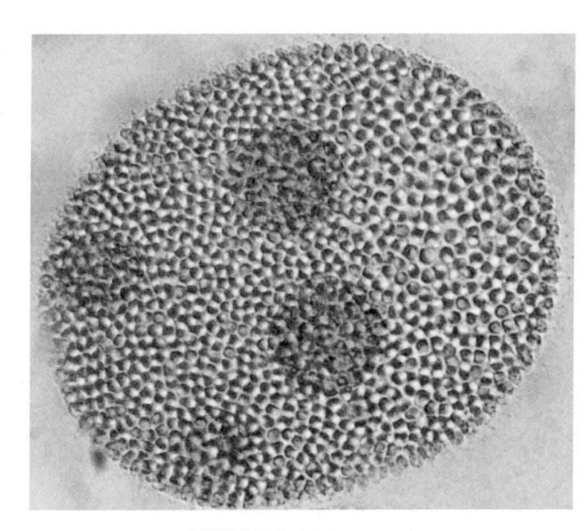
团藻属（*Volvox* sp.）

常生长于有机质含量较多的浅水水体中，春季常大量繁殖。

（二）绿球藻目（Chlorococcales）

植物体为单细胞和群体，群体分为不定形群体、原始定形群体、真性定形群体和树状聚合群体，不定形群体为多个细胞暂时地或较长久地聚集在一起，无规则地排列成无一定形状的群体；原始定形群体为细胞彼此分离，由残存的母细胞壁或分泌的胶质连接形成一定的形态和结构；真性定形群体为群体细胞彼此直接由它们的细胞壁互相连接，形成一定细胞数目和形态结构的群体；树状聚合群体为细胞分泌的胶质连接形成树状分枝的群体。细胞呈球形、椭圆形、卵形、纺锤形、三角形、多角形等多种形状。色素体轴生或周生，轴生的为星芒状，周生的为杯状、片状、盘状或网状，色素体1个或多个，具有1个、多个或无蛋白核，细胞常具有1个细胞核，有的可能核多次分裂，但原生质没有分裂，因而通常在孢子囊或配子囊中可以见到多个细胞核，也有在营养细胞中具有多个细胞核的。

营养细胞失去生长性的细胞分裂能力，只有孢子形成，是绿球藻目与四孢藻目最主要的区别。无性生殖形成似亲孢子、静孢子，在孢子形成过程中，母细胞壁不成为子细胞壁的一部分。母细胞壁常存在一定时期或一直存在，或逐渐胶化，或不胶化但包裹在下一代的个体外。似亲孢子在母细胞内就具有与母细胞相似的外形和构造，少数种类形成动孢子，动孢子大多数具有2条等长的鞭毛。

有性生殖常为同配生殖，也有异配生殖或卵式生殖。

生长在水坑、池塘、湖泊、水库、沼泽、小溪、河流中，有的种类亚气生，存在于土壤、岩石、树皮的表面，也有的是某些地衣的构成成分，在特殊生境，如在雪中与其他一些藻类一同形成红雪。

多数为世界广泛分布的种类，在富营养水体中常见。

1. 绿球藻科（Chlorococcaceae）

植物体为单细胞，有时多个细胞聚集在水样胶质内成膜状小块；细胞呈球形、近球形、纺锤形、椭圆形或卵形；细胞壁平滑、具有刺或其他花纹，壁均匀增厚或不均匀增厚，色素体周生，为杯状、片状，罕为轴生，罕见星状，常为 1 个，在充分成长的细胞中常分散充满整个细胞，蛋白核 1 个，罕为多个的，细胞核单个或多个。

无性生殖通常产生 2 条等长鞭毛的动孢子，常通过母细胞壁上的小孔释放，动孢子有时停留在母细胞壁内成为不动孢子。

有性生殖为同配，有些种类为卵配。

很多是浮游种类，生活在各种大小的水体中，也有若干土壤种类，有些种类附生于水生高等植物体上，有的则是构成某些地衣的成分。

（1）多芒藻属（*Golenkinia*）

形态特征：植物体为单细胞，有时聚集成群，浮游；细胞球形，细胞壁表面具有许多排列不规则的纤细短刺，色素体周生、杯状，1 个；具有 1 个蛋白核。

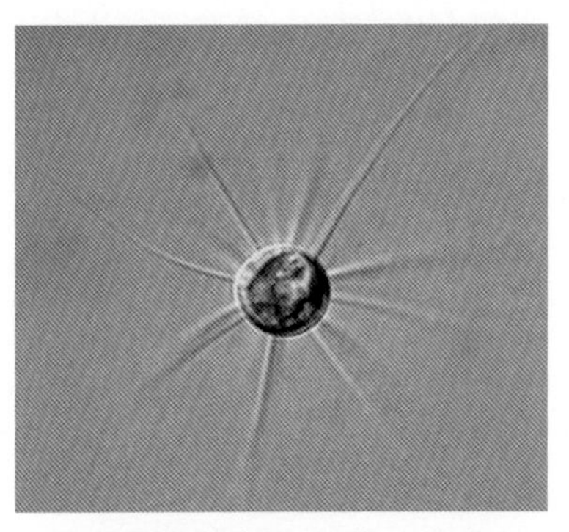
多芒藻属（*Golenkinia* sp.）

无性生殖产生动孢子或似亲孢子，动孢子具有 4 条鞭毛。

有性生殖为卵式生殖。

多生长于有机物质较多的浅水湖泊、池塘中。

（2）微芒藻属（*Micractinium*）

形态特征：植物体由 4 个、8 个、16 个、32 个或更多的细胞组成，排成四方形、角锥形或球形，细胞有规律地互相聚集，无胶被，有时形成复合群体；细胞多为球形或略扁平球形，细胞外侧的细胞壁具有 1～10 条长粗刺，色素体周生、杯状，1 个，具有 1 个或无蛋白核。

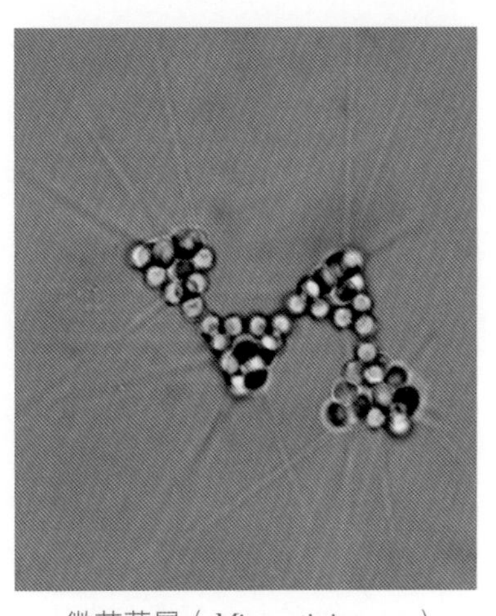
微芒藻属（*Micractinium* sp.）

无性生殖产生似亲孢子，每个母细胞产生 4 个或 8 个似亲孢子。

分布在湖泊、水库、池塘等各种静水水体中，真性浮游种类。

（3）粗刺藻属（*Acanthosphaera*）

形态特征：植物体单细胞，浮游；细胞球形，细胞壁四周表面具有稀疏的长刺，刺的下部粗，上部突然纤细，排列有规则，常为24条，均匀排列为6轮，每轮4条；色素体周生、杯状，大型，1个，具有1个蛋白核，细胞核位于细胞中央。

无性生殖产生动孢子。

为富营养水体中的真性浮游藻类。

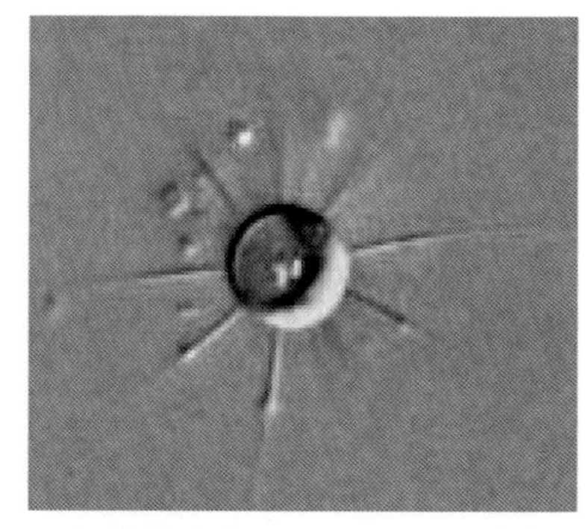

粗刺藻属（*Acanthosphaera* sp.）

2. 小桩藻科（Characiaceae）

植物体单细胞，罕为连接呈辐射状的群体；细胞为长形，直或弯曲，大多有两极的分化，前端钝圆或尖细，或细胞两端或一端的细胞壁延长成刺或柄，柄基部圆盘状或小球状，并以此附着在基质上；色素体周生、片状，1个或多个，具有1个到多个蛋白核，细胞核常为多个，有时为单个。

无性生殖形成动孢子，从母细胞顶端或侧面的开孔逸出，罕见形成不动孢子，有时产生厚壁孢子。

有性生殖为同配生殖。

弓形藻属（*Schroederia*）

形态特征：植物体为单细胞，浮游；细胞呈针形、长纺锤形、新月形、弧曲形和螺旋状，直或弯曲，细胞两端的细胞壁延伸成长刺，刺直或略弯，其末端均为尖形；色素体周生、片状，1个，几乎充满整个细胞，常具有1个蛋白核，有时2～3个，细胞核1个，老的细胞可为多个。

无性生殖产生4个或8个动孢子，也产生厚壁孢子。

为池塘、湖泊中的浮游种类。

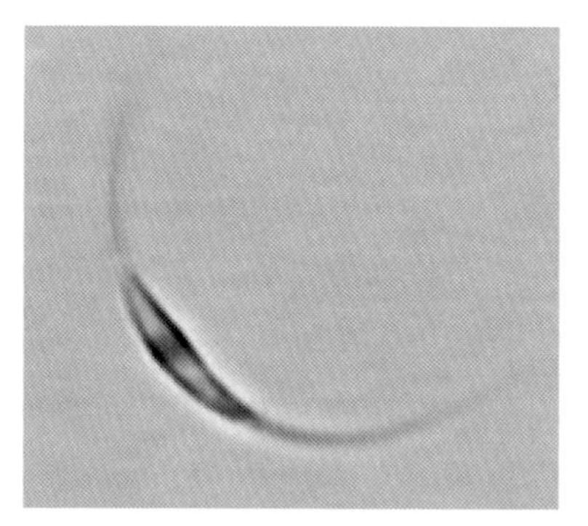

弓形藻属（*Schroederia* sp.）

3. 小球藻科（Chlorellaceae）

植物体为单细胞，或为4个或更多的细胞暂时或长期无规则聚集在一起的群体，浮游；细胞呈球形、椭圆形、纺锤形、长圆形、新月形、三角形、四角形或多角形等；细胞壁平滑，具有毛状长刺或短棘刺；色素体周生，为杯状、片状或盘状，1个到多个，每个色素体具有1个或无蛋白核。

无性生殖产生似亲孢子或动孢子。

为生长在湖泊、池塘中的浮游种类。

（1）小球藻属（*Chlorella*）

形态特征：植物体为单细胞，单生或多个细胞聚集成群，群体中的细胞大小很不一致，浮游；细胞呈球形或椭圆形；细胞壁薄或厚，色素体周生，杯状或片状，1个，具有1个或无蛋白核。

生殖时每个细胞产生2个、4个、8个、16个或32个似亲孢子。

此属藻类生长在淡水或咸水中，淡水种类多生长在较肥沃的小水体中，有时生长在潮湿土壤、岩石、树干上，是良好的实验材料，细胞含丰富的蛋白质，进行大规模培养，可以生产蛋白质。

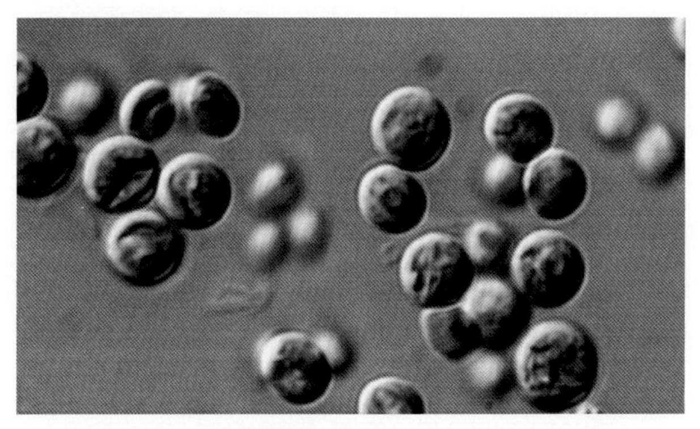

小球藻属（*Chlorella* sp.）

（2）顶棘藻属（*Chodatella*）

形态特征：植物体单细胞，浮游；细胞椭圆形、卵形、柱状长圆形或扁球形，细胞壁薄，细胞的两端或两端和中部具有对称排列的长刺，刺的基部有或无结节；色素体周生，片状或盘状，1个到数个，各具有1个或无蛋白核。

无性生殖产生2个、4个或8个似亲孢子，似亲孢子自母细胞壁开裂处逸出，细胞壁上的刺常在离开母细胞之后长出，罕见产生动孢子。有性生殖仅报道过1种，为卵配。

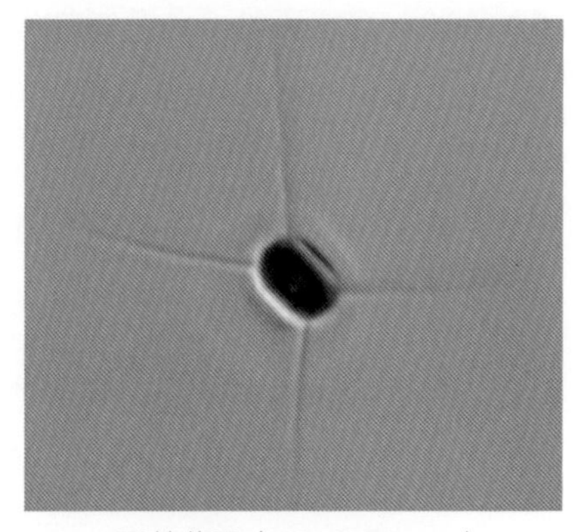

顶棘藻属（*Chodatella* sp.）

常见于小型淡水水体中，也有的生长在半咸水中。

（3）四角藻属（*Tetraedron*）

形态特征：植物体为单细胞，浮游；细胞扁平或角锥形，具有3个、4个或5

个角，角分叉或不分叉，角延长成突起或无，角或突起顶端的细胞壁常突出为刺；色素体周生，盘状或多角片状，1个到多个，各具有1个或无蛋白核。

无性生殖产生2个、4个、8个、16个或32个似亲孢子，也有产生动孢子的。

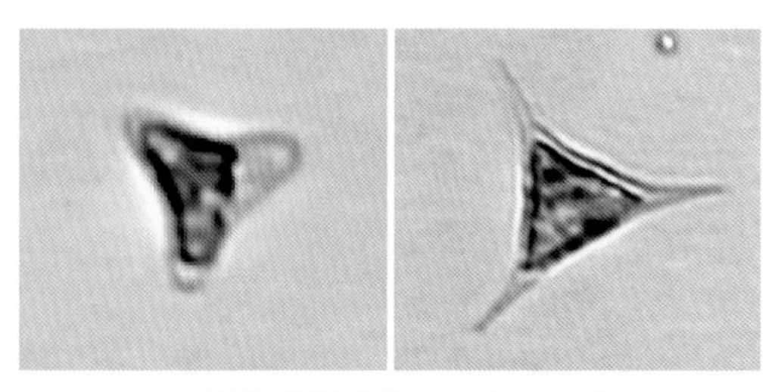

四角藻属（*Tetraedron* sp.）

常见于各种静水水体中，以水坑、池塘、沼泽及湖泊的浅水港湾中较多。

（4）拟新月藻属（*Closteriopsis*）

形态特征：植物体为单细胞，浮游；细胞呈长纺锤形、针形，两端渐尖并微弯；色素体周生、带状，1个，几乎达细胞的两端，具有几个或多个蛋白核，排成一列。

无性生殖产生2～8个似亲孢子。

为常见于湖泊、池塘中的浮游藻类。

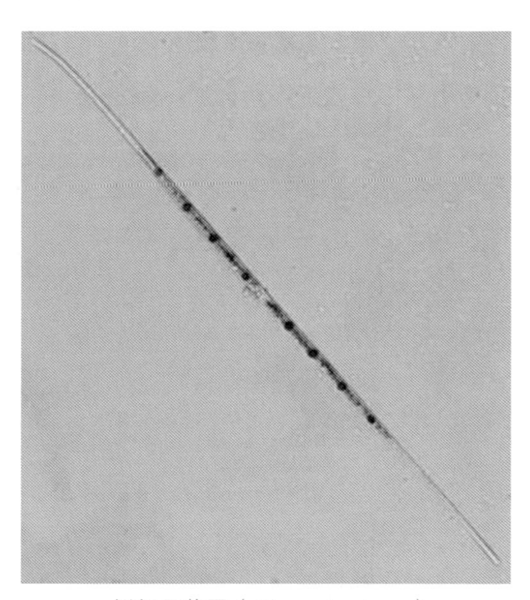

拟新月藻属（*Closteriopsis* sp.）

（5）纤维藻属（*Ankistrodesmus*）

形态特征：植物体单细胞，或2个、4个、8个、16个或更多个细胞聚集成群，浮游，罕见附着在基质上；细胞呈纺锤形、针形、弓形、镰形或螺旋形等多种形状，直或弯曲，自中央向两端逐渐尖细，末端尖，罕见钝圆的；色素体周生、片状，1个，充满细胞的绝大部分，有时裂为数片，具1个或无蛋白核。

无性生殖产生2个、4个、8个、16个或32个似亲孢子。

常生长在较肥沃的小水体中，为各种水体类型中的常见类。

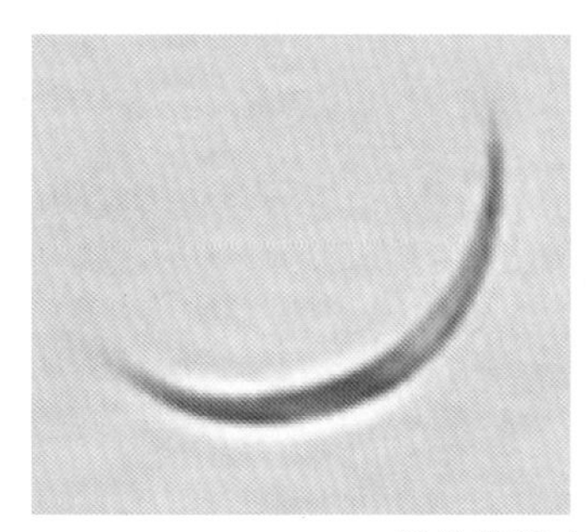

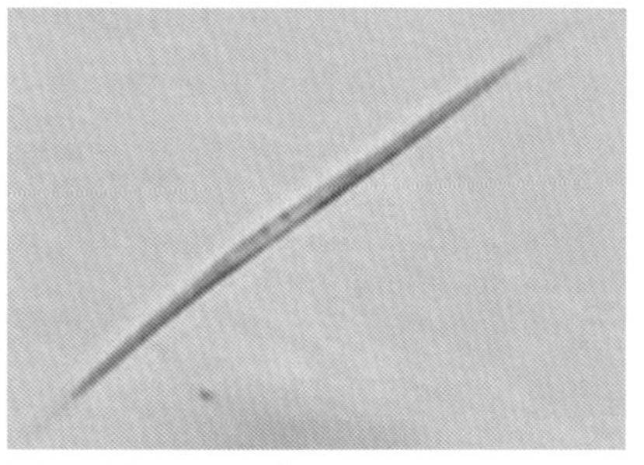

纤维藻属（*Ankistrodesmus* sp.）

（6）月牙藻属（*Selenastrum*）

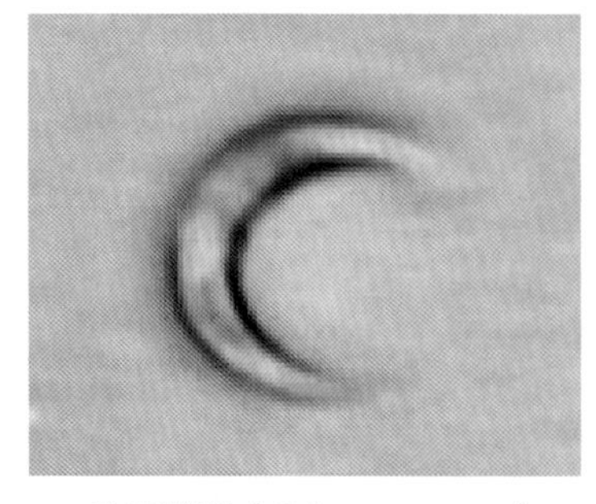
月牙藻属（*Selenastrum* sp.）

形态特征：植物体常由4个、8个或16个细胞为一群，数个群彼此联合成可多达128个细胞以上的群体，无群体胶被，罕为单细胞的，浮游；细胞呈新月形、镰形，两端尖，同一母细胞产生的个体彼此以背部凸出的一侧相靠排列；色素体周生、片状，1个，除细胞凹侧的小部分外，充满整个细胞，具有1个或无蛋白核。

无性生殖产生似亲孢子。

为生长在湖泊、池塘、水库、沼泽中的浮游种类。

（7）蹄形藻属（*Kirchneriella*）

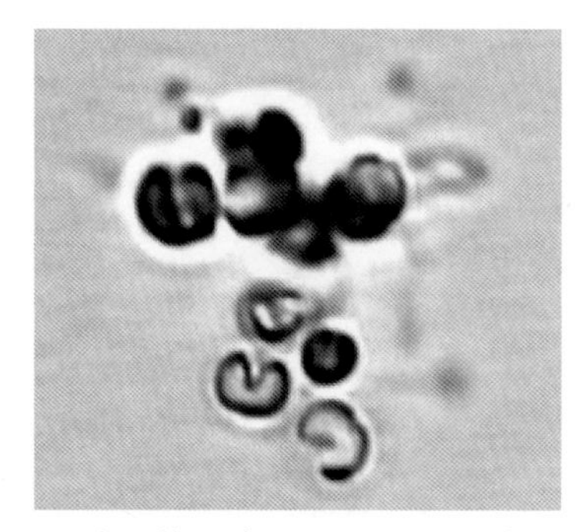
蹄形藻属（*Kirchneriella* sp.）

形态特征：植物体为群体，常4个或8个为一组，多数包被在胶质的群体胶被中，浮游；细胞新月形、半月形、蹄形、镰形或圆柱形，两端尖细或钝圆；色素体周生、片状，1个，除细胞凹侧中部外充满整个细胞，具有1个蛋白核。

无性生殖常产生4个，有时8个似亲孢子。在同一群体内常包含第二代产生的个体。

为生长在湖泊、池塘、水库、沼泽中的浮游种类。

（8）四棘藻属（*Treubaria*）

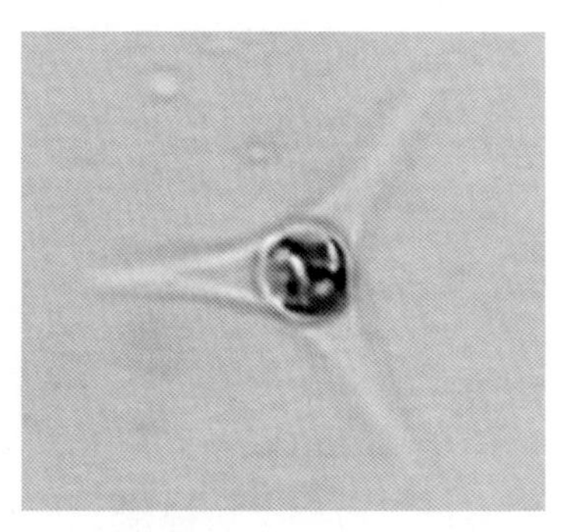
四棘藻属（*Treubaria* sp.）

形态特征：植物体单细胞，浮游；细胞三角锥形、四角锥形、不规则的多角锥形、扁平三角形或四角形；角广圆，角间的细胞壁略凹入，各角的细胞壁突出为粗长刺；色素体为杯状，1个，具有1个蛋白核，老细胞的色素体常成为多个，块状，充满整个细胞，每个色素体具有1个蛋白核。

无性生殖产生4个似亲孢子，孢子成熟后从母细胞壁裂口逸出。

4. 卵囊藻科（Oocystaceae）

植物体常为无一定细胞数目的群体，2个、4个、8个、16个或更多个细胞包被在共同的胶被或残存的母细胞壁内，或为单细胞；细胞呈球形、近球形、卵形、椭圆形、圆柱形、纺锤形或肾形；细胞壁平滑，具有花纹或刺；色素体周生，少数轴生，片状、杯状或盘状，1个或多个，每个色素体具有1个、2个或无蛋白核。

无性生殖产生似亲孢子，似亲孢子从母细胞释放前从不连接形成似亲群体。

生活在各种水体中，多浮游，也有附着在水生高等植物上的。

（1）浮球藻属（*Planktosphaeria*）

形态特征：植物体为群体，群体细胞由2个、4个、8个或更多个细胞不规则、紧密地排列在一个共同的透明群体胶被内，浮游；细胞球形，具有透明均匀的胶被，幼时具有1个周生、杯状的色素体，成熟后分散为多角形或盘状，每个色素体具有1个蛋白核。

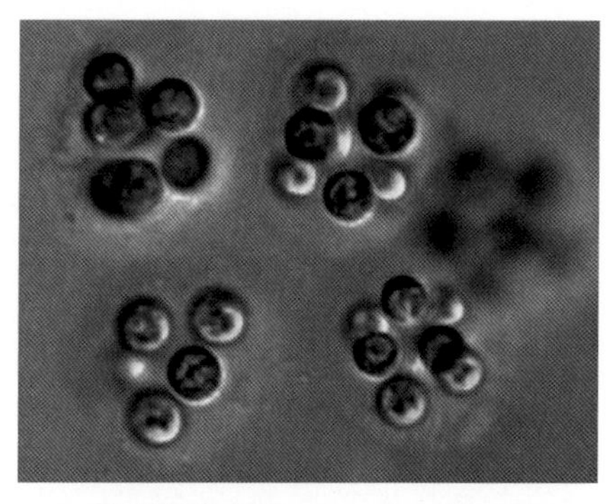
浮球藻属（*Planktosphaeria* sp.）

无性生殖产生似亲孢子。

（2）并联藻属（*Quadrigula*）

形态特征：植物体为群体，由2个、4个、8个或更多个细胞聚集在一个共同的透明胶被内，细胞常4个为一组，其长轴与群体长轴互相平行排列，细胞上下两端平齐或互相错开，浮游；细胞呈纺锤形、新月形、近圆柱形到长椭圆形，直或略弯曲，细胞长度为宽度的5～20倍，两端略尖细；色素体周生、片状，1个，位于细胞的一侧或充满整个细胞，具有1个、2个或无蛋白核。

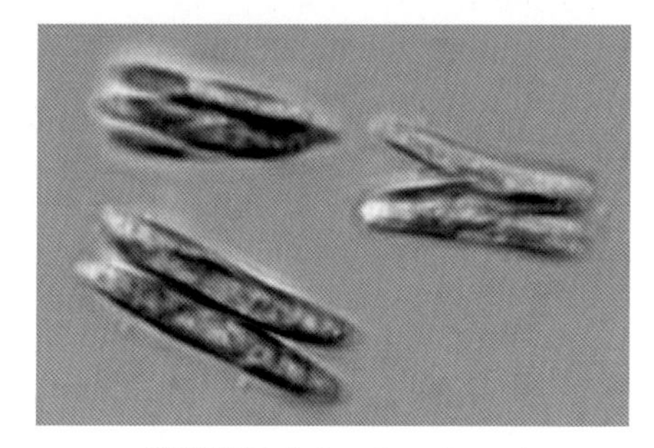
并联藻属（*Quadrigula* sp.）

无性生殖通常产生4个似亲孢子，生殖时4个似亲孢子成1组，以其长轴与母细胞的长轴相平行。

（3）卵囊藻属（*Oocystis*）

形态特征：植物体为单细胞或群体，群体常由2个、4个、8个或16个细胞组成，包被在部分胶化膨大的母细胞壁中；细胞呈椭圆形、卵形、纺锤形、长圆形、柱状长圆形等，细胞壁平滑，或在细胞两端具有短圆锥状增厚，细胞壁扩大和胶化时，圆锥状增厚不胶化；色素体周生，片状、多角形块状、不规则盘状，1个或多个，每个色素体具有

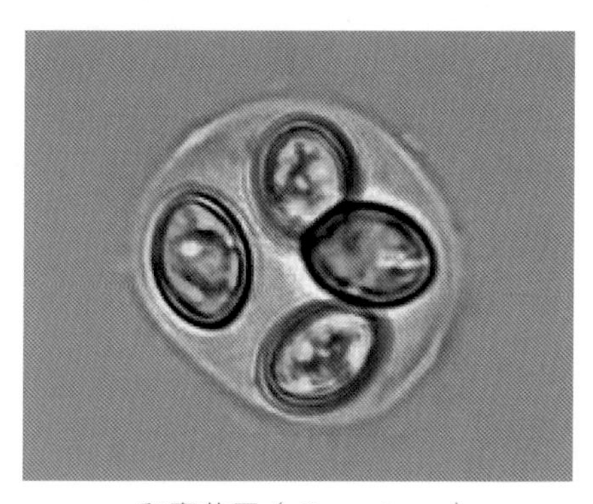
卵囊藻属（*Oocystis* sp.）

1 个或无蛋白核。

无性生殖产生 2 个、4 个、8 个或 16 个似亲孢子。

绝大多数是浮游种类，生长于各种淡水水体中，在有机质较多的小水体和浅水湖泊中常见。

（4）肾形藻属（*Nephrocytium*）

形态特征：植物体常为由 2 个、4 个、8 个或 16 个细胞组成的群体，群体细胞包被在母细胞壁胶化的胶被中，常呈螺旋状排列，浮游；细胞呈肾形、卵形、新月形、半球形、柱状长圆形或长椭圆形等，弯曲或略弯曲；色素体周生、片状，1 个，随细胞的成长而分散充满整个细胞，具有 1 个蛋白核，常具有多数淀粉颗粒。

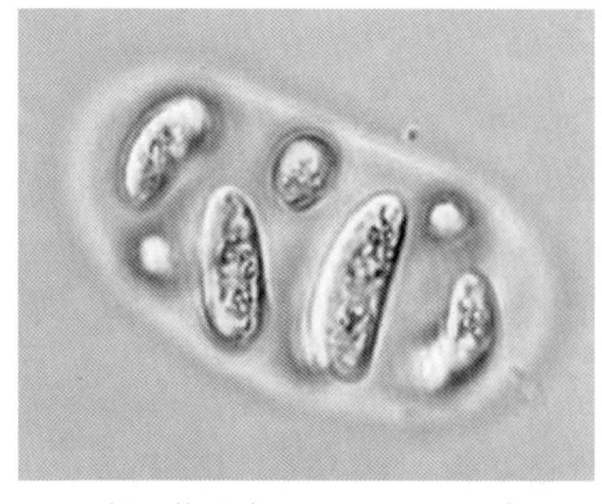

肾形藻属（*Nephrocytium* sp.）

无性生殖产生似亲孢子，孢子形成后保留在母细胞壁内一段时间。

生长在浅水湖泊和小型水体中。

（5）球囊藻属（*Sphaerocystis*）

形态特征：植物体为球形的胶群体，由 2 个、4 个、8 个、16 个或 32 个细胞组成，各细胞以等距离规律地排列在群体胶被的四周，漂浮；群体细胞呈球形，细胞壁明显；色素体周生、杯状，在老细胞中则充满整个细胞，具有 1 个蛋白核。

无性生殖产生动孢子和似亲孢子，常有部分细胞分裂产生 4 个或 8 个子细胞，在母群体中具有自己的胶被，形成子群体。

为生长在各种淡水水体中的真性浮游性种类。此属仅 1 种。

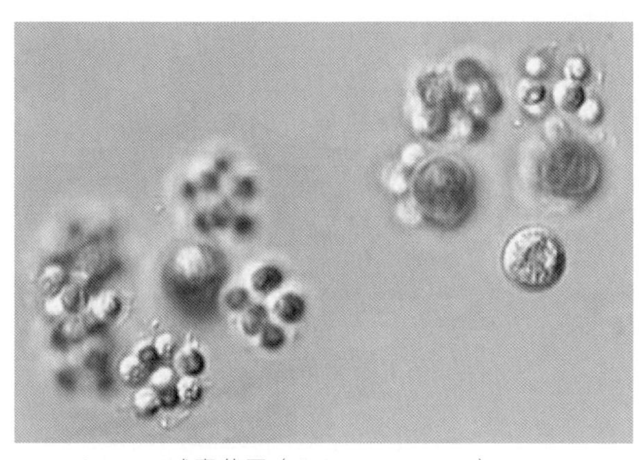

球囊藻属（*Sphaerocystis* sp.）

5. 盘星藻科（Pediastraceae）

植物体为真性定形群体，由 2 个、4 个、8 个、16 个、32 个、64 个、128 个细胞的细胞壁彼此连接形成一层细胞单层厚的扁平盘状、星状群体；细胞呈三角形、多角形、梯形等，细胞壁平滑或具有颗粒、细网纹；色素体周生，片状、圆盘状，1 个，具有 1 个蛋白核，随细胞成长而扩散，具有 1 个或多个蛋白核；成熟细胞具有 1 个、2 个、4 个或 8 个细胞核。

无性生殖产生动孢子，动孢子经短时期游动后，在母细胞内或从母细胞壁裂孔逸出的胶质囊中失去鞭毛，停止运动，排列成与母定形群体形态类似的子定形群体。

有性生殖为同配生殖。

盘星藻属（*Pediastrum*）

形态特征：植物体为真性定形群体，由 4 个、8 个、16 个、32 个、64 个或 128 个细胞排列成为一层细胞厚的扁平盘状、星状群体，群体无穿孔或具有穿孔，浮游；群体缘边细胞常具有 1 个、2 个或 4 个突起，有时突起上具有长的胶质毛丛，群体缘边内的细胞多角形，细胞壁平滑、有颗粒、细网纹；幼细胞的色素体周生、圆盘状，1 个，具有 1 个蛋白核，随细胞的成长色素体分散，具有 1 个到多个蛋白核；成熟细胞具有 1 个、2 个、4 个或 8 个细胞核。

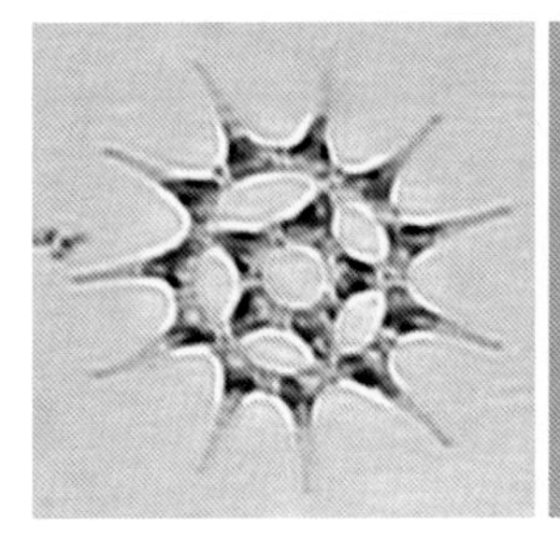

盘星藻属（*Pediastrum* sp.）

无性生殖产生动孢子。

生长在水坑、池塘、湖泊、水库、稻田和沼泽中。

6. 栅藻科（Scenedesmaceae）

植物体为真性定形群体，由 2 个、4 个、8 个、16 个、32 个、64 个或 128 个细胞组成，群体细胞彼此以其细胞壁或以细胞壁上的凸起连接形成一定形状的群体，细胞排列在一个平面上呈栅状或四角状排列，或细胞不排列在一个平面上呈辐射状组列或形成多孔的、中空的球体到多角形体；细胞呈球形、三角形、四角形、纺锤形、长圆形、圆锥形、截顶的角锥形等，细胞壁平滑，具有颗粒、刺、齿或隆起线；色素体周生，片状、杯状，1 个，有的长成后扩散，几乎充满整个细胞，具有 1～2 个蛋白核。

无性生殖产生似亲孢子，群体中的任何细胞均可形成似亲孢子，在离开母细胞前连接成子群体。

生长在湖泊、水库、池塘、水坑、沼泽等各种静水水体中。

（1）栅藻属（*Scenedesmus*）

形态特征：真性定形群体，常由4个、8个细胞或有时由2个、16个或32个细胞组成，绝少单个细胞的，群体中的各个细胞以其长轴互相平行、其细胞壁彼此连接排列在一个平面上，互相平齐或互相交错，也有排成上下两列或多列的，罕见仅以其末端相接呈屈曲状的；细胞椭圆形、卵形、弓形、新月形、纺锤形或长圆形等，细胞壁平滑，或具有颗粒、刺、细齿、齿状凸起、隆起线或帽状增厚等构造；色素体周生、片状，1个，具有1个蛋白核。

无性生殖产生似亲孢子。

是在淡水中极为常见的浮游藻类，静水小水体更适合此属各种的生长繁殖。

此属在洞庭湖为优势种，在南洞庭湖常见。

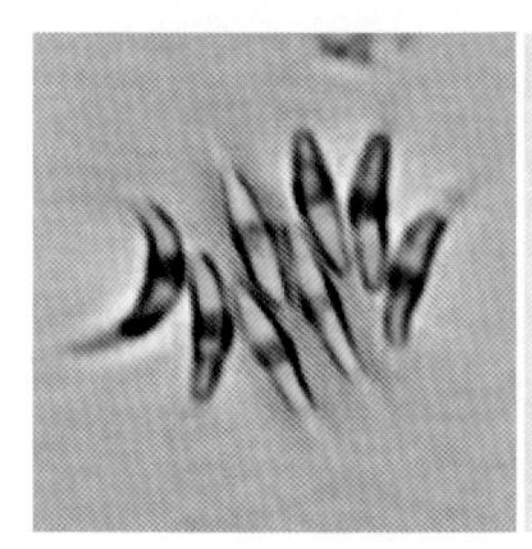
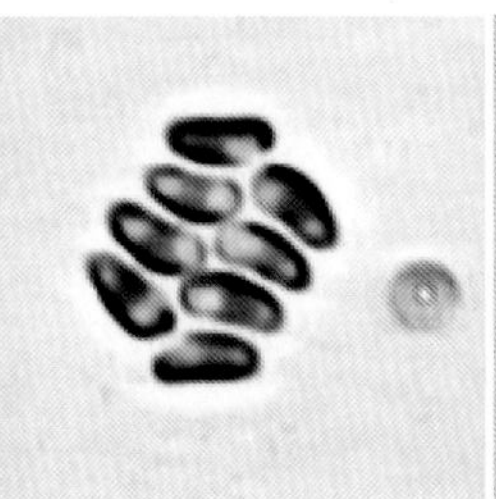
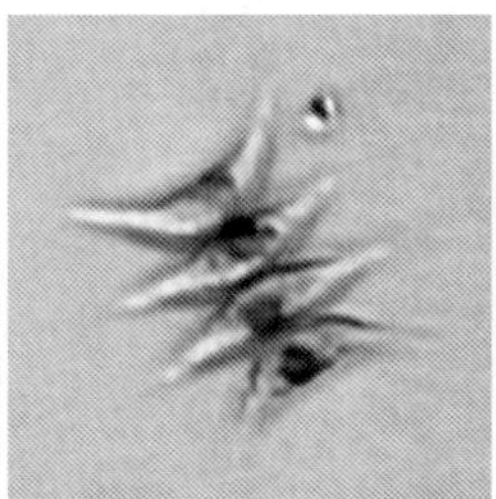

栅藻属（*Scenedesmus* sp.）

（2）韦斯藻属（*Westella*）

形态特征：植物体为复合真性定形群体，各群体间以残存的母细胞壁相连，有时具有胶被，群体由4个细胞四方形排列在一个平面上，各个细胞间以细胞壁紧密相连；细胞球形，细胞壁平滑；色素体周生、杯状，1个，老细胞的色素体常略分散，具有1个蛋白核。

无性生殖产生似亲孢子，每个母细胞的原生质体同时分裂成4个，有时为8个，产生8个似亲孢子时，则形成4个细胞的定形群体2个。

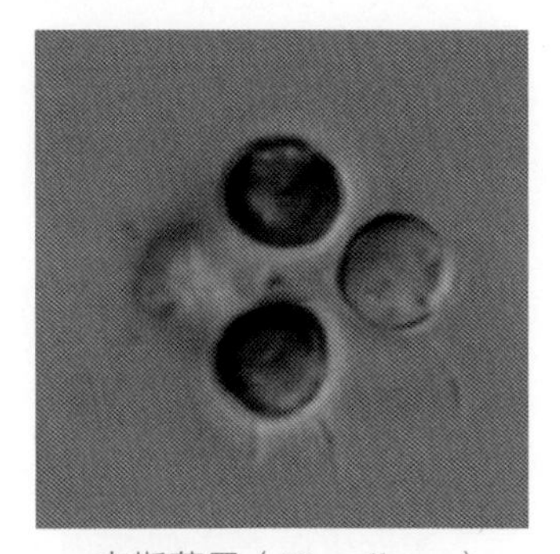

韦斯藻属（*Westella* sp.）

（3）四星藻属（*Tetrastrum*）

形态特征：植物体为真性定形群体，由4个细胞组成四方形或十字形，并排列在一个平面上，中心无或有1个小间隙，各个细胞间以其细胞壁紧密相连，罕见形成复合的真性定形群体；细胞呈球形、卵形、三角形或近三角锥形，其外侧游离面凸出或略凹入，细胞壁具颗粒或具有1～7条或长或短的刺；色素体周生，片状或盘状，1～4 个，有或无蛋白核。

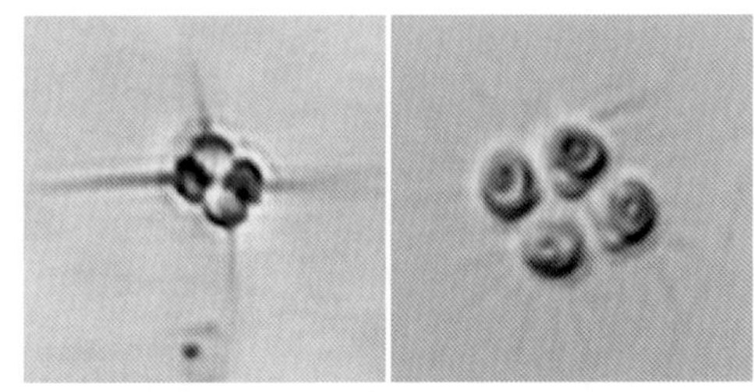
四星藻属（*Tetrastrum* sp.）

无性生殖产生似亲孢子，每个母细胞的原生质体十字形分裂形成 4 个似亲孢子，似亲孢子在母细胞内排成四方形、十字形，经母细胞壁破裂释放。

生长在湖泊、池塘中，浮游。

（4）十字藻属（*Crucigenia*）

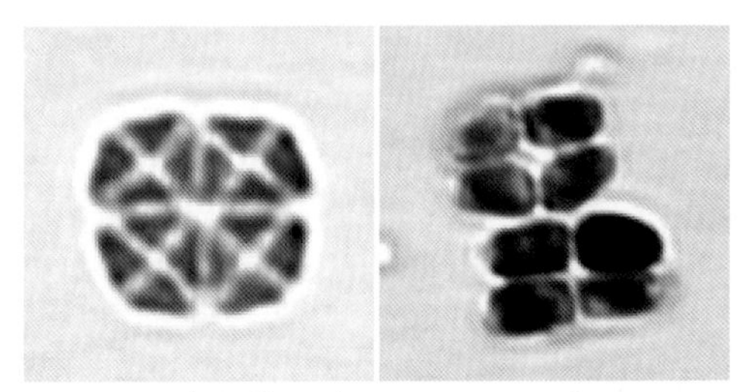
十字藻属（*Crucigenia* sp.）

形态特征：植物体为真性定形群体，由 4 个细胞排成椭圆形、卵形、方形或长方形，群体中央常具或大或小的方形空隙，常具有不明显的群体胶被，子群体常被胶被粘连在一个平面上，形成板状的复合真性定形群体；细胞梯形、半圆形、椭圆形或三角形；色素体周生、片状，1 个，具有 1 个蛋白核。

无性生殖产生似亲孢子。

生长在湖泊、池塘中，浮游。

（5）集星藻属（*Actinastrum*）

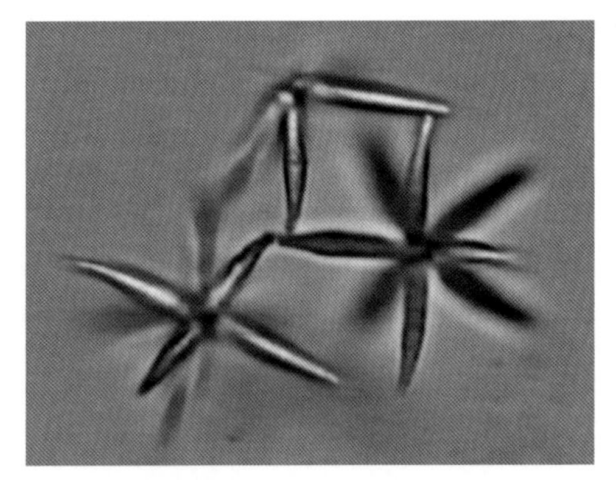
集星藻属（*Actinastrum* sp.）

形态特征：真性定形群体，由 4 个、8 个或 16 个细胞组成，无群体胶被，群体细胞以一端在群体中心彼此连接，以细胞长轴从群体中心向外放射状排列，浮游；细胞长纺锤形、长圆柱形，两端逐渐尖细或略狭窄，或一端平截，另一端逐渐尖细或略狭窄；色素体周生、长片状，1 个，具有 1 个蛋白核。

无性生殖产生似亲孢子，每个母细胞的原生质体形成 4 个、8 个或 16 个似亲孢子，似亲孢子在母细胞内纵向排成 2 束，释放后形成 2 个互相接触的呈辐射状排列的子群体。

生长在湖泊、池塘中，浮游。在国内外普遍分布。

（6）空星藻属（Coelastrum）

形态特征：植物体为真性定形群体，由 4 个、8 个、16 个、32 个、64 个或 128 个细胞组成多孔的、中空的球体到多角形体，群体细胞以细胞壁或细胞壁上的凸起彼此连接；细胞球形、圆锥形、近六角形、截顶的角锥形，细胞壁平滑、部分增厚或具管状凸起。色素体周生，幼时杯状，具有 1 个蛋白核，成熟后扩散，几乎充满整个细胞。

空星藻属（*Coelastrum* sp.）

无性生殖产生似亲孢子，群体中的任何细胞均可以形成似亲孢子，在离开母细胞前连接成子群体；有时细胞的原生质体不经分裂发育成静孢子，在释放前，在母细胞壁内就形成似亲群体。

生长在各种静水水体中。

（三）丝藻目（Ulotrichales）

植物体为不分枝的丝状体，常由一细胞组成，少数为多列的或呈假薄壁组织状，丝状体无或有厚而分层或分层不明显的胶鞘。有些种类幼时以基细胞着生，长成后漂浮。大多数顶细胞圆钝形，少数的细尖。细胞圆柱状、球形、卵形、近方形或近三角形，有的略膨大呈桶形；细胞壁薄或厚，有些种类具有“H”片构造。色素体片状、带状、盘状、星状或网状，侧生、周生或轴生，具有 1 个至多个蛋白核或无蛋白核，有时有淀粉颗粒。

营养繁殖为丝状体断裂。无性生殖产生动孢子、静孢子或厚壁孢子。有性生殖为同配生殖及卵式生殖。

绝大多数种类生活于淡水中。

丝藻科（Ulotrichaceae）

植物体为由单列细胞构成的不分枝的丝状体，组成丝状体的细胞极少分化，或有基细胞或顶细胞的分化；基细胞常在幼期用以固着生长；顶细胞细尖或钝圆，丝状体常具有厚度不等的胶鞘，有的不明显，有的厚而分层；细胞圆柱状、椭圆形、球形、透镜形等；细胞壁无色、透明，厚而薄，极少“H”片结构，横壁收缢或不收缢。色素体片状、带状、筒状或盘状，侧位或周生，具有 1 个或多个蛋白核，少数无蛋白核。具有单个细胞核。

营养繁殖为丝状体断裂。无性生殖形成动孢子，孢子常分大、小两种，具有 2 条和 4 条鞭毛。有些种类也产生静孢子或厚壁孢子。有性生殖在少数种类中有报道，为同配生殖。

（1）丝藻属（*Ulothrix*）

形态特征：丝状体由单列细胞构成，长度不等，幼丝体由基细胞固着在基质上，基细胞简单或略分叉呈假根状；细胞圆柱状，有时略膨大，一般长大于宽，有时有横壁收缢；细胞壁一般为薄壁，有时为厚壁或略分层；少数种类具胶鞘。色素体 1 个，侧位或周生，部分或整个围绕细胞内壁，充满或不充满整个细胞，含 1 个或多个蛋白核。

营养繁殖为丝状体断裂，无性生殖形成动孢子。除基细胞外所有细胞均能形成 2 个、4 个、8 个或更多个动孢子，动孢子分大、小两种，均具有 4 条鞭毛，少数为具有 2 条鞭毛的小动孢子；动孢子释放后经休眠或立即萌发成新丝状体，有些种也产生静孢子。有性生殖产生 2 条鞭毛的同形配子，为同配生殖。

除少数海水及咸水种类外，多生活在淡水中或潮湿的土壤或岩石表面，一般喜低温，夏天较少。

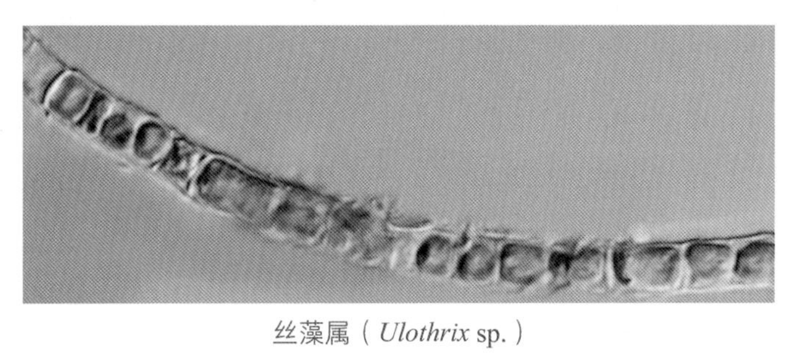

丝藻属（*Ulothrix* sp.）

（2）游丝藻属（*Planctonema*）

形态特征：丝状体短；由少数圆柱状细胞构成，无胶鞘，两端的胞壁明显加厚，有时形成帽状，侧壁薄；色素体片状，侧位，不充满整个细胞；无蛋白核。

仅有 1 种。

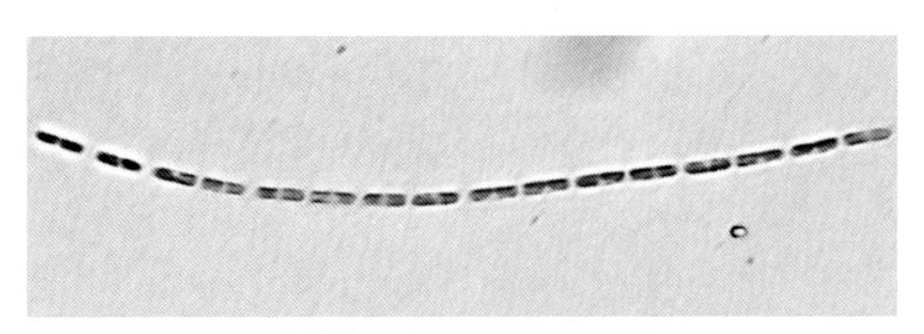

游丝藻属（*Planctonema* sp.）

（四）鞘藻目（Oedogoniales）

鞘藻科（Oedogoniaceae）

植物体丝状，分枝或不分枝。以基细胞或假根状枝着生于其他物体上或漂浮于水面。细胞单核，色素体周生，网状，具有 1 个至多个蛋白核。

鞘藻科包括 3 个属：鞘藻属、毛鞘藻属和枝鞘藻属。在我国这 3 个属都有分布。鞘藻属和毛鞘藻属生长在水中。枝鞘藻属中的绝大多数生长在潮湿土壤上。此科藻类分布较广，在温暖地区的各种浅水水体中都比较常见。

鞘藻属（*Oedogonium*）

形态特征：植物体不分枝，营养细胞圆柱形，有些种类上端膨大，或两侧呈波状，顶端细胞的末端呈钝圆形、短尖形或变成毛样。

此属藻类广泛分布在稻田、水沟及池塘等各种静止水体中，着生于其他水生植物或其他物体上；有些种类在幼小时着生，随后漂浮于水中。在温暖季节生长繁茂。

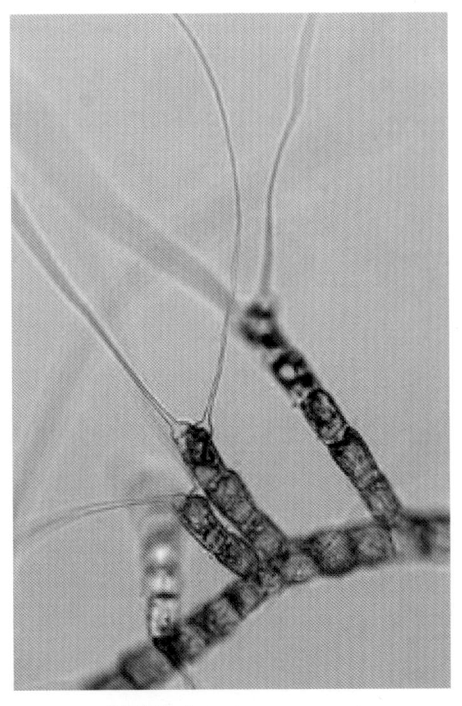

鞘藻属（*Oedogonium* sp.）

二、双星藻纲（Zygnematophyceae）

植物体的营养细胞和生殖细胞都无鞭毛，有性生殖为接合生殖，由营养细胞形成无鞭毛的可做变形运动的配子，在接合管或接合囊或一侧的配子囊中相接合，形成接合孢子。这种独特的接合生殖方式是此纲的主要特征，自成一个界限分明而又相当独特的类群。双星藻纲中包括两类，分别为植物体由单列丝状体所组成的双星藻类，以及绝大多数为单细胞、少数为单列丝状体或群体的鼓藻类。鼓藻类以其种类的形态复杂和多样性及细胞明显的对称性为主要特征，由于它们是纯淡水种类，几乎都生长在淡水水体中，在特殊的生境中常有独特的类群。

（一）双星藻目（Zygnematales）

植物体为单细胞或单列不分枝的丝状体。细胞呈圆形、椭圆形、圆柱形、纺锤形、棒形等多种形状，中部无收缢。细胞壁由完整的一片组成，壁平滑，没有小孔。色素体 1 个或 2 个，周生的为螺旋带状、片状、板状，轴生的为螺旋脊状、片状、星状、盘状、板状，每个色素体具有 1 个、2 个、多个或无蛋白核，储藏产物为淀粉，少数种类含有油滴；1 个细胞核，位于细胞的中部或中部的一侧。少数种类细胞具有液泡。

接合生殖有梯形接合和侧面接合。接合孢子在接合管中或在配子囊中形成。

此目藻类均产于淡水，生长在各种水体中，双星藻科的藻类生长在有机质较丰富的、浅的静水水体中，少数种类生长在潮湿土壤上，个别种类能在半咸水中生活。

双星藻科（Zygnemataceae）

植物体为单列不分枝的丝状体，偶尔产生假根状分枝；细胞圆柱形，细胞壁平滑，细胞横壁有平滑型、折叠型、半折叠型和束合型；色素体 1 个或多个，周生的为螺旋带状，轴生的为星芒状、板状、盘状、球状，每个色素体具有 1 个、2 个、多个或无蛋白核，储藏产物为淀粉，少数种类含有油滴；细胞核 1 个，位于细胞的中部或中部的一侧。少数种类细胞具有液泡。

生长在有机质较丰富的、浅的静水水体中，在水坑、池塘、静水小湖、沼泽中生长繁茂，少数种类生长在潮湿土壤上，个别种类能在半咸水中生活。大多数种类幼体时着生，长成后漂浮于水面，形成碧绿色的漂浮藻团。转板藻属的少数种类为湖泊、池塘中的浮游藻类。

（1）转板藻属（*Mougeotia*）

形态特征：藻丝不分枝，有时产生假根；营养细胞圆柱形，其长度比宽度通常大 4 倍以上；细胞横壁平直；色素体轴生、板状，1 个，极少数 2 个，具有多个蛋白核，排列成一行或散生；细胞核位于色素体中间的一侧。

生殖由接合孢子进行，仅有时产生静孢子；或由静孢子进行，可能有时产生接合孢子，也可以产生厚壁孢子、单性孢子，其构造和色泽与接合孢子相同。

生长在水坑、池塘、湖泊、水库、沼泽、稻田中。多数种类生殖期较长，多在早春和晚秋季节。接合孢子和静孢子成熟后常沉入水底。

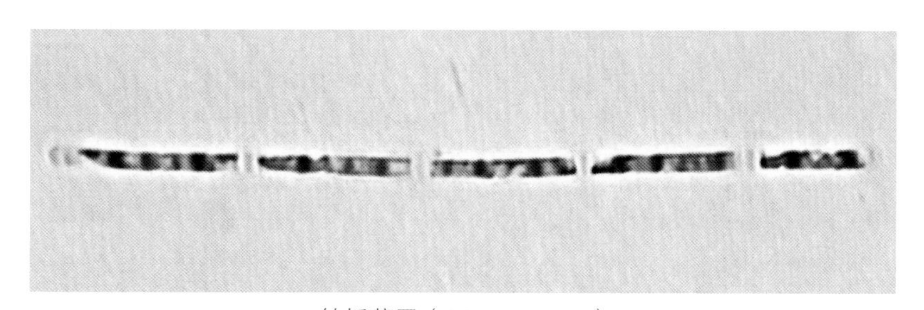

转板藻属（*Mougeotia* sp.）

（2）水绵属（*Spirogyra*）

形态特征：植物体为不分枝丝状体，偶尔产生假根状分枝。细胞柱形。色素体 1～16 条，为周生盘绕的螺旋带状，其上具有一列蛋白核。生长初期为亮绿色，衰老期或生殖期为黄绿色、黄色的棉絮状，漂浮于水面。接合生殖为梯形接合和侧面接合，具有接合管，接合孢子形态多样，孢壁光滑或有花纹，成熟后黄褐色。

在浅水、小水体中常见。

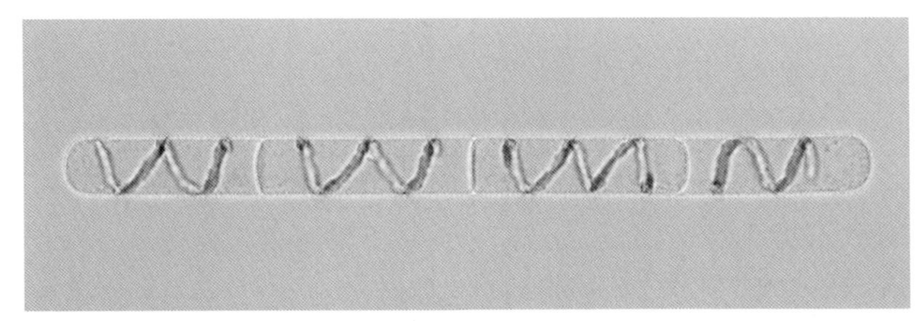

水绵属（*Spirogyra* sp.）

（二）鼓藻目（Desmidiales）

植物体绝大多数为单细胞，少数为单列不分枝的丝状体或不定形群体，有或无胶被。

细胞形态多种多样，明显对称，中部无收缢或具有收缢，垂直面观圆形、椭圆形、三角形、多角形等，细胞壁由 2 个或数个段片组成，有小孔，壁平滑，具有点纹、颗粒、乳头状突起、瘤、齿、刺、脊、结节等纹饰。少数属细胞中部无收缢，多数属的细胞中部具有收缢，分成两个半细胞；每一个半细胞具有 1～2 个轴生的色素体或具有 4 个到多个周生的色素体，每个色素体具有 1 个、2 个或多个蛋白核，储藏产物为淀粉，少数种类含有油滴。细胞核 1 个，绝大多数细胞具有缢部的属，细胞核位于两个半细胞之间部的中央。少数细胞中部无收缢的属，色素体轴生，细胞核位于细胞的中部，细胞核两端到近细胞的顶部各具有 1～2 个或 4 个色素体，每个色素体具有 1 个、2 个或多个一纵列或散生的蛋白核，少数种类细胞顶部具明显的液泡，内含 1 个或多个结晶的运动颗粒。

营养生殖为横分裂，由母细胞其中一个半细胞长出另一半细胞，并与母细胞形态相同。

无性生殖时形成静孢子、休眠孢子、厚壁孢子及单性孢子。

有性生殖为接合生殖。进行接合生殖时互相贴近的 2 个细胞形成接合管或接合囊，2 个可变形的配子在接合管、接合囊或雌配子囊中相接合形成接合孢子。接合孢子壁平滑或具有纹饰，萌发形成 1 个或 2 个、极少数为 4 个子细胞。

此目藻类是纯淡水种类，生长在各种水体中，一般生长在偏酸性的小水体中，有的种类亚气生，极少数种类生长在半咸水或咸水中，不同的地区和不同的水环境常有特殊的特有种类。

此目仅有1科。

鼓藻科（Desmidiaceae）

植物体绝大多数为单细胞，少数为单列不分枝的丝状体或不定形群体，细胞一般具有胶被，少数不具有胶被。

细胞呈圆形、椭圆形、卵形、圆柱形、纺锤形、棒形等多种形状，明显对称。垂直面观圆形、椭圆形、三角形、多角形等。少数属的细胞中部无收缢，多数属的细胞中部略凹入或明显凹入，凹入处称为“缢缝”，缢缝将细胞分为两个部分，每一部分称为“半细胞”，两个半细胞的连接区称为“缢部”，连接两个半细胞；细胞两端的细胞壁称为“顶缘”，顶缘至半细胞基部间的细胞壁称为“侧缘”，顶缘和侧缘间的交接处为“顶部角”，侧缘和缢缝间的交接处为“基部角”；细胞壁平滑，具有点纹、圆孔纹、颗粒、瘤、结节、齿、刺和乳头状突起等纹饰，初生壁上常具有铁盐沉积，使壁呈黄褐色，除缢部外，细胞的次生壁有许多小孔；每一个半细胞具有1～2个轴生的色素体或4个到多个周生的色素体，轴生的为螺旋脊状、片状、星状，周生的为螺旋带状、片状，每个色素体具有1个、2个或多个蛋白核；细胞核位于缢部的中间，少数细胞中无缢部的属，细胞核位于细胞的中部；某些种类细胞顶部具有明显的液泡，内含1个或多个结晶的运动颗粒。

营养繁殖为细胞分裂，细胞具有缢部的由缢部延长横向分裂成2个子细胞，每个子细胞各获得母细胞的1个半细胞，然后再长出1个新的半细胞，其形状和结构与母细胞相同；细胞无缢部的在分裂时细胞略伸长，常位于细胞的中部，横向分裂成两个子细胞，每个子细胞各获得母细胞的1个半细胞，然后再长出1个新的半细胞，每次分裂新形成的半细胞和母细胞的半细胞之间的细胞壁上常留下横的缝线。

无性生殖时仅在少数种类中发现产生静孢子、休眠孢子、厚壁孢子及单性孢子。

有性生殖为接合生殖，两个母细胞在缢部裂开，做变形运动的配子在接合管、接合囊或雌配子囊中相接合形成接合孢子，合子分裂后产生1个或2个子细胞，少数产生4个子细胞。仅在少数种类中发现有性生殖，合子的壁平滑或具刺、齿、瘤状突起等各种纹饰。

此科藻类是纯淡水种类，生长在各种水体中，一般生长在软水水体，也有些种类生长在硬水中；一般生长在偏酸性的小水体中，在水坑、池塘、静水小湖、溪流、沼泽中浮游或附着在水生维管束植物上；有的生长在较大型的湖泊、缓慢流动的河流的沿岸带，浮游或着生在各种基质上；有的种类亚气生，生长在潮湿的土表、滴水岩石表面、混生在苔藓间或稻田中；极少数种类生长在半咸水或咸水中。

（1）新月藻属（*Closterium*）

形态特征：植物体为单细胞，新月形，略弯曲或显著弯曲，少数平直，中部不凹入，腹部中间膨大或不膨大，顶部钝圆、平直圆形、喙状或逐渐尖细；横断面圆形；细胞壁平滑，具有纵向的线纹、肋纹或纵向的颗粒，无色或因铁盐沉淀而呈淡褐色或褐色；每个半细胞具有 1 个色素体，由 1 个或数个纵向脊片组成，蛋白核多数，纵向排成一列或不规则散生；细胞两端各具有 1 个液泡，内含 1 个或多个结晶状体的运动颗粒；细胞核位于两色素体之间细胞的中部。

生长在水坑、池塘、湖泊、河流的静水河湾、水库、沼泽等水体中，pH 和水温的变化幅度均较大。

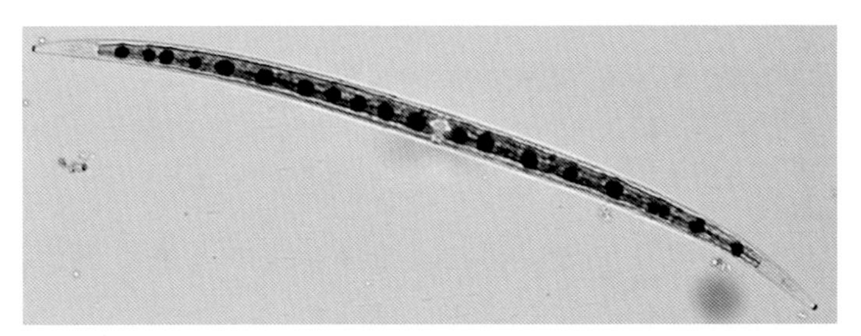

新月藻属（*Closterium* sp.）

（2）凹顶鼓藻属（*Euastrum*）

形态特征：植物体为单细胞，细胞大小变化大，多数中等大小或小型，长为宽的 1.5～2 倍，长方形、方形、椭圆形、卵圆形等，扁平，缢缝常深凹入，呈狭线形，少数向外张开；半细胞常呈截顶的角锥形、狭卵形，顶部中间浅凹入、“V”字形凹陷或垂直向深凹陷，很少种类顶部平直，半细胞近基部的中央通常膨大，平滑或由颗粒或瘤组成的隆起，半细胞通常分成 3 叶：1 个顶叶和 2 个侧叶，有的种类侧叶中央凹入再分成 2 个小叶，有的种类顶叶和侧叶的中央具有颗粒、圆孔纹或瘤，半细胞中部无或有胶质孔或小孔；半细胞侧面观常为卵形、截顶的角锥形，少数椭圆形或近长方形，侧缘近基部常膨大；垂直面观常为椭圆形；细胞壁极少数平滑，通常具点纹、颗粒、圆孔纹、齿、刺或乳头状突起；绝大多数种类的色素体轴生，常具有 1 个蛋白核，少数大的种类具有 2 个或多个蛋白核。

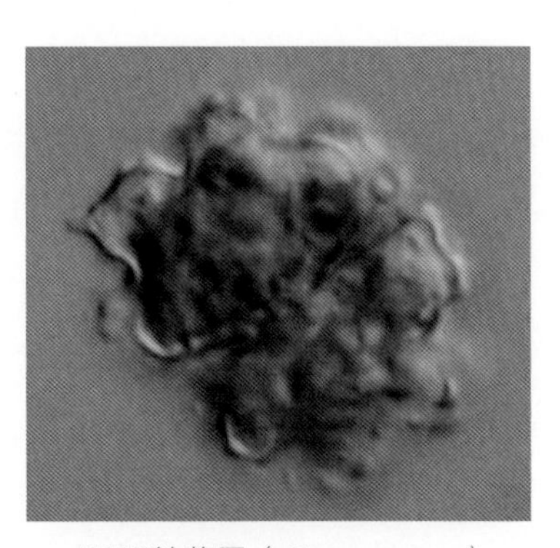

凹顶鼓藻属（*Euastrum* sp.）

有性生殖：接合孢子在少数种类中有报道，多为球形、椭圆形，壁平滑，具有乳头状突起或短刺。

此属中的绝大多数种类生长在软水水体中，较大型和具较多纹饰的种类生长在腐殖质丰富的水体中。

（3）鼓藻属（*Cosmarium*）

形态特征：植物体为单细胞，细胞大小变化很大，侧扁，缢缝常深凹入，狭线形或张开。半细胞正面观近圆形、半圆形、椭圆形、卵形、梯形、长方形、方形、截顶角锥形等。顶缘圆，平直或平直圆形。半细胞缘边平滑或具有波形、颗粒、齿，半细胞中部有或无膨大或拱形隆起；半细胞侧面观绝大多数呈椭圆形或卵形；垂直面观椭圆形或卵形。细胞壁平滑，具有点纹、圆孔纹、小孔、齿、瘤或具有一定方式排列的颗粒、乳头状突起等。色素体轴生或周生，每个半细胞具有1个、2个或4个（极少数具有8个）色素体，每个色素体具有1个或数个蛋白核，有的种类具有周生的带状的色素体（6～8条），每条色素体具有数个蛋白核；细胞核位于两个半细胞之间的缢部。

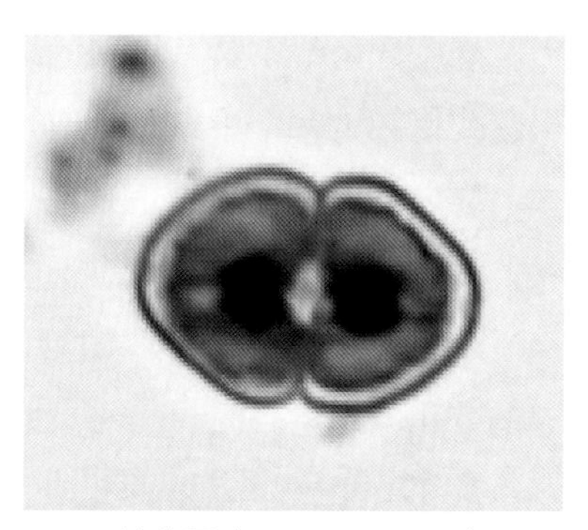

鼓藻属（*Cosmarium* sp.）

营养繁殖为细胞分裂，在细胞中间狭的缢部分开，伴随缢部的延长和隔片生长使细胞分成两半，从每个原有的半细胞上再长出一个与原有半细胞相同的新的半细胞。

无性生殖和有性生殖在少数种类中有报道。有性生殖产生接合孢子，绝大多数种类为异配，接合孢子壁平滑或具乳头状突起、单一或双叉刺等文饰。

鼓藻属的种类主要生长于偏酸性的、贫营养的软水水体中，有的生长在中性或偏碱性的水体中，少数在pH较高的碱性水体中，较少生长在富营养的水体中，在水坑、池塘、湖泊、水库、河流的沿岸带和沼泽等生境中存在，少数种类亚气生。

（4）角星鼓藻属（*Staurastrum*）

形态特征：植物体为单细胞，一般长略大于宽（不包括刺或突起），绝大多数种类辐射对称，少数种类两侧对称及细胞侧扁，中间的缢部分细胞成两个半细胞，多数缢缝深凹，从内向外张开成锐角，有的为狭线形；半细胞正面观半圆形、近圆形、椭圆形、圆柱形、近三角形、四角形、梯形、碗形、杯形、楔形等，细胞不包括突起的部分称“细胞体部”，半细胞正面观的形状指半细胞体部的形状，许多种类半细胞顶角或侧角向水平方向、略向上或向下延长形成长度不等的突起，缘边一般波形，具数轮齿，其顶端平或具两个到多个刺，有的种类在突起基部长出较小的突起称“副突起”；垂直面观多数三角形到五角形，少数圆形、椭圆形、六角形或多达到十一角形；细胞壁平滑，具有点纹、圆孔纹、颗粒及各种类型的刺和瘤；半细胞一般具有 1 个轴生的色素体，中央具有 1 个蛋白核，大的细胞具有数个蛋白核，少数种类的色素体周生，具有数个蛋白核。

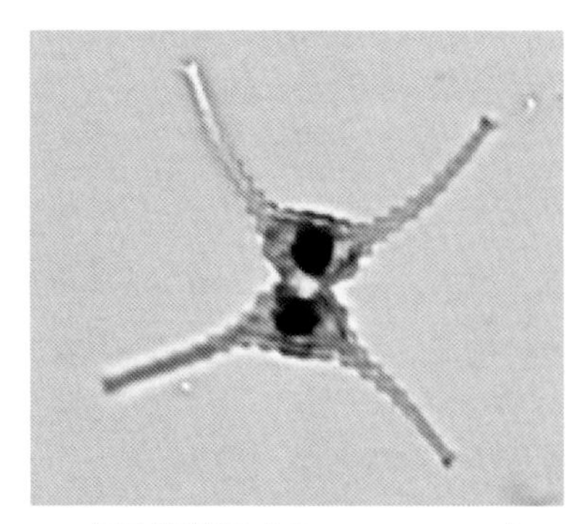

角星鼓藻属（*Staurastrum* sp.）

接合孢子球形或具有多个角，通常具有单一或叉状的刺。

此属大约有 1 200 种，多数生长在贫营养或中营养的、偏酸性的水体中，是鼓藻类中主要的浮游种类，许多种类半细胞的顶角或侧角延长形成各种长度的突起，细胞常被球形的胶质包被，特别是浮游的种类，因此适合浮游习性。

第四章 甲藻门（Dinophyta）

甲藻门绝大多数种类为单细胞，丝状的极少。细胞球形倒针状，背腹扁平或左右侧扁；细胞裸露或具有细胞壁，壁薄或厚而硬。纵裂甲藻类，细胞壁由左右 2 片组成，无纵沟或横沟。横裂甲藻类壳壁由许多小板片组成；板片有时具有角、刺或乳头状突起，板片表面常具有圆孔纹或窝孔纹。大多数种类具有 1 条横沟和纵沟。横沟（又称“腰带”）位于细胞中部，横沟上半部称上壳或上锥部，下半部称下壳或下锥部。纵沟又称“腹区”，位于下锥部腹面。具有 2 条鞭毛，顶生或从横沟和纵沟相交处的鞭毛孔伸出。1 条为横鞭，带状，环绕在横沟中；1 条为纵鞭，线状，通过纵沟向后伸出。

此门是一类重要的浮游藻类，大多数是海产种类，少数寄生在鱼类、桡足类及其他无脊椎动物体内。甲藻和硅藻是水生动物的主要饵料。但是如果甲藻过量繁殖常使水色变红，形成赤潮。“赤潮”常在江河出口处、海洋近海域发生，面积很大。近年来，我国一些淡水水体、湖泊、水库在温暖季节，赤潮也时有发生。目前尚未发现有毒甲藻。

一、甲藻纲（Dinophyceae）

甲藻门仅一纲，即甲藻纲。

（一）多甲藻目（Peridiniales）

单细胞，有时数个细胞连接成链状群体，常具色素体，鲜绿色、黄色、褐色，细胞具有明显的纵沟和横沟。具有 2 条鞭毛。细胞壁硬，由大小相等的六角形或四边形的板片或大小不等的较大的多角形的板片组成，许多类群板片数目、形态和排列方式是此目分类的主要依据。

色素体多个，金黄色到金褐色；有的无色素体。蛋白核有时可见。储藏物质为淀粉和油。通常的繁殖方法为细胞分裂。有些种类产生似裸甲藻的动孢子和厚壁孢子。

此目种类很多，分布很广，海水、淡水及咸淡水都有。

1. 裸甲藻科（Gymnodiniaceae）

细胞裸露或具有柔软周质体（膜），周质体上具有成排的小点状纹饰，常缺乏色素体，具有纵沟和横沟；有时细胞具有胞质胶被。具有眼点或无眼点。自养或腐生或二者兼有。

（1）裸甲藻属（*Gymnodinium*）

形态特征：淡水种类细胞呈卵形到近圆球形，有时具有小突起，大多数近两侧对称。细胞前（上）后（下）两端钝圆或顶端钝圆末端狭窄；上锥部和下锥部大小相等，或者上锥部较大或者下锥部较大。多数背腹扁平，少数显著扁平。横沟明显，通常环绕细胞一周，常为左旋，右旋罕见；纵沟或深或浅，长度不等，有的仅位于下锥部，多数种类略向上锥部延伸。上壳面无龙骨突起，细胞裸露或具有薄壁，薄壁由许多相同的六角形的小片组成；细胞表面多数为平滑的，罕见具有条纹、沟纹或纵肋纹的。色素体多个，金黄色、绿色、褐色或蓝色，盘状或棒状，周生或辐射排列；有的种类无色素体；具有眼点或无眼点；有的种类具有胶被。

裸甲藻属（*Gymnodinium* sp.）

繁殖方法通常为纵分裂，只在很少种类发现形成厚壁孢子。

（2）薄甲藻属（*Glenodinium*）

形态特征：细胞呈球形到长卵形，近两侧对称。横断面椭圆形或肾形，不侧扁；具有明显的细胞壁，大多数为整块，少数由多角形的大小不等的板片组成，上壳板片数目不定，下壳规则的由 5 块沟后板和 2 块底板组成。板片表面通常为平滑的，无网状窝孔纹，有时具有乳头状突起；横沟中间位或略偏于下壳，环状环绕，无或很少有螺旋环绕的；纵沟明显。色素体多数，盘状，金黄色到暗褐色。有的种类具有眼点（位于纵沟处）。

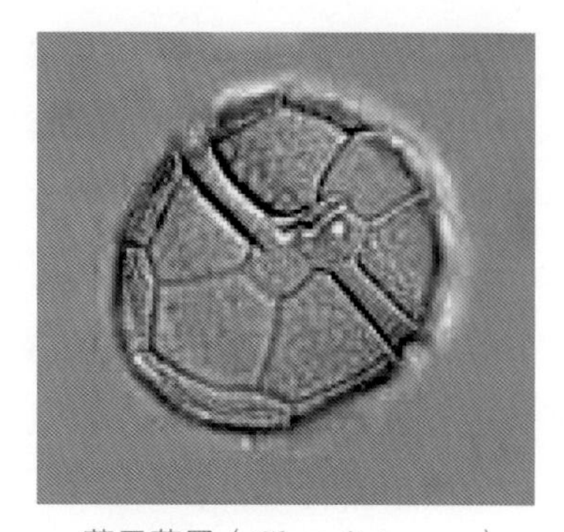

薄甲藻属（*Glenodinium* sp.）

营养繁殖通常是细胞分裂。厚壁孢子球形、卵形或多角形，具有硬的壁。

2. 多甲藻科（Peridiniaceae）

多甲藻科是多甲藻目种类最多的 1 科。细胞多呈球形、卵形、椭圆形，罕见螺旋形或透镜形的，有的为长多角形。上壳板片排列方式按一定规律变化，通常由

12～14 块板片组成。下壳板片组成简单，由 6～7 块板片组成。上壳顶端具有明显或不明显的顶孔，有的种类无顶孔。

多甲藻属（*Peridinium*）

形态特征：淡水种类细胞常为球形、椭圆形到卵形，罕见多角形，略扁平，顶面观常呈肾形，背部明显凸出，腹部平直或凹入。纵沟、横沟显著，大多数种类的横沟位于中间略下部分，多数为环状，也有左旋或右旋的，纵沟有的略伸向上壳，有的仅限制在下锥部，有的达到下锥部的末端，常向下逐渐加宽。沟边缘有时具有刺状或乳头状突起。通常上锥部较长而狭，下锥部短而宽。有时顶极为尖形，有孔或无孔，有的种类底极显著凹陷。板片光滑或具花纹；板间带或狭或宽，宽的板间带常具有横纹。细胞具有明显的甲藻液泡，色素体常为多数，颗粒状，周生，黄绿色、黄褐色或褐红色，具有眼点或无眼点。有的种类具有蛋白核，储藏物质为淀粉和油。细胞核大，呈圆形、卵形或肾形，位于细胞中部。

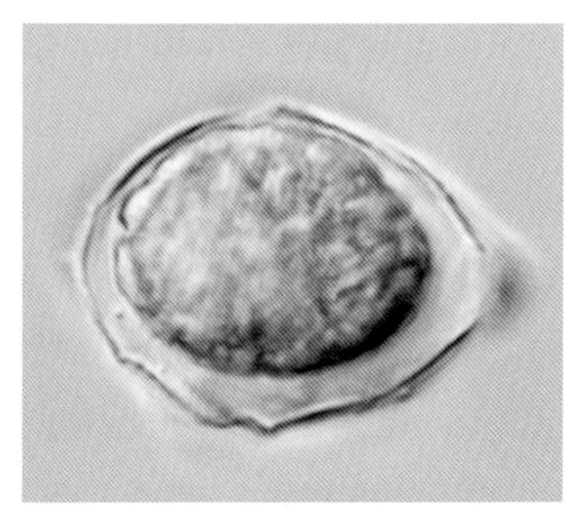
多甲藻属（*Peridinium* sp.）

繁殖方法主要是斜向纵分裂，或产生厚壁休眠孢子。

3. 角甲藻科（Ceratiaceae）

单细胞或有时连接成群体。细胞具有 1 个顶角和 2～3 个底角。顶角末端具有顶孔，底角末端开口或封闭。横沟位于细胞中央，环状或略呈螺旋状，左旋或右旋。细胞腹面中央为斜方形透明区，纵沟位于腹区左侧，透明区右侧为一锥形沟，用以容纳另一个体前角形成群体。无前后间插板；顶板联合组成顶角，底板组成一个底角，沟后板组成另一个底角。壳面具有网状窝孔纹。色素体多数，呈小颗粒状，金黄色、黄绿色或褐色。具有眼点或无眼点。

角甲藻属（*Ceratium*）

形态特征：特征与科同。

此属主要是海产的，淡水种类极少。其中角甲藻（*Ceratium birundinella*）在淡水中分布极广。

生境为各种静止水体。

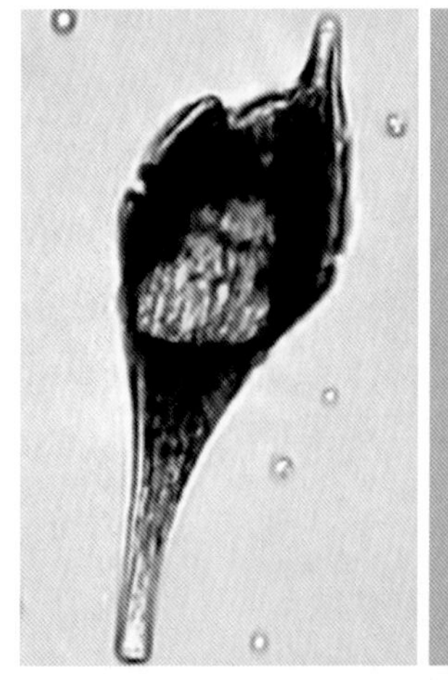
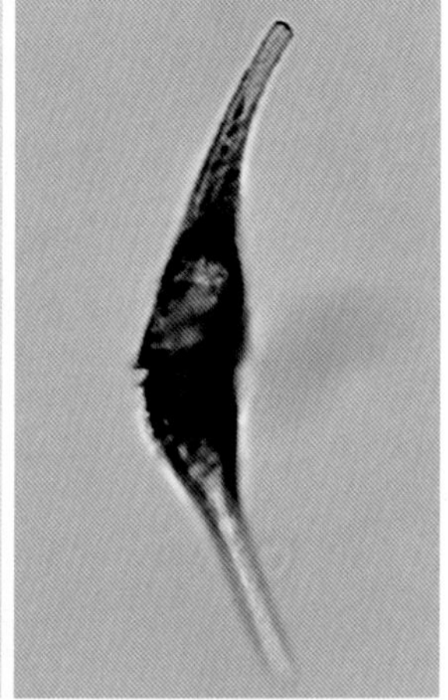
角甲藻属（*Ceratium* sp.）

第五章 隐藻门（Cryptophyta）

隐藻绝大多数为单细胞。多数种类具有鞭毛，极少数种类无鞭毛。无纤维素的细胞壁。细胞表面具有周质体，有的类群周质体为一定形态的板片。具有鞭毛种类多呈长椭圆形或卵形，前端较宽，钝圆或斜向平截，显著纵扁，背侧略凸，腹侧平直或略凹入；腹侧前端偏于一侧具向后延伸的纵沟。有的种类具有 1 条口沟自前端向后延伸；纵沟或口沟两侧常具有多个超微结构很特殊的刺丝胞，有的种类无刺丝胞。鞭毛 2 条，不等长，自腹侧前端伸出，或生于侧面。具有 1 个或 2 个大形叶状的色素体，其被膜由 2 层膜组成，外层与内质网膜或细胞核内质团连接。光合色素体中除含有叶绿素 a、叶绿素 c 外，还含有位于类囊体腔内的藻胆素；色素体多为黄绿色或黄褐色，也有为蓝绿色、绿色或红色的；有些种类无色素体。具有蛋白核或无蛋白核。储藏物质为淀粉和油滴。细胞单核，伸缩泡位于细胞前端。

繁殖除极少数种有性生殖外，绝大多数种为细胞纵分裂。

此门仅 1 纲，隐藻纲。

一、隐藻纲（Cryptophyceae）

特征与门相同。

此纲分 5 科，我国记载的仅 1 科。

隐鞭藻科（Cryptomonadaceae）

单细胞，细胞前端斜截形，具有 2 条鞭毛。多数种类具有色素体，少数种类无。具有纵沟和口沟。刺丝胞位于口沟处或细胞周边。

此科常见的有 2 个属。

（1）蓝隐藻属（*Chroomonas*）

形态特征：细胞呈长卵形、椭圆形、近球形、近圆柱形、圆锥形或纺锤形。前端斜截形或平直，后端钝圆或渐尖；背腹扁平；纵沟或口沟常很不明显。无刺丝胞或极小，有的种类在纵沟或口沟处刺丝胞明显可见。2 条鞭毛，不等长。伸缩泡位于细胞前端。具有眼点或无眼点。色素体多为1个（也有2个的）盘状，边缘常具浅缺刻，周生，蓝色到蓝绿色。淀粉粒大，常成行排列。蛋白核1个，中央位或位于细胞的下半部。淀粉鞘由2～4块组成。1个细胞核，位于细胞下半部。

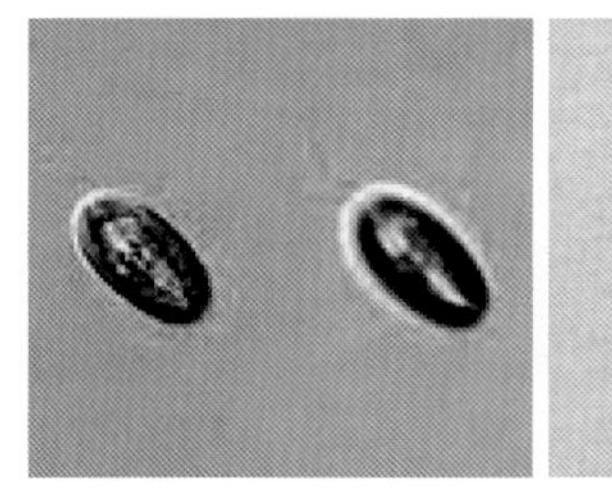
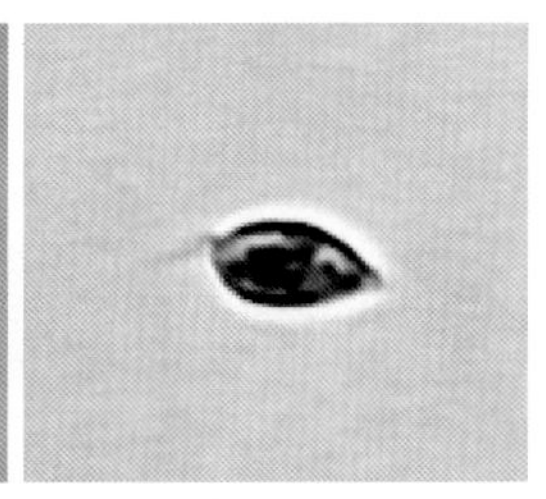

蓝隐藻属（*Chroomonas* sp.）

（2）隐藻属（*Cryptomonas*）

形态特征：细胞呈椭圆形、豆形、卵形、圆锥形、纺锤形，“S”形。背腹扁平，背侧明显隆起，腹部平直或略凹入。多数种类横断面呈椭圆形，少数种类呈圆形或显著的扁平。细胞前端钝圆或为斜截形，后端为或宽或狭的钝圆形。具有明显的口沟，位于腹侧。2条鞭毛，自口沟伸出，鞭毛通常短于细胞长度。具有刺丝胞或无。1个液泡，位于细胞前端。色素体多为2个（有时仅1个），位于背侧或腹侧或位于细胞的两侧面，黄绿色或黄褐色，或有时为红色，多数具有1个蛋白核，也有具有2～4个的，或无蛋白核；单个细胞核，在细胞后端。

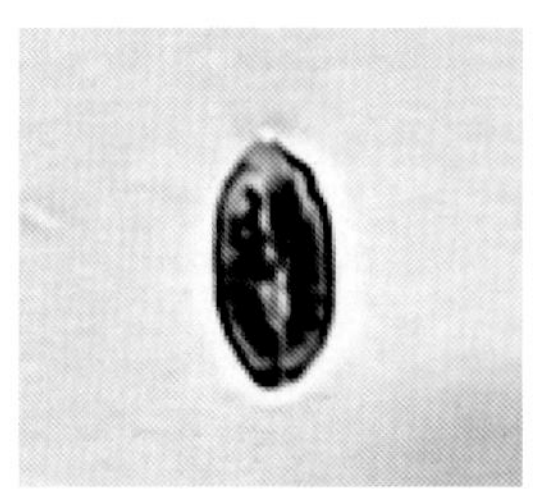
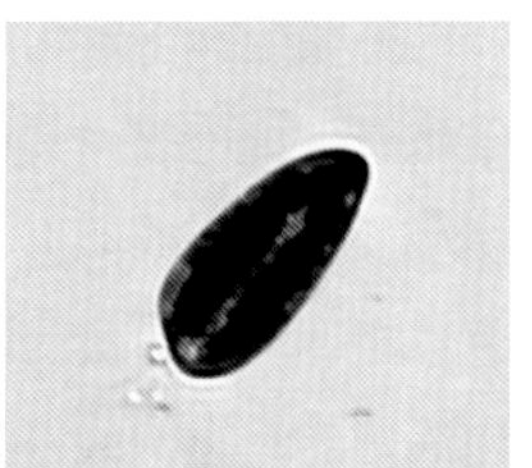

隐藻属（*Cryptomonas* sp.）

繁殖方法为细胞纵分裂，分裂时细胞停止运动，分泌胶质，核先分裂，原生质体自口沟处分成两半。

第六章 裸藻门（Euglenophyta）

裸藻大多数为单细胞具有鞭毛的运动个体，仅少数种类具胶质柄，营固着生活。细胞呈纺锤形、圆柱形、圆形、卵形、球形、椭圆形、卵圆形等。细胞裸露，无细胞壁。细胞质外层特化为表质。表质较硬的种类，细胞可保持一定的形态；表质较柔软的种类，细胞能变形。表质表面常具有纵行、螺旋行的线纹、肋纹、点纹或光滑。部分种类的细胞外具有囊壳。囊壳常因铁质沉淀程度不同而呈现出不同的颜色；囊壳表面常具有各种纹饰或光滑无纹饰。

大多数裸藻的种类具有 1 条鞭毛，只有极少数的有 2 条或 3 条鞭毛，也有无鞭毛的。鞭毛从储蓄泡基部经胞口伸出体外。有色素的种类大多具有 1 条鞭毛。裸藻的色素组成与绿藻门相似，有叶绿素 a、叶绿素 b、β-胡萝卜素和一种未定名的叶黄素。植物体大多呈绿色，少数种类具有特殊的"裸藻红素"使细胞呈红色。色素体多数，一般呈盘状，也有片状、星状的。有色素的种类细胞的前端一侧有一红色的眼点，具有感光性，使藻体具有趋光性，所以裸藻又叫"眼虫藻"；无色素的种类大多没有眼点。某些无色的种类，胞咽附近有呈棒状的结构，称为"杆状器"。

贮存物质为副淀粉，又称"裸藻淀粉"，有的种类也有脂肪。副淀粉形状多种多样，有球形、盘形、环形、杆形、假环形、圆盘形、线轴形、哑铃形等。副淀粉是一种非水溶性的多糖类，遇碘不变色，反光性强，具有同心的层理结构。副淀粉的数目、形状、排列方式是分类的依据之一。

本门分 1 纲。裸藻门仅有裸藻纲。

一、裸藻纲（Euglenophyceae）

形态特征与门相同。本纲仅有裸藻目。

（一）裸藻目（Euglenales）

形态特征与门相同。

裸藻目根据细胞的外形、表质硬化程度、鞭毛特征、光感受器及营养方式等分为 5 个科。洞庭湖流域仅发现 1 科。

裸藻科（Euglenaceae）

细胞形状多样。表质有的柔软而使形状易变且具裸藻状蠕动，有的硬化而形状固定。鞭毛仅 1 条伸出体外，能整体活跃摆动，另一条已退化成残根保留在“沟—泡”内。色素体多数存在，少数缺乏。眼点和鞭毛隆体在绿色种类中存在，在无色种类中多数缺乏而少数存在。营养方式有光合自养或渗透性的腐生营养。

此科是裸藻门中种类最多的一个科，几乎占裸藻门全部种类的 80% 左右，因此，它们也是最常见的裸藻类。

（1）裸藻属（*Euglena*）

形态特征：细胞形状多少能变，多为纺锤形或圆柱形，横切面呈圆形或椭圆形，后端多少延伸呈尾状或具尾刺。表质柔软或半硬化，具螺旋形旋转排列的线纹。色素体 1 个至多个，呈星形、盾形或盘形，有或无蛋白核。副淀粉粒呈小颗粒状，数量不等；或为定形大颗粒，2 个至多个。细胞核较大，中位或后位。鞭毛单条。眼点明显。多数具明显的裸藻状蠕动，少数不明显。大多数淡水产，极少数海产。

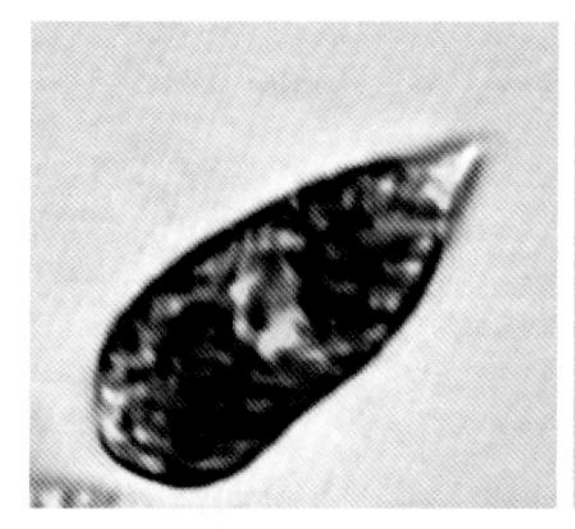
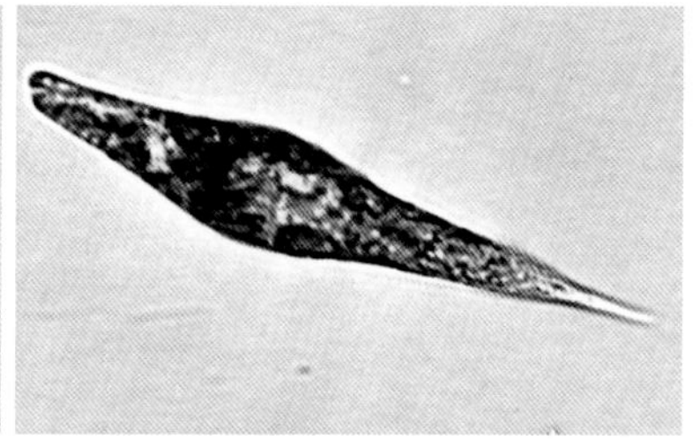

裸藻属（*Euglena* sp.）

（2）囊裸藻属（*Trachelomonas*）

形态特征：细胞外具有囊壳，囊壳呈球形、卵形、椭圆形、圆柱形或纺锤形等；囊壳表面光滑或具有点纹、孔纹、颗粒、网纹、棘刺等纹饰；囊壳无色，由于铁质沉积，而呈黄色、橙色或褐色，透明或不透明；囊壳的前端具有一圆形的鞭毛孔，有或无领，有或无环状加厚圈；囊壳内的原生质体裸露无壁，其他特征与裸藻属相似。

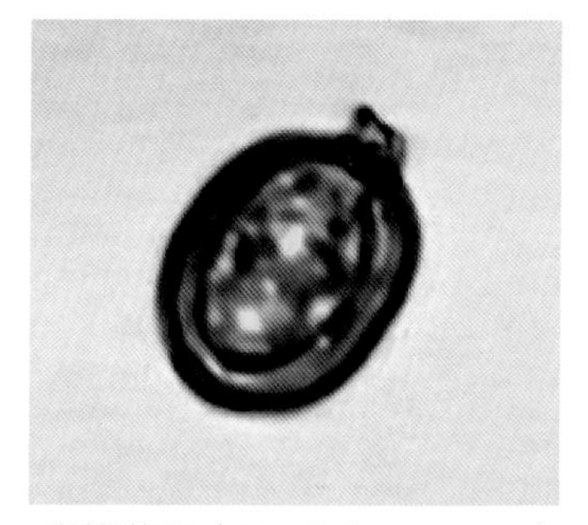

囊裸藻属（*Trachelomonas* sp.）

种类很多，广泛分布于各种水体，当它们大量生长繁殖时，可使水呈黄褐色。

（3）陀螺藻属（*Strombomonas*）

形态特征：细胞具有囊壳，囊壳较薄，前端逐渐收缩呈一长领，领与囊体之间无明显界限，多数种类的后端渐尖，呈一长尾刺。囊壳的表面光滑或具有皱纹，无囊裸藻那样多的纹饰。原生质体特征与裸藻属相同。

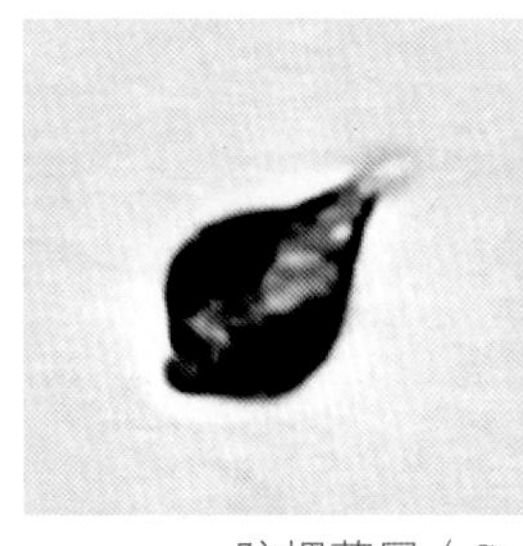
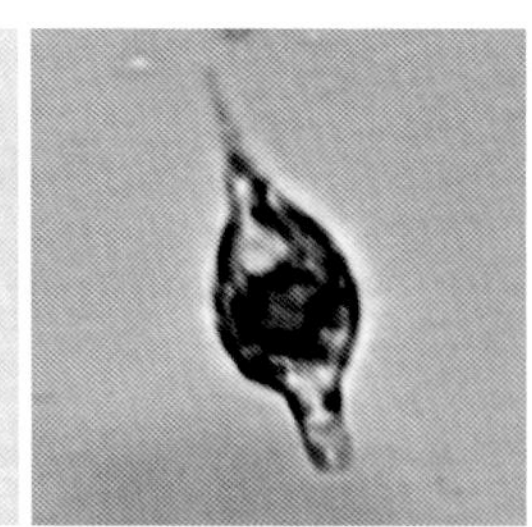

陀螺藻属（*Strombomonas* sp.）

（4）扁裸藻属（*Phacus*）

形态特征：细胞表质硬，形状固定，扁平，正面观一般呈圆形、卵形或椭圆形，有的呈螺旋形扭转，顶端具有纵沟，后端多数呈尾状；表质具有纵向或螺旋形排列的线纹、点纹或颗粒。绝大多数种类的色素体呈圆盘形，多数无蛋白核；副淀粉较大，有环形、假环形、圆盘形、球形、线轴形或哑铃形等各种形状，常为1个至数个，有时还有一些球形、卵形或杆形的小颗粒。单鞭毛，具有眼点。

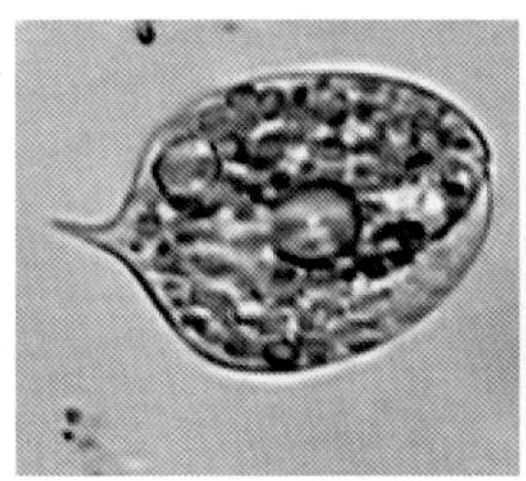
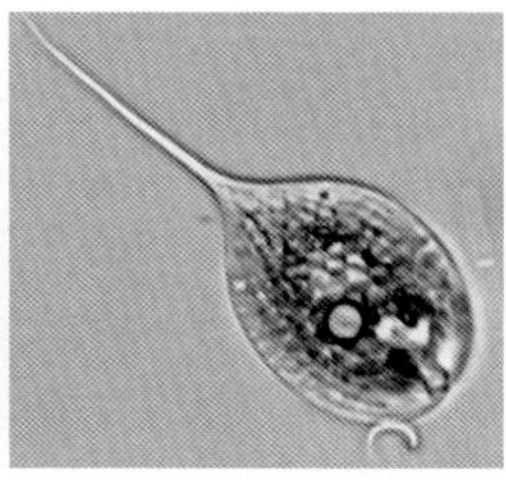

扁裸藻属（*Phacus* sp.）

扁裸藻属分布广，常与裸藻属同时出现，但很少形成优势种。

第七章 金藻门（Chrysophyta）

金藻门中自由运动种类为单细胞或群体，群体的种类由细胞放射状排列呈球形或卵形体，有的具有透明的胶被；不能运动的种类为变形虫状、胶群体状、球粒形、叶状体形、分枝或不分枝丝状体形、细胞球形、椭圆形、卵形或梨形。运动的种类细胞前端具有 2 条鞭毛，个别具有 1 条或 3 条鞭毛。细胞裸露或在表质覆盖许多硅质鳞片，鳞片具有刺或无刺，有的种类具有 2 种不同形状鳞片，鳞片和刺的形状是具有硅质鳞片种类的主要分类依据，有的原生质外具有囊壳。不能运动的种类具有细胞壁，壁的组成成分以果胶质为主，具有 1～2 个伸缩泡，位于细胞的前部或后部；细胞无色或具有色素体，色素体周生，片状，1～2 个。光合作用色素主要由叶绿素 a、叶绿素 c、胡萝卜素和叶黄素组成，由于胡萝卜素和岩藻黄素在色素中的比例较大，常呈金黄色、黄褐色、黄绿色或灰黄褐色，色素体内具有 3 条类囊体片层近平行排列，有或无裸露的蛋白核，其表面没有同化产物包被，具有数个亮而不透明的球体，常位于细胞的后部，光合作用产物为金藻昆布糖、金藻多糖和脂肪。运动种类具有或无眼点，眼点 1 个，位于细胞的前部或中部，具有数个液胞，细胞核 1 个，位于细胞的中央。

生殖方式分为营养繁殖、无性繁殖和有性生殖。

金藻类生长在淡水及海水中，大多数生长在透明度大、温度较低、有机质含量少的清水水体中，对水温的变化较敏感，常在冬季、早春和晚秋生长旺盛。有许多种类，因它们生长的特殊要求，可被用作生物指示种类，监测水质，评价水环境。

一、金藻纲（Chrysophyceae）

植物体自由运动的种类为单细胞或群体，群体的种类由细胞放射状排列呈球形或卵形群体，有的具有透明的胶被，不能运动的种类为变形虫状、胶群体状、球粒形、叶状体形、分枝或不分枝丝状体形；细胞呈球形、椭圆形、卵形或梨形，运动的种类细胞前端具有 1 条或 2 条等长或不等长的鞭毛。

金藻纲的大多数种类生长在淡水中。

（一）色金藻目（Chromulinales）

植物体为单细胞，或为疏松的暂时性群体或群体，自由运动或着生，细胞裸露可变形或原生质外具有囊壳或具有许多硅质鳞片，囊壳壁和鳞片平滑或具有花纹，具有1条或2条不等长的鞭毛，从细胞顶部伸出，具有1个到数个伸缩泡，色素体周生、片状，1个或2个，灰黄褐色、黄色、黄褐色，具有1个眼点，细胞核明显，1个，具有金藻昆布糖和油滴，呈颗粒状。

繁殖方式为细胞纵分裂形成2个子细胞，具有囊壳的种类为囊壳内的原生质体分裂形成新个体。无性生殖形成静孢子。

主要生长在淡水中，或含微盐的水体中，为湖泊、池塘中的浮游藻类。

1. 棕鞭藻科（Ochromonadaceae）

植物体为单细胞或具有胶被的群体，多数为自由运动，少数以胶柄着生，细胞裸露，不变形或可变形，具有2条不等长的鞭毛，从细胞顶部伸出，具有1个到数个伸缩泡，具有1个眼点或无眼点，色素体周生，片状，1个或2个，金褐色，少数呈绿色，具有1个大的或多个小颗粒状的金藻昆布糖。

繁殖为细胞纵分裂形成2个子细胞，也可以形成静孢子。

多数生长在淡水中。

棕鞭藻属（*Ochromonas*）

形态特征：植物体为单细胞，自由运动，细胞裸露，不变形或可变形，呈球形、椭圆形、卵形、梨形等，有背腹部之分，有时形成伪足，细胞腹部前端伸出2条不等长的鞭毛，具有1个到数个伸缩泡，通常具有1个眼点，色素体周生、片状，1个或2个，少数有数个，金褐色，少数绿色，具有1个大的或多个小颗粒状的金藻昆布糖。

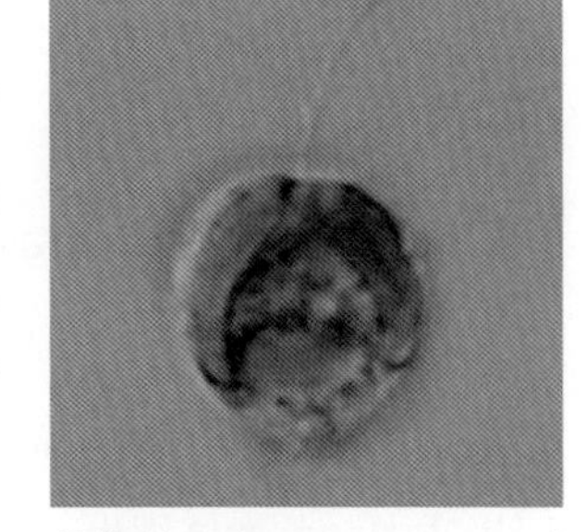

棕鞭藻属（*Ochromonas* sp.）

繁殖为细胞纵分裂形成2个子细胞，可形成数个细胞或许多细胞的胶群体，形成静孢子，孢囊。

生长在池塘、湖泊、沼泽等淡水水体中。

2. 锥囊藻科（Dinobryonaceae）

单细胞或群体，原生质外具囊壳，柔软，囊壳球形、卵形、圆柱状锥形，囊壳壁平滑或具花纹。无色透明或由于铁的沉积而呈褐色，1条或2条鞭毛，不等长，具有1个到数个伸缩泡，色素体周生，片状，1个或2个，黄褐色，具有1个眼点，细胞核明显，1个，同化产物为金藻昆布糖和油滴，颗粒状。

无性生殖为囊壳内的原生质体分裂形成新个体。

主要生长在淡水或微含盐的水体中，在湖泊和池塘中浮游或着生。

锥囊藻属（*Denobryon*）

形态特征：植物体为树状或丛状群体，浮游或着生；细胞具有圆锥形、钟形或圆柱形囊壳，前端呈圆形或喇叭状开口，后端锥形，透明或黄褐色，表面平滑或具有波纹；细胞呈纺锤形、卵形或圆锥形，基部以细胞质短柄附着于囊壳的底部，前端具有 2 条不等长的鞭毛，长的 1 条伸出在囊壳开口处，短的 1 条在囊壳开口内，伸缩泡 1 个到多个，眼点 1 个，色素体周生，片状，1～2 个，光合作用产物为金藻昆布糖，常为 1 个大的球状体，位于细胞的后端。

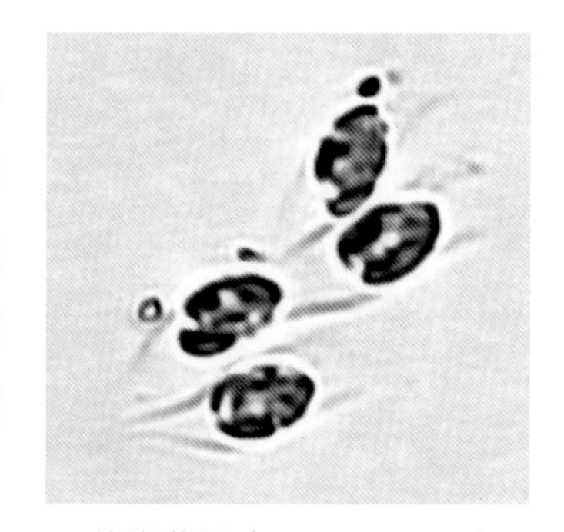
锥囊藻属（*Denobryon* sp.）

繁殖为细胞纵分裂，也常形成休眠孢子。有性生殖为同配。

此属是湖泊、池塘中常见的浮游藻类之一，一般生长在清洁、贫营养的水体中。

二、黄群藻纲（Synurophyceae）

黄群藻纲为主要根据生物化学和亚显微结构的特征建立的一个纲，植物体为自由运动的单细胞或群体，群体由细胞放射状排列呈球形或椭圆形，具有或无群体胶被，细胞的表质上覆盖许多硅质的鳞片，以覆瓦状、甲胄状排列或自由地附着于表质上，鳞片具有刺毛或无刺毛，具有 1 条或 2 条不等长鞭毛。

营养繁殖为细胞纵分裂；无性生殖产生具有 1 条或 2 条不等长鞭毛的动孢子，也产生静孢子。

（一）黄群藻目（Synurales）

自由运动的单细胞或群体，细胞的表质上排列着许多具硅质的鳞片，鳞片具有刺毛或无刺毛，具有 1 条或 2 条不等长的鞭毛，具有 2 个伸缩泡，数个液胞分散在原生质中，色素体周生，片状，多数 2 个，少数 1 个，同化产物为金藻昆布糖和油滴。

营养繁殖为细胞纵分裂；无性生殖产生具有 1 条或 2 条不等长鞭毛的动孢子，或产生静孢子。

生长在水坑、湖泊、池塘和沼泽中。

1. 鱼鳞藻科（Mallomonadaceae）

植物体为单细胞，自由运动；细胞具有硅质鳞片，有规则地相叠成覆瓦状或螺旋状排列，鳞片具有刺毛或无刺毛，细胞前端具有 1 条鞭毛，具有 2 个伸缩泡，数个液胞分散在原生质中，色素体周生，片状，多数 2 个，少数 1 个，同化产物为金藻昆布糖和油滴。

营养繁殖为细胞纵分裂；无性生殖产生具有 1 条鞭毛的动孢子，或产生静孢子。

生长在水坑、湖泊、池塘和沼泽中。

鱼鳞藻属（*Mallomonas*）

形态特征：植物体为单细胞，自由运动；细胞呈球形、卵形、椭圆形、长圆形、圆柱形、纺锤形等。种类不同，鳞片形状排列也不同。硅质鳞片具有刺毛或无刺毛，用光学显微镜观察，细胞前端具有 1 条鞭毛，具有 3 个到多个伸缩泡。色素体周生，片状，2 个。无眼点。同化产物为金藻昆布糖和油滴，金藻昆布糖多位于细胞的基部，呈球形。细胞核 1 个。鳞片及刺毛的形状和结构，特别是它们的亚显微结构特征是分种的主要依据。

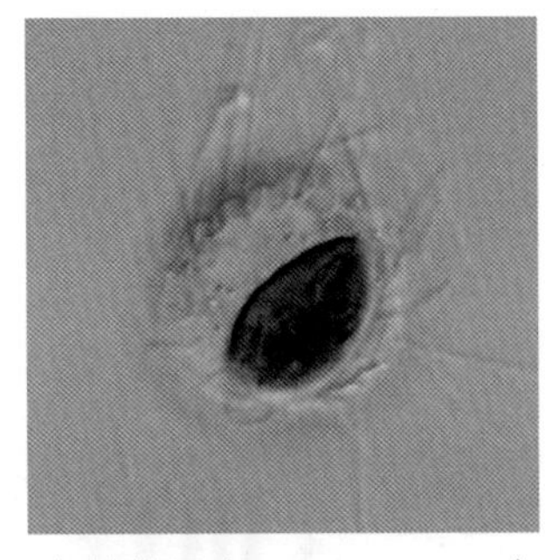

鱼鳞藻属（*Mallomonas* sp.）

营养繁殖为细胞纵分裂；无性生殖产生静孢子，呈球形、卵形，前端具有 1 个领，壁平滑或具有花纹；在很少几个种中观察到有性生殖为异配。

生长在水坑、湖泊、池塘和沼泽中。硅质鳞片和孢子能保存在湖泊的沉积物中，在湖泊生态学的研究中作为湖泊历史重建的依据，特别是富营养化和酸化的湖泊。

2. 黄群藻科（Synuraceae）

植物体为群体，自由运动，细胞放射状排列在群体的周边，形成球形或长椭圆形的群体，无群体胶被，细胞的原生质外具有硅质鳞片，前端具有 2 条略不等长的鞭毛。

生长在水坑、池塘、湖泊和沼泽中。

黄群藻属（*Synura*）

形态特征：植物体为群体，呈球形或椭圆形，细胞以后端互相联系放射状排列在群体的周边，无群体胶被，自由运动。细胞呈梨形、长卵形，前端广圆，后端延长成一胶质柄，表质外具有许多覆瓦状排列的硅质鳞片，鳞片具有花纹，有或无刺。细胞前端具有 2 条略不等长的鞭毛，伸缩泡数个，主要位于细胞的后端。色素体周生，片状，2 个，位于细胞的两侧，黄褐色，无眼点，细胞核 1 个，位于细胞的中部，同化产物为金藻昆布糖，大颗粒状，1 个，位于细胞的后端。

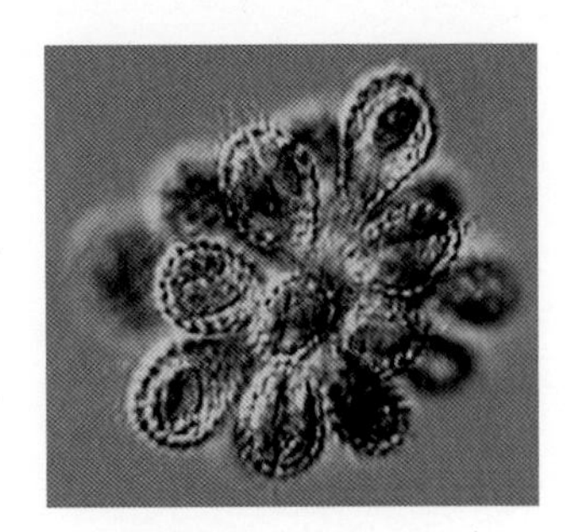

黄群藻属（*Synura* sp.）

营养繁殖为细胞纵分裂，有的从群体中逸出 1 个细胞，经分裂形成新群体，或群体分裂形成子群体；无性生殖产生动孢子，静孢子；有性生殖为异配。

生长在水坑、稻田、池塘、湖泊和沼泽中，有时大量生长，使水呈棕色并产生腥臭味。

第四篇

浮游动物

Zooplankton

浮游动物是一类经常在水中浮游，本身不能制造有机物的异养型无脊椎动物和脊索动物幼体的总称，在水中营浮游性生活的动物类群。它们或者完全没有游泳能力，或者游泳能力微弱，不能做远距离的移动，也不足以抵拒水的流动力。浮游动物是经济水产动物，是中上层水域中鱼类和其他经济动物的重要饵料，对渔业的发展具有重要意义。由于很多种浮游动物的分布与气候有关，因此也可用作暖流、寒流的指示动物。此外，还有不少种类可作为水污染的指示生物，如在富营养化水体中，裸腹溞、剑水蚤、臂尾轮虫等优势种群。有些种类，如梨形四膜虫、大型溞等还可在毒性毒理试验中用来作为实验动物。

浮游动物以比他们更小的动植物为食，其中以植物为主，主要有藻类、细菌、桡足类和一些食物碎屑。浮游动物的种类极多，从低等的微小原生动物、腔肠动物、栉水母、轮虫、甲壳动物、腹足动物等，到高等的尾索动物，几乎每一类都有永久性的代表，其中以种类繁多、数量极大、分布又广的桡足类最为突出。此外，还包括阶段性浮游动物，如底栖动物的浮游幼虫和游泳动物（如鱼类）的幼仔、稚鱼等。浮游动物在水层中的分布较广，无论是在淡水，还是在海水的浅层和深层，都有典型的代表。

第一章 轮虫（Rotifer）

轮虫是轮形动物门的一群小型多细胞动物。种类最小的个体大约在 40 μm，最大的很少超过 4 000 μm，一般种类往往在 500 μm 以下。轮虫形体较小，构造却比原生动物要复杂得多，有消化、生殖、神经等系统，身体为长形，分头部、躯干及尾部。头部有一个由 1～2 圈纤毛组成的、能转动的轮盘，形状像车轮故叫轮虫。轮盘为轮虫的运动和摄食器官，咽内有一个几丁质的咀嚼器。躯干呈圆筒形、背腹扁宽，具刺或棘，外面有透明的角质甲腊。体腔两旁有一对原肾管，其末端有焰茎球。尾部末端有分叉的趾，内有腺体分泌黏液，借以固着在其他物体上。雌雄异体。卵生，多为孤雌生殖。

绝大多数轮虫都生活在淡水中，它们分布很广，大多数自由生活，有寄生的，有个体的也有群体的，是淡水浮游动物的主要组成部分。它们广泛分布于江河湖海、沟渠塘堰等各类水体中，甚至潮湿土壤和苔藓丛中也有存在。轮虫因其繁殖率较高，产量大，在生态系统的结构、功能和生物生产力的研究中具有重要意义。轮虫是大多数经济水生动物幼体的开口饵料，在水产养殖上有很大的应用价值。轮虫也是一类指示生物，在环境监测和生态毒理研究中被普遍使用。

（一）单巢目（Monogononta）

卵巢一个，非枝型咀嚼器。有侧触手，身体虽能伸缩变动，但不能做套筒式的伸缩。不少种类发现有雄体。

1. 臂尾轮科（Brachionidae）

须足轮虫型头冠，槌型咀嚼器，多数种类具有足和被甲。

（1）臂尾轮属（*Brachionus*）

形态特征：被甲较宽阔，其上具有棘刺。前棘刺 1～3 对。足具有环纹，能伸缩摆动，不分节较长。趾一对，以浮游生活为主。目前发现有 34 种，我国有 10 种，分布广泛，常见，是重要的饵料培养对象。

臂尾轮虫属是洞庭湖轮虫主要优势种之一，在各个季节均能采集到。

①尾突臂尾轮虫（*Brachionus caudatus*）

形态特征：总体长 108～220 μm，被甲长 78～170 μm。前棘刺 1～3 对，内侧 1 对与角突臂尾轮虫相似，长 9～12 μm；中间 1 对最短，约 3 μm，或缺失；外侧 1 对长 12～15 μm，或缺失。后棘刺 1 对，长 18～60 μm。

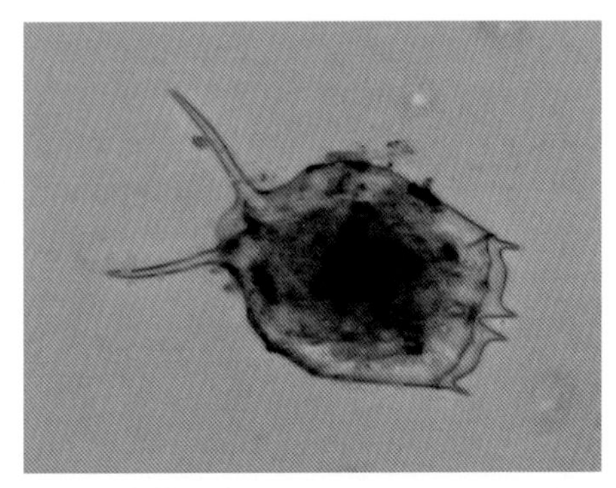

尾突臂尾轮虫（*Brachionus caudatus*）

②镰状臂尾轮虫（*Brachionus falcatus*）

形态特征：被甲呈阔卵圆形。长宽和宽度几乎相等。腹面非常扁平，背面略微凸出。从前端 3 对棘状突起的基部起，纵长的隆起条纹一直到达后端 2 个长棘状突起为止。除条纹以外，被甲背面有微小的有规则的粒状突起，前端 3 对棘状突起，中间 1 对最小，细而尖锐。第 2 对最长，且其尖端形似镰刀，长度至少有被甲长度的 3/4。被甲后端 1 对棘状突起特别发达，长度超过前端第 2 对的长度，后端 1 对棘状突起基部之间有 1 半圆形的孔，为足的通路。被甲腹面前端边缘，呈波状的起伏，有 4 处凸出和 5 处凹痕。头冠、足及身体内部的咀嚼板、消化器、胃、肠、膀胱等构造基本和其他臂尾轮虫相同。

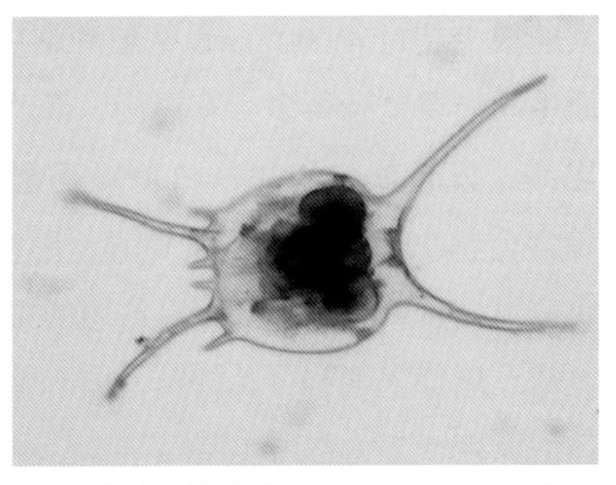

镰状臂尾轮虫（*Brachionus falcatus*）

被甲（不包括前后突起）长 135～150 μm；第 2 对前端棘状突起长 75～160 μm，后端棘状突起长 90～175 μm。

③裂足臂尾轮虫（*Brachionus diversicornis*）

形态特征：呈长卵圆形，被甲光滑而透明，前半部阔于后半部；不包括前后两端的棘状突起在内，长度大于宽度。前端边缘平稳，有 2 对棘状突起；中间 1 对突起小而短，尖端坚直或向外少许弯转；侧边 1 对粗而长，有的向内少许弯转或坚直向上。后端尖削，足出入孔口的两旁，伸出 1 对不对称的棘状突起，右侧长度远远超过左侧。被甲腹面前缘中央略显凹入；两侧则各具有 1 个很小的刺，腹面足出入的孔口边缘向上凹入。头冠纤毛环的形式和臂尾轮虫相似。咀嚼器的咀嚼板为典型的槌型，足伸长，表面上也有环状沟纹，后端约全长 1/4 的部分裂开成叉形；每一叉的末端具有 1 对大小稍许不同的爪状趾。消化腺 1 对，直接附着在胃的前端两旁。膀胱和卵巢均正常。脑椭圆形；眼点显著位于脑的后端。背触手棒状粗大；侧触手纺锤形，它们末端的1束感觉毛自被甲后半部背面两侧射出。

被甲（不包括前后突起）长175～210 μm。被甲阔90～170 μm；前端侧突起长35～60 μm；后端右突起长55～80 μm。

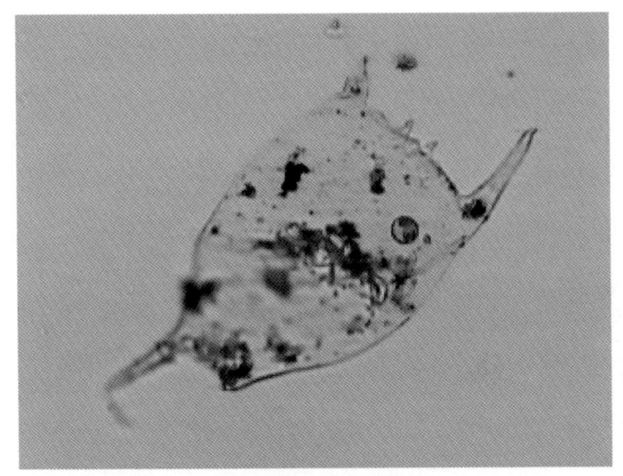

裂足臂尾轮虫1（*Brachionus diversicornis*）

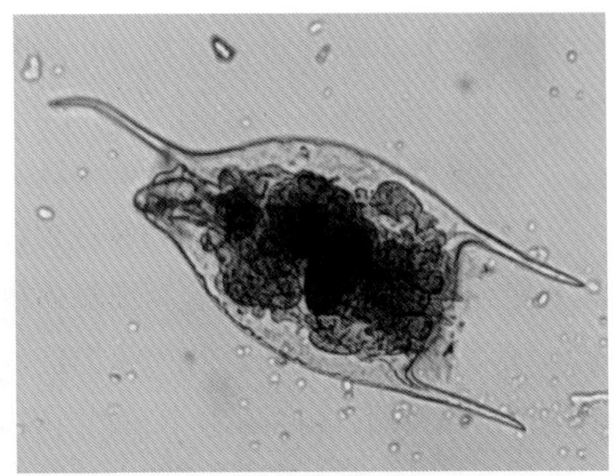

裂足臂尾轮虫2（*Brachionus diversicornis*）

④萼花臂尾轮虫（*Brachionus calyciflorus*）

形态特征：被甲透明，后半部少许膨大，呈长圆形，长度的变异很大。被甲腹面前端边缘自两侧浮起，呈波状，至中央又向后凹入；背面边缘有4个长而发达的棘状突起，中间1对较大。前端棘状突起之间都形成凹入的缺刻，中间1对向后凹入的缺刻呈"V"形，两侧的凹入缺刻呈"V"形或"U"形。被甲后端有1圆孔，为本体的足伸出或缩入的通路。围绕圆孔的两旁，有后突起1对。由于周期性变异的结果，一年四季在不同区域或水域看到的标本，后突起的长短不同，有的标本，被甲后半部膨大之处还生出1对同样的大小而能动的刺状的侧突起；有的标本侧突起共有2对。具有1对或2对侧突起发达的被甲，后突起比较长。没有侧突起的被甲，后突起比较短。

头冠纤毛环形游动或取食时，自被甲前端伸出。遇到外界不利的环境就缩在甲内。纤毛环上有3个棒状的突起，末端着生了许多粗大的纤毛，为触毛。足全部伸出在甲外时很长，经常摆动弯曲，表面具有环状沟纹。足的末端有1对铗状趾，1对足腺自足的基部一直通

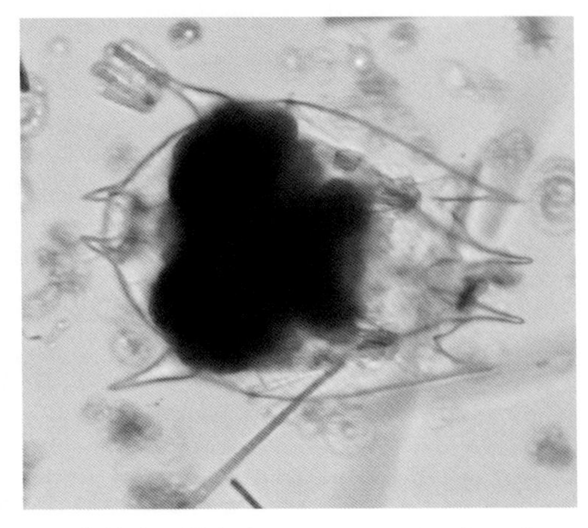

萼花臂尾轮虫（*Brachionus calyciflorus*）

到铗状趾。口位于纤毛环腹面，3 个棒状突起的下端。咀嚼器是典型的槌型，槌钩自基部裂成 6 片栅状的线条，每一线条末端又变成尖圆形的齿。胃壁由 1 层明显的上皮细胞所形成，内有纤毛。胃外两旁有消化腺 1 对，有 1 显明的眼点。背触手呈棒状，末端具有 1 束感觉毛，自被甲前端 2 个棘状突起之间伸出。侧触手 1 对，呈纺锤形，末端也具有感觉毛。

被甲全长 300～350 μm，宽 180～195 μm；中间 1 对前突起长 70～120 μm；后突起长 10～45 μm。

⑤蒲达臂尾轮虫（*Brachionus budapestiensis*）

形态特征：背甲长圆形。背面或者腹面观宽度约为长度的 2/3（不包括前端棘状突起）；两侧边缘几乎平行，但前端略宽一些，后端细削而钝圆。侧面观前半部相当扁平，后半部腹背两面都膨大而突出，尤其背面更隆起。被甲背面前端伸出两对相当长的棘状突起，中间一对突起比较长，尖端向内弯转。腹面前端边缘中央凹入，自中央逐渐浮起再向两侧下降；边缘呈锯齿。被甲腹背面和前端的棘状突起都满布微小的粒状突起，作纵长排列。被甲背面有 4 条明显的纵长条纹，自前端棘状突起的基部起，到后端一条波状的横纹为止。足伸缩的孔口，开在被甲后端细削部分的腹面，孔口呈心脏形。

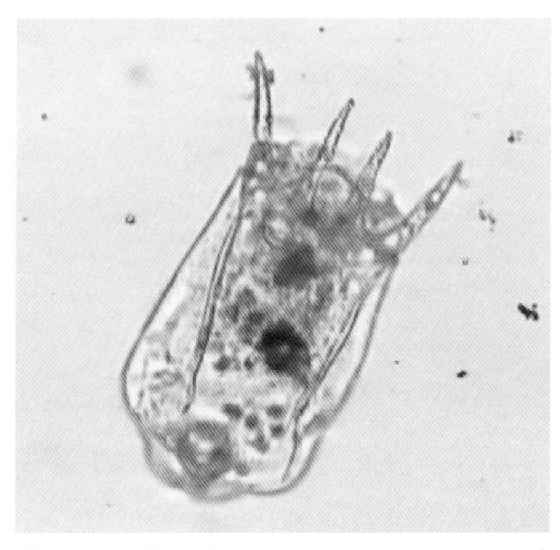
蒲达臂尾轮虫（*Brachionus budapestiensis*）

被甲（不包括前端棘状突起）长 105 μm，宽 75 μm；前端中间一对棘状突起长 35 μm。

（2）狭甲轮属（*Colurella*）

形态特征：本属体型较小，种类相当多。被甲由左右两侧甲片在背面愈合而成；腹面开裂明显。左右甲片侧扁，从背面或腹面视角观被甲显得很狭窄，为狭甲轮虫的主要特征。大多数种类从侧面视角观被甲前端浑圆，后端向后瘦削突出为尖角。头部最前端有一掩盖头冠的钩状小甲片，当个体在游动的时候，小甲片张开在前面，如同一顶伞。狭甲轮虫具有一定程度的游泳能力，但

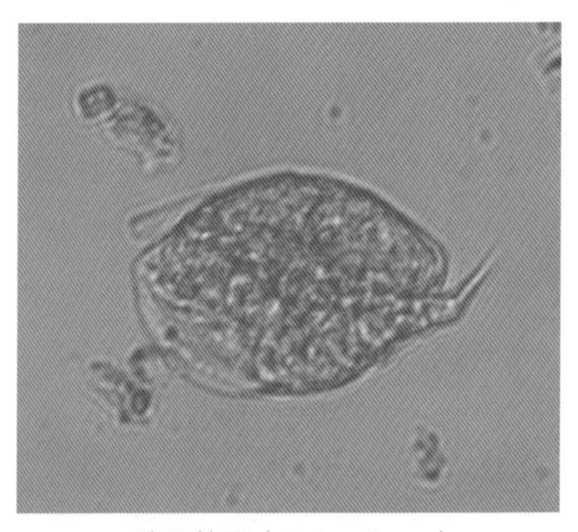
狭甲轮属（*Colurella* sp.）

生活方式主要以底栖为主，经常出没于沉水植物丛中。

（3）鞍甲轮属（*Lepadella*）

形态特征：被甲背腹扁平，前端的背腹面有显著的颈圈。头部前端有一钩状甲片，游动时遮盖头冠。足 3 节，趾 1 对，多出没于沉水植物丛中。

（4）须足轮属（*Euchlanis*）

形态特征：被甲由背甲和腹甲各一片愈合而成。背甲隆起且突出，显著大于腹甲，腹甲扁平。足 2～3 节，在第 1 节的后端或背面有 1 对或 2 对细长的刚毛。趾 1 对。

（5）水轮属（*Epiphanes*）

形态特征：头冠为漏斗型，无被甲。有足，具有 2 个对称趾。

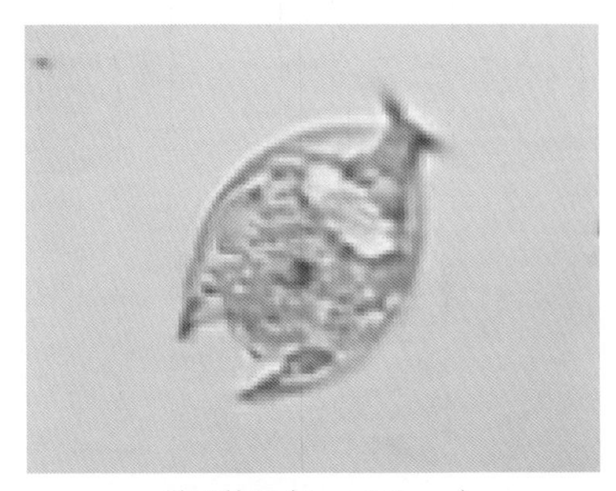

鞍甲轮属（*Lepadella* sp.）

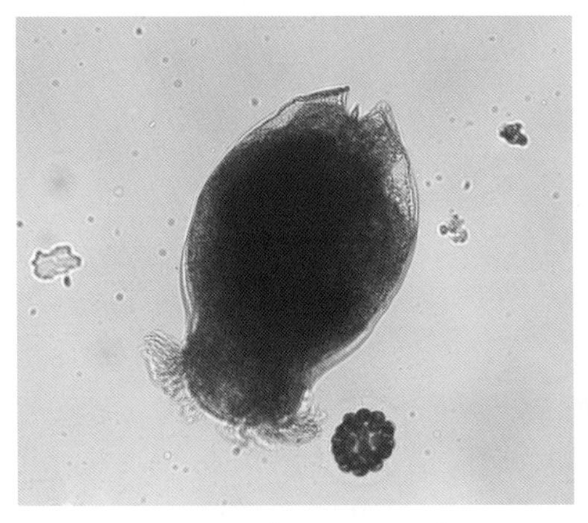

须足轮属（*Euchlanis* sp.）

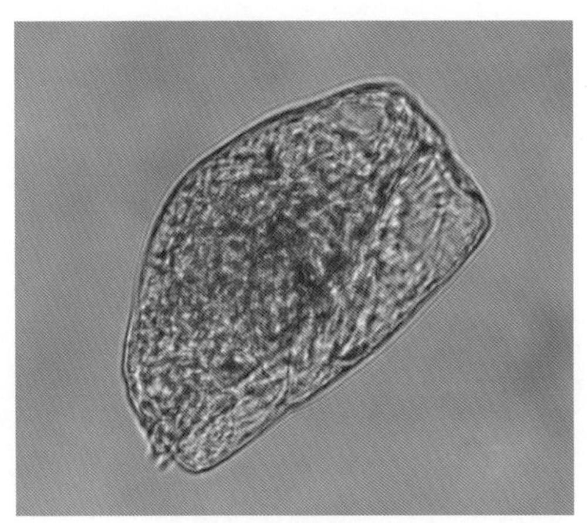

水轮属（*Epiphanes* sp.）

（6）龟甲轮属（*Keratella*）

形态特征：背甲略隆起且凸出，具有很明确的线条，把表面有规则地隔成一定数目的小块片。腹甲扁平或略凹入。背甲前端有 3 对或 6 个笔直的或者弯曲的棘刺；后端或浑圆光滑，或具有 1 个或 2 个棘刺。无足。龟甲轮属包括的种类虽然不多，但每种的分布非常广阔，而且都是普通常见的种类。龟甲轮虫都是典型的浮游种类，自最浅的沼泽至深水湖泊的敞水带都有它们的踪迹。

①曲腿龟甲轮虫（*Keratella valga*）

形态特征：大多数呈长方形，少数椭圆形；背甲、腹甲的形式构造完全和矩形龟甲轮虫相同。前端有3对棘刺，中央1对的末端显著向腹面作钩状的弯曲；后端左、右两个棘刺一长一短或向两旁倾斜，作八字形射出。背甲、腹甲上都有粒状的网纹。被甲的内部构造与螺形龟甲轮虫及矩形龟甲轮虫相同。被甲长（不包括前后棘刺）102～120 μm，宽74～90 μm。后端左棘刺长11～37 μm，后端右棘刺长56～74 μm。

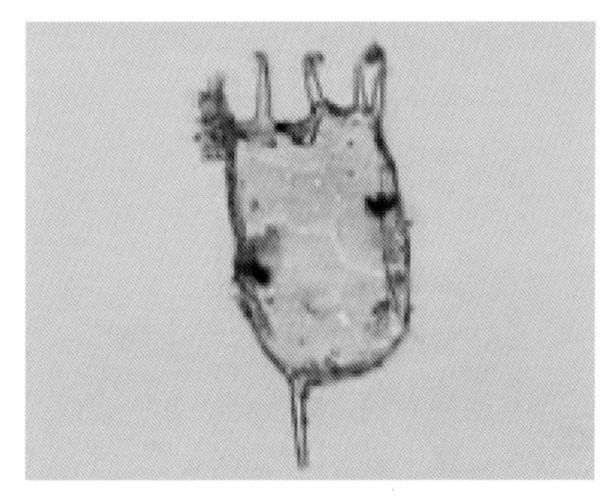
曲腿龟甲轮虫1（*Keratella valga*）

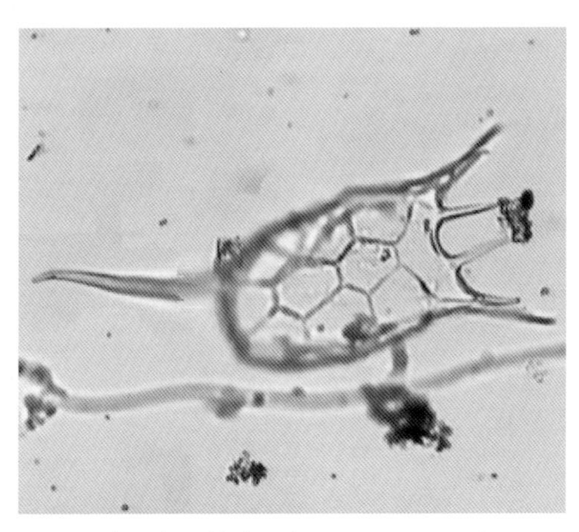
曲腿龟甲轮虫2（*Keratella valga*）

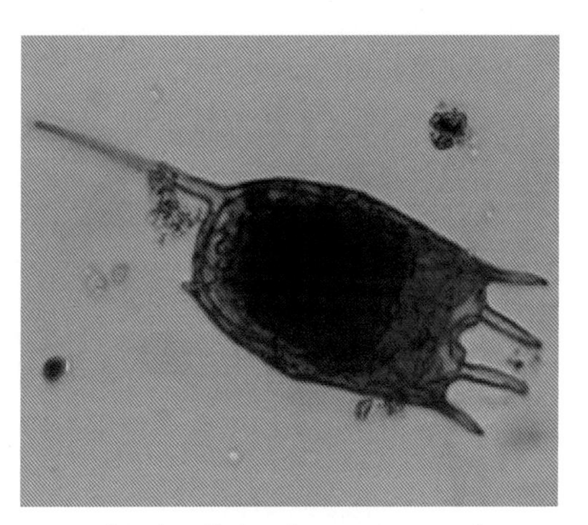
曲腿龟甲轮虫3（*Keratella valga*）

②矩形龟甲轮虫（*Keratella quadrata*）

形态特征：被甲大多数呈长方形，少数椭圆形。背甲自两侧与前、后两端向中央隆起；表面有规则地隔成20块小片，中央4块为正中片；正中片两旁各有4块侧片，在左侧的可称为左侧片，在右侧的可称为右侧片。正中片和侧片都是六角形。左、右两侧侧片与甲的边缘连接之处又各有4块边片。边片都是三角形，左、右两边最后1块边片，位于背甲后端，一方面与最后1块正中片相连接。所有小片的表面都有很微小的粒状雕纹；小片以外背甲的边缘，也有粒状的雕纹可见。背甲前端伸出3对棘状突起，通

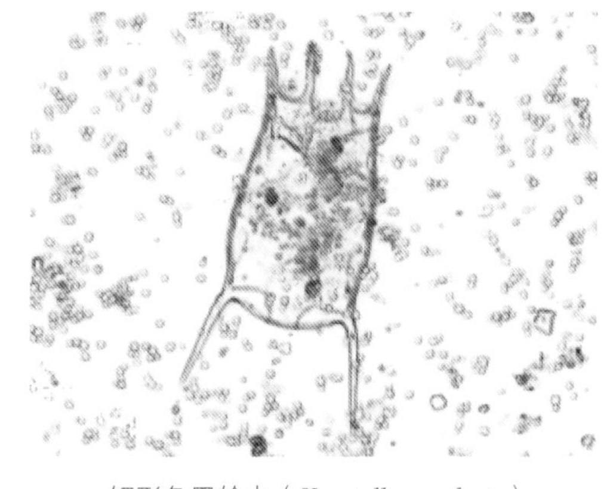
矩形龟甲轮虫（*Keratella quadrata*）

常中央 1 对最长，也有 3 对同样长短的。中央 1 对分别向外弯转。其他 2 对有竖直的，也有弯曲的。在有的个体中背甲的后端没有棘状突起；在有的个体中从两侧边缘生出 1 对棘状突起。这对突起有的长得很长，左、右两根或分别向外弯转；或 1 根内弯，1 根外弯；或两根都向内弯。腹甲简单，但表面也有粒状的雕纹。被甲以内本体的构造和螺形龟甲轮虫相同。被甲（不包括前后突起）长 105～135 μm；宽 75～90 μm。前端中央 1 对突起长 40～45 μm，后端突起长 10～115 μm。

③螺形龟甲轮虫（*Keratella cochlearis*）

形态特征：背甲非常凸出，或略凹入。表面有线条凸出，把背甲隔成 11 块匀称的小片。前端中间 1 块为前片，前片下面 4 块为脊片，周围 6 片侧片。片上都有细致的网状纹痕。4 块脊片合拢之处，隆起最高，该处中央形成一“龙骨”。背甲前端有棘状突起 3 对；中间 1 对最长，向左、右分歧弯转；第 2、第 3 两对等长，背甲后端有 1 根棘状突起，根据季节的不同会有显著的变异。腹甲构造简单，表面也有网状的纹痕。头冠纤毛环上有 3 个棒状突起，不明显。无足。咀嚼器是槌型。胃和肠、消化腺、膀胱及卵巢均正常，但由于背甲比较厚而不透明，这些本体内部的构造都不易看到。被甲（不包括前后突起）长 95 μm，宽 65 μm。前端中央 1 对突起长 30 μm，后端突起长 55 μm。

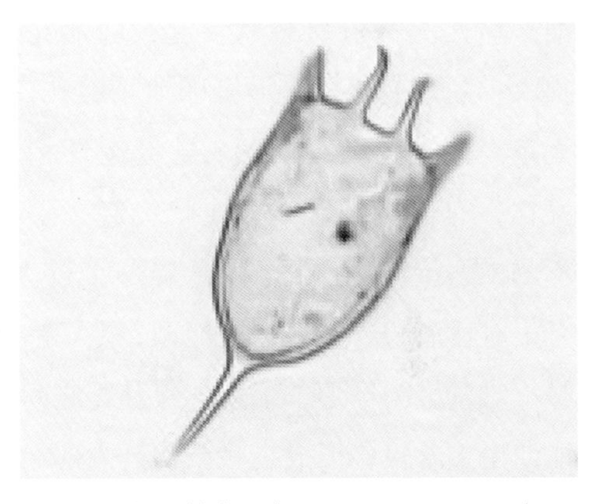

螺形龟甲轮虫 1（*Keratella cochlearis*）

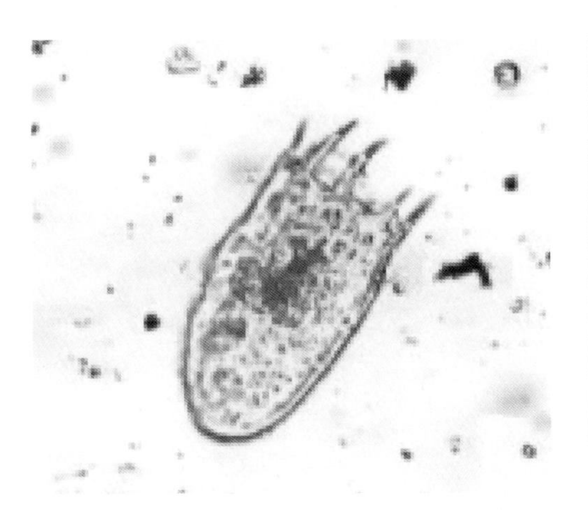

螺形龟甲轮虫 2（*Keratella cochlearis*）

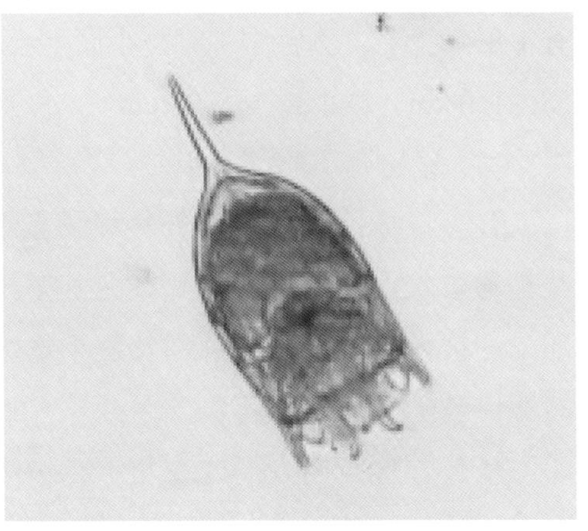

螺形龟甲轮虫 3（*Keratella cochlearis*）

（7）龟纹轮属（*Anuraeopsis*）

形态特征：头冠向腹面倾斜，有纤毛环，相当发达。被甲呈截锥形，背腹愈合，为增厚的几丁质。被甲前端或多或少下沉，后端浑圆，多少较前端细削。身体末端皱褶，带有大型泡状卵，附在体末端。无足。龟纹轮虫为小型的浮游种类，分布虽广，但居住的场所往往只限于沼泽及池塘等浅水水体。

裂痕龟纹轮虫（*Anuraeopsis fissa*）

形态特征：体型较小，呈卵圆形，被甲光滑，黄金色或褐色；背甲和腹甲由两侧柔韧的薄膜联络在一起。被甲前端稍下沉，呈“V”形的凹痕；后端浑圆；背面隆起而凸出，腹甲扁平。被甲前、后两端都没有棘状突起；前端孔口很大；后端有1很小而圆的泄殖腔孔口。无足。头冠稍向腹面倾斜，纤毛环相当发达，有假轮环和3个棒状突起，平时不易观察到。咀嚼囊呈囊袋形，较大。有1对唾液腺。咀嚼器是槌型，左、右槌钩各具有7个或8个箭头栅状的齿。消化腺1对，呈圆球形，很大。胃和肠之间没有很明显的紧缩界限。通过泄殖腔孔口往往伸出1薄膜，形成袋状结构，内部贮有液体，外部可能有黏性，作为暂时附着之用。卵巢和卵黄腺发达；已经排出的非需精卵附着在被甲后端。脑大，呈长圆锥形。眼点1个，大而显著，呈深红色的卵圆形。背触手1个，呈管状或乳头状，上有1束感觉毛；侧触手1对，小而不容易观察到。身体长（不包括后端泡状结构）85～120 μm，被甲长76～98 μm。

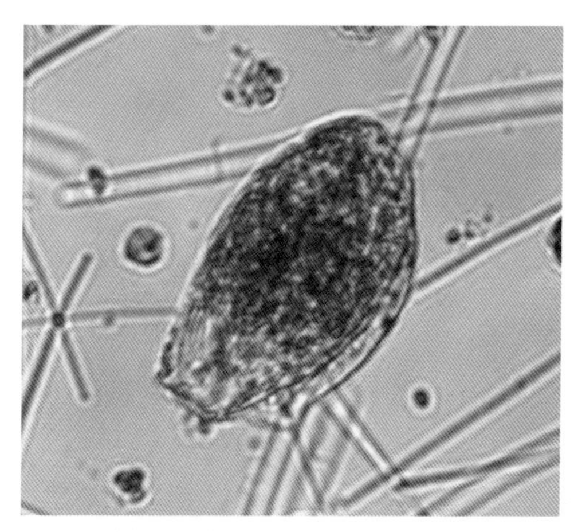
裂痕龟纹轮虫（*Anuraeopsis fissa*）

（8）鬼轮属（*Trichotria*）

形态特征：除了头部外，颈、躯干及足均被较厚的被甲所包裹，尤其躯干部分的被甲十分坚硬。颈部及躯干部分的背甲被隔成大小不等的“甲片”；“甲片”呈长方形、四方形或三角形。被甲表面具有粒状的突起，规则地排成纵长的行列。在某些种类躯干后端和足的基部，还有棘刺的存在。趾1对，长。眼

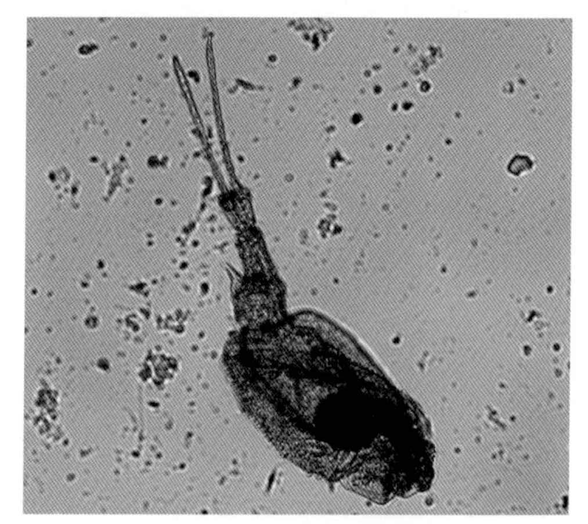
鬼轮属（*Trichotria* sp.）

点 1，显著。

（9）平甲轮属（*Platyias*）

形态特征：被甲为整块的，表面有条纹和微小的粒状突起，条纹把背面分隔成几小块。前棘刺 2～10 根，后棘刺 2～4 根。足分为 3 节，趾 2 个。

①四角平甲轮虫（*Platyias qualricornis*）

形态特征：被甲呈圆盾形或卵圆形，背面少许凸出，腹面扁平；长度和宽度相等或长略过于宽。背面和腹面的前端边缘都从两侧凹入，使两侧向上各成一锐角；边缘系锯齿形，尤以腹面的“锯齿”显著。背面前端伸出一对相当长的板条状的突起，“板条”顶端往往向腹面望下弯转，“板条”边缘为比较细致的锯齿形。一对板条状突起之间形成“U”形的凹入。每一突起和侧边“锐角”之间，有一比较阔而深入的凹痕，被甲后端具有一对棘状突起，它们的长短和粗细，有一定程度的变异，它们的尖端或略形弯转，或笔直下垂，在不同的个体也不一致，被甲上满布着很微小的粒状突起；背面又有明显的条纹，把背甲隔成几处五边形的小面；最完整而清楚的“小面”共有四块，第 1 块即在前端一对板状突起的下面。第 2 块连在第 1 块之后，第 3、第 4 两块紧接在第 2 块下端两旁。被甲腹面两旁扁平，中央部分略形凹入；凹入与扁平两部分之间，有明显的痕迹可见。足出入的孔口呈马蹄形，位于腹面后半部。头冠纤毛环正常。咀嚼器内的咀嚼板系槌型，砧基和槌柄比较长。胃和肠、消化腺、膀胱及卵巢均正常。足经常伸出在体外，一共分成 3 节，第 1 节最粗，只能由腹面观察才能看到；第 2 节的后半段超出被甲的后端；第 3 节最细。足的表面都无环纹。趾 1 对细长而尖削。倒触手 1 对自被甲背面后半部第 3、第 4 块小面的两旁伸出。被甲全长 155～290 μm；宽 120～210 μm，前端突起长 28～45 μm；后端突起长 8～52 μm。

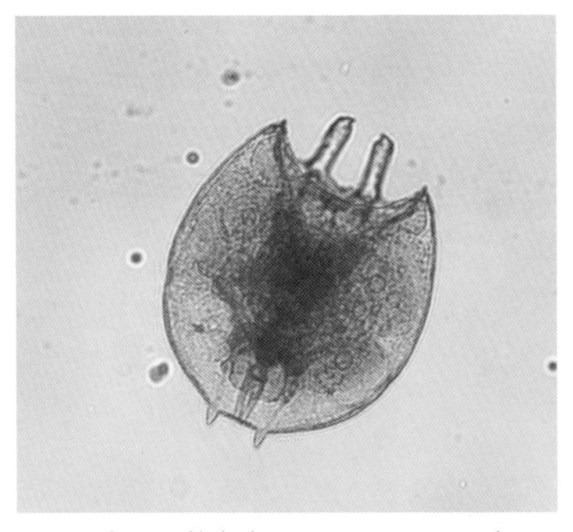

四角平甲轮虫（*Platyias qualricornis*）

②十指平甲轮虫（*Platyias militaris*）

形态特征：背甲背面突出，腹面扁平，近四方形。前端边缘共有 10 个棘状突起；6 个自背面伸出，4 个自腹面生出。背面中央 1 对突起最长；背面其他 2 对突起的长短和粗细都相近，它们的尖端方向颇不一致。被甲后端具有 2 对棘状突起：1 对位于外侧，1 对位于足出入圆孔的两旁，长短和弯转的方向变异很大。外侧的

1对，长短变异较大。圆孔两侧的一对一般比较短且右边的1根总是比左边的稍长。被甲上满布微小的粒状突起；背面有明显条纹把背甲隔成6处五边形的小面。头冠纤毛环与臂尾轮虫同一型式，但棒状突起和感觉毛没有那样发达。咀嚼器亦槌型。胃和肠、消化腺、膀胱及卵巢均正常，足经常伸出在外面，分成3节，第1节最粗，第3节最细，表面都无环纹。趾1对，细长而尖削，侧触手1对，自后端的两侧棘状突起伸出。背甲长150～235 μm，宽110～155 μm；前端最长1对突起长33～37 μm，后端方块两侧突起长20～115 μm；后端圆孔两突起长：左20～95 μm，右26～115 μm。

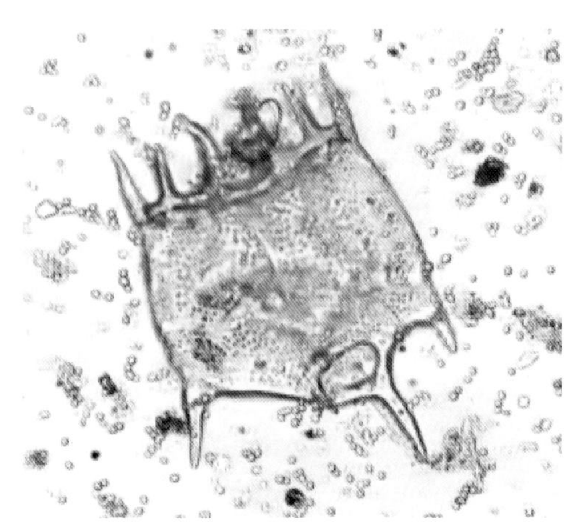

十指平甲轮虫（*Platyias militaris*）

（10）叶轮属（*Notholca*）

形态特征：背甲前端总有3对或者6个比较短的棘刺，中央没有隆起的脊；腹甲后半部叶没有尖三角状小“骨片”的凸出；后端或浑圆，或瘦削，或形成1个突出的短柄。本体无足。

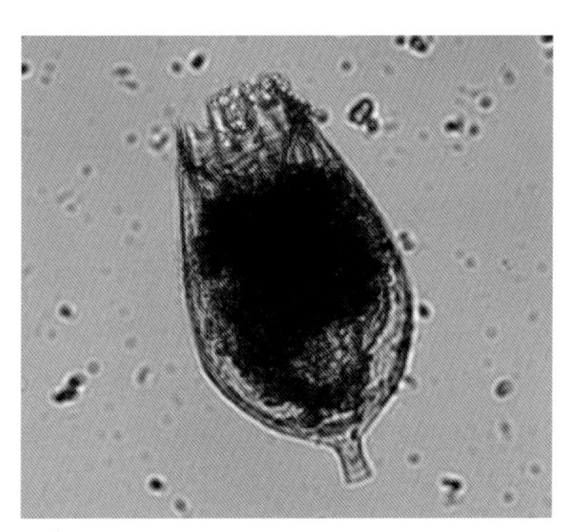

叶轮属（*Notholca* sp.）

2. 鼠轮科（Trichocercidae）

有被甲，刺不发达。趾发达，具有不对称的杖型咀嚼器。

异尾轮属（*Trichocerca*）

形态特征：被甲由纵长的整个一片组成，呈倒圆锥形等。具有2趾，左趾非常长，总是超过体长的一半，右趾退化或极短，其长度小于长趾的1/3。多为浮游种类。

异尾轮虫属在洞庭湖较为常见，各个季节均能采集到，一般在夏季时种群密度较高。

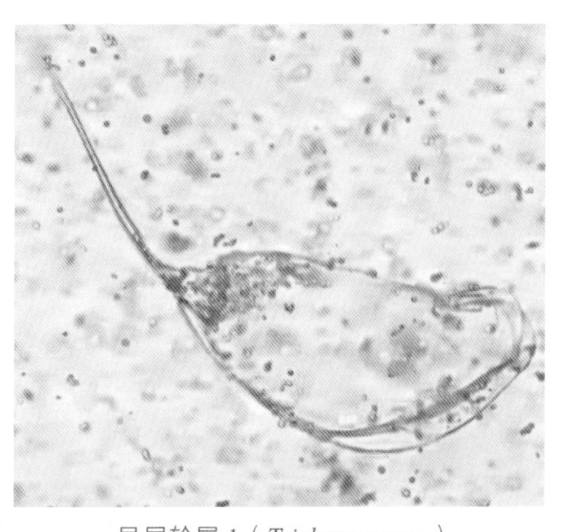

异尾轮属1（*Trichocerca* sp.）

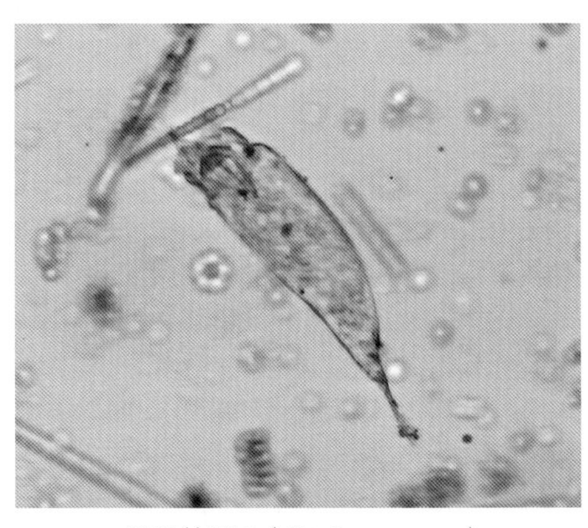
异尾轮属 2（*Trichocerca* sp.）

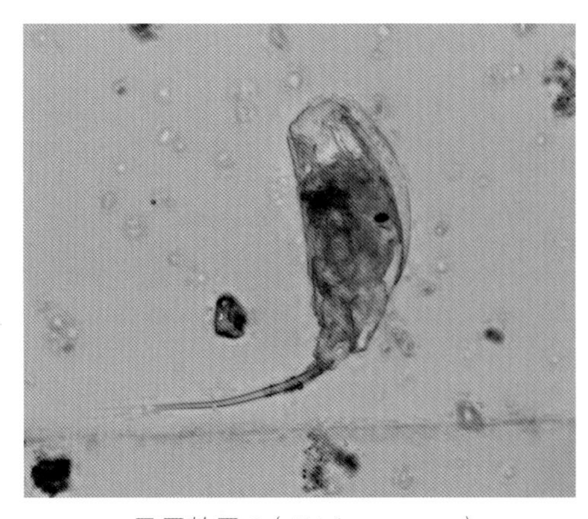
异尾轮属 3（*Trichocerca* sp.）

3. 晶囊轮科（Asplanchnidae）

皮层薄，像电灯泡。盘状头冠，砧型咀嚼器，无肠和肛门，卵胎生。

晶囊轮属（*Asplanchna*）

形态特征：身体透明，呈囊袋形。咀嚼器是典型的砧型；取食时咀嚼器做 90°～180° 转动，伸出口外，摄取食物后随即缩入口中。消化管道的后半部都已消失，胃相当发达。胃内残渣由口排出。后端浑圆，无足。本属都是典型的营浮游性生活种类，生活于各种类型的淡水中，从最浅的沼泽到深水湖泊的敞水带都有它们的踪迹。以浮游动植物为食。繁殖旺季在春夏之交，但秋冬季也可进行繁殖。

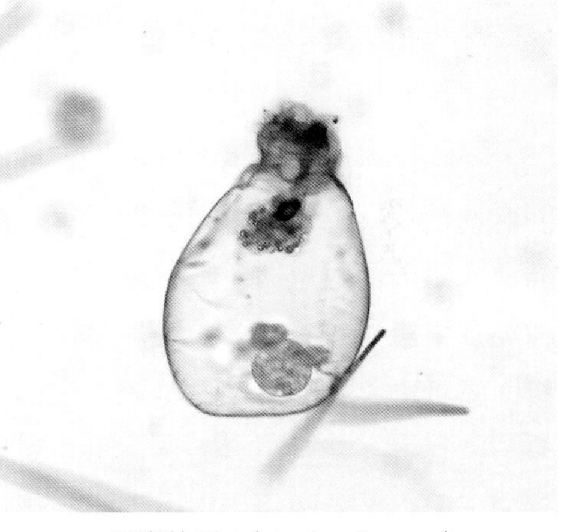
晶囊轮属 1（*Asplanchna* sp.）

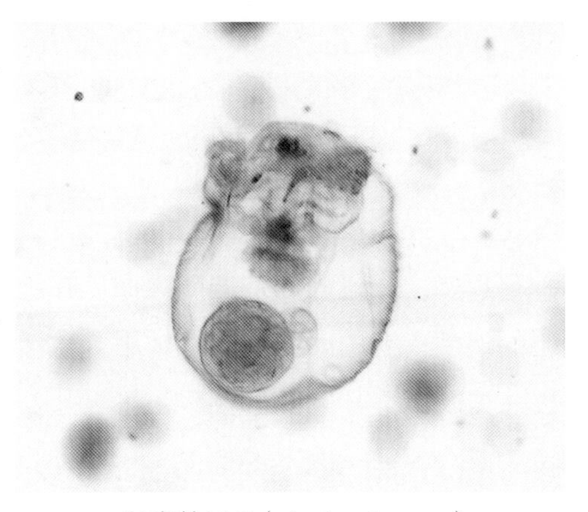
晶囊轮属 2（*Asplanchna* sp.）

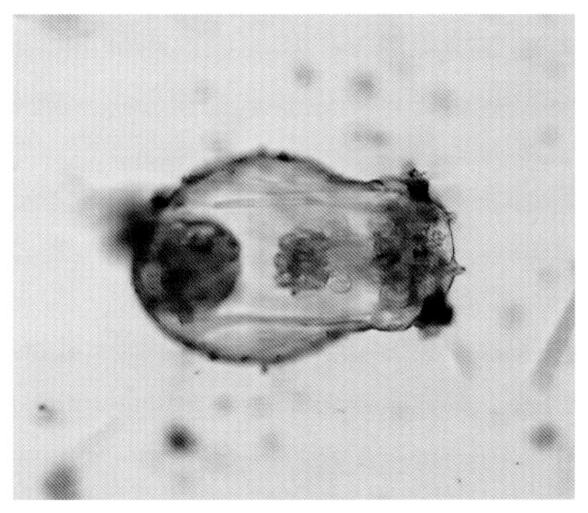
晶囊轮属 3（*Asplanchna* sp.）

4. 疣毛轮科（Synchaetidae）

体无被甲，常有附肢或突起，咀嚼器为杖型，盘状头冠。种类不多，都是浮游的。

（1）多肢轮属（*Polyarthra*）

形态特征：本属是疣毛轮科中体型比较小的1属；整体几乎呈圆筒形或长方形，但背腹面或多或少扁平。头冠上没有很长的刚毛和突出的“耳”；身体后端无足。两旁腹背面附着有许多片状的肢，专为跳跃和帮助游泳之用。本属所包括的都是典型的浮游种类。

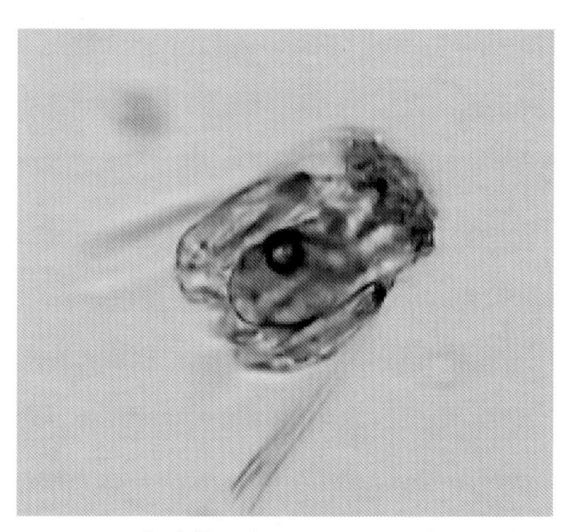
多肢轮属（*Polyarthra* sp.）

多肢轮虫属在洞庭湖较为常见，各个季节均能采集到，一般在春、夏季时种群密度较高，成为优势种。

（2）皱甲轮属（*Ploesoma*）

形态特征：被甲呈倒圆锥形，卵圆形或椭圆形。甲上具有网状的刻纹，或纵横交错的沟痕或肋条。本属绝大多数种类被甲腹面有一纵长裂缝。足从躯干腹面靠近中央位置射出；足长，表面不分节，具有环形沟痕且较密。趾1对相当发达，呈矛头状或钳形。头冠除周围一圈的围项纤毛外，还有“盘项背触手”和“盘项侧触手”的存在。本属种类不多，生活习性虽以游泳为主，但一般分布在沉水植物比较繁盛的水体内。

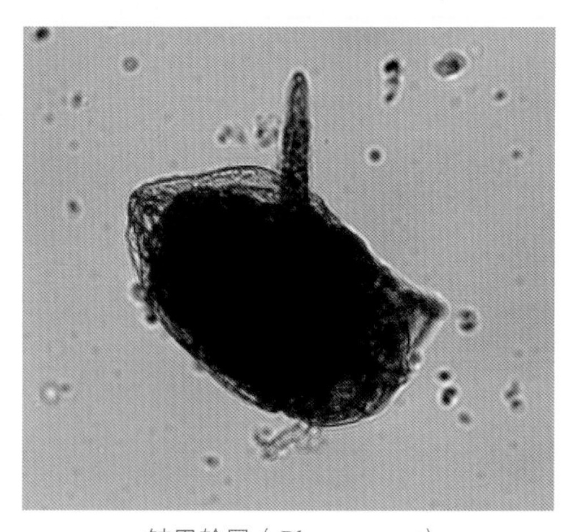
皱甲轮属（*Ploesoma* sp.）

5. 椎轮科（Notommatidae）

椎轮科是轮虫纲中最原始的一科，属和种都较多。头冠纤毛常偏向腹面。在绝大多数种类中咀嚼器为杖型，极少数也有变态的槌型。有的属和种具有被甲。生活习性大多以底栖为主而兼营浮游；也有极少数种类以浮游习性为主。

巨头轮属（*Cephalodella*）

形态特征：身体呈圆筒形、纺锤形或近似棱形。躯干一般被薄而光滑柔韧的皮甲所包裹。头和躯干之间有紧缩的颈圈；躯干和足之间界限不十分明确，头冠有1圈围顶纤毛，其两侧各有一束又密又长的纤毛，作为行动时的工具。口野周围很少有纤毛，上下唇突出形成口缘。咀嚼器为典型的杖型，一般左右对称；有很发达的活塞存在。绝大多数种类没有脑后囊。足短而不分节，趾细而较长。巨头轮属所包括的种类很多，除极少数营寄生生活的外，大多数分布在沼泽、池塘及湖泊的沿岸带。经常活动于沉水植物丛中，习惯于底栖。

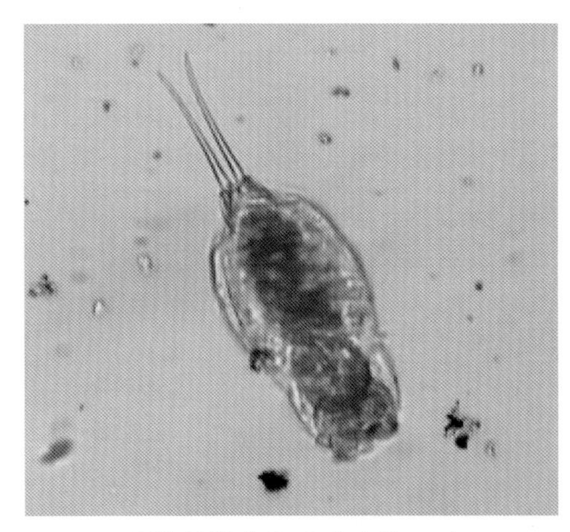

巨头轮属（*Cephalodella* sp.）

6. 腹尾轮科（Gastropodidae）

身体呈囊袋形，卵圆形或军用水壶形，是一种个体较小的轮虫，没有被甲或具有很薄的被甲。左右侧扁或背腹面或多或少扁平。有有足和无足属。咀嚼器系杖型或少许变态的杖型。胃很大，并具有向四面扩张出去的盲囊，几乎充满了假体腔，整个胃又呈绿、橙黄、褐等多种颜色，某些种类还含有“污秽胞”。有的种类没有肠和肛门的存在。这一科包括的属和种不多，都是典型的浮游轮虫。

腹尾轮属（*Gastropus*）

形态特征：身体被一层很薄的被甲所围裹；呈军用的水壶形，左右两侧明显压缩而侧扁。头冠有1圈围顶纤毛，两侧往往还有一对较长的感觉刚毛。咀嚼器为杖型。眼点1，位于脑后端。侧触手1对，两侧不对称。足并非自躯干最后端射出，而总是偏在腹面射出。足在有的种类分节，在有的种类不分节，且具有相当厚的横褶皱沟痕，足的末端具有1个或2个趾。

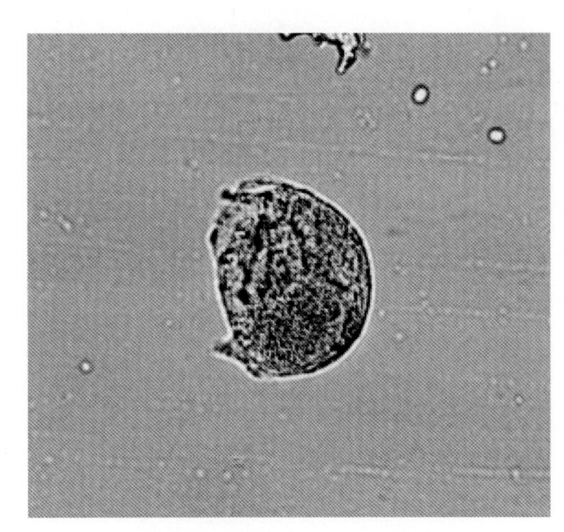

腹尾轮属（*Gastropus* sp.）

7. 腔轮科（Lecanidae）

被甲呈卵圆形，背腹扁平，整个被甲由背腹甲各一片在两侧和后端由柔韧的薄膜连接在一起而成，有侧沟和后侧沟的存在。有足，很短，分两节，只有后端的一节能动。趾长，1～2个。种类多，均为底栖性种类。

腔轮属（*Lecane*）

形态特征：趾有2个或1对，某些种类2个并列的趾正处于融合成1个的过程中。极少数种类没有真正的被甲。

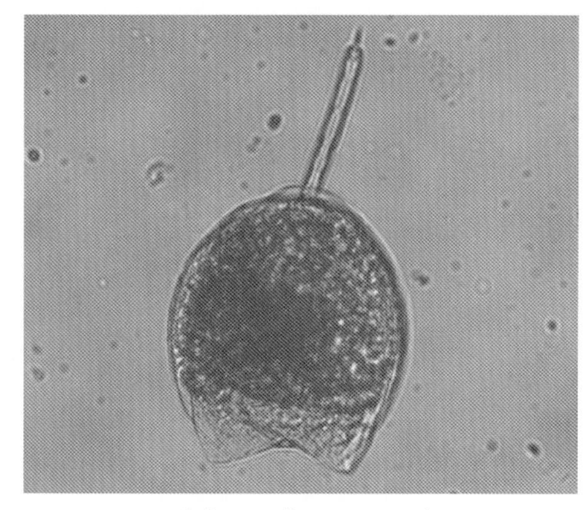

腔轮属1（*Lecane* sp.）

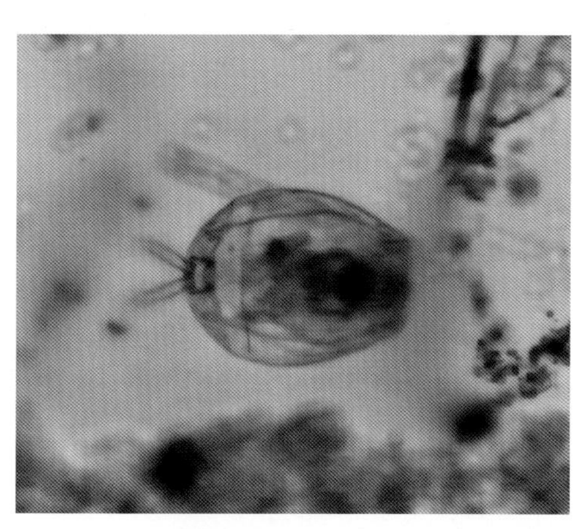

腔轮属2（*Lecane* sp.）

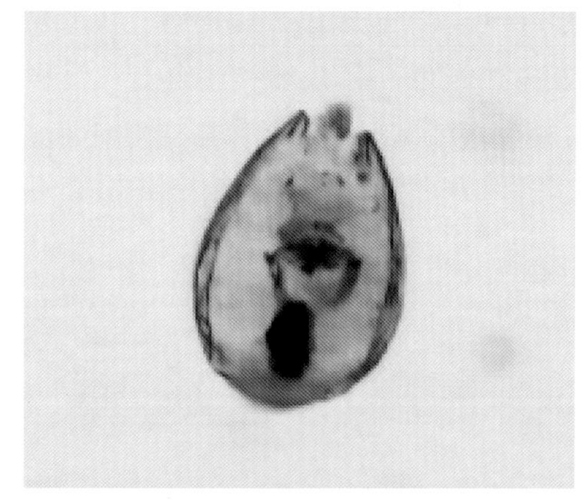

腔轮属3（*Lecane* sp.）

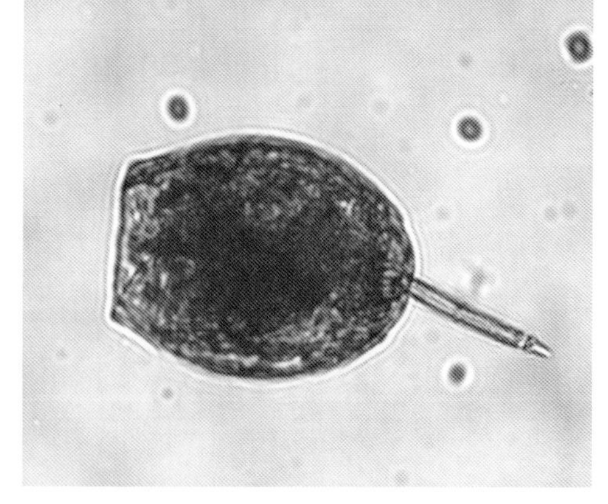

腔轮属4（*Lecane* sp.）

8. 聚花轮科（Conochilidae）

头冠为聚花轮虫型，围顶带呈马蹄形。多为自由游动的群体，是典型的浮游种类。

（1）聚花轮属（*Conochilus*）

形态特征：具有聚花轮科的特征。所包括的种类形成群体。群体小的由2～25只个体组成，直径可达到1 mm。群体大的由25～100只个体组成，直径可达4 mm。分布很广，尤其在中小型浅水湖泊中经常可见。

独角聚花轮虫（*Conochilus unicornis*）

形态特征：群体自由游动，呈不规则的圆球形；一般群体的个体数目总是在

25个左右；所有个体的足的末端都聚集在一点，从聚集的一点分别向四周射出。所有个体的主要物质是非常透明的胶质，胶质很发达，至少围裹了所有个体的足部。个体比较粗壮，呈不规则的长卵圆形。头部和躯干呈宽阔的卵圆形；头和躯干之间或多或少紧缩而形成1颈圈。躯干背面中部或在中部之前有1小突起，是肛门开孔的处所。足和躯干之间虽然没有任何交界的折痕，但整个足的周围总是被1重椭圆形或纺锤形的胶质所包裹。在单独的个体，躯干部分不会有胶质层。足比较短而粗壮，长度几乎与头和躯干的长度相等；末端尖削而钝圆。头冠或多或少向腹面倾斜；呈马蹄形的特殊形式。"马蹄"缺口位于腹面中央，在背面"马蹄"向内少许凸出而下垂；口即位于背面"马蹄"向内凸出部分；"马蹄"外面的一圈纤毛比较长而发达，是轮环纤毛圈；"马蹄"内面的一圈纤毛比较短，是自外向内凹入的腰环纤毛圈。头盘的中央顶端往往向上浮起而凸出。咀嚼囊相当大，呈心脏形。咀嚼板是典型的槌枝型。消化腺1对，呈不规则的棱形。胃和肠交界之处有一相当明显的折痕可加以区别。已经向背部弯转的肠的后端，又向上伸出一管状的直肠通到肛门。足腺4条，几乎纵贯足的全长；内部肌肉相当发达，纵长的收缩肌自躯干一直通到足的末端；紧贴在身体的内壁还有不少环纹肌。眼点1对，位于头冠的背面两旁，呈深红色或红褐色的小圆球形。腹触手只有1个，位于头冠盘顶靠近腹面边缘，缺乏背触手。

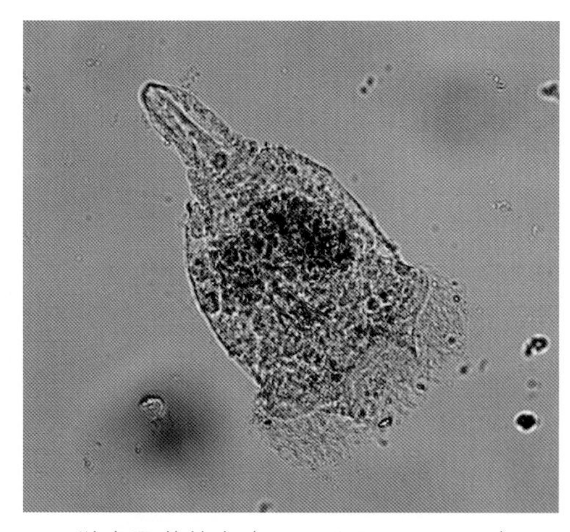
独角聚花轮虫（*Conochilus unicornis*）

（2）拟聚花轮属（*Conochiloides*）

形态特征：拟聚花轮属目前只发现了叉角拟聚花轮虫一种。是个体自由浮游生活的种类，偶尔发现的群体，是暂时的现象，由一个母体和若干个幼体组成，一旦幼体成熟当即离开母体。个体相当长而且粗壮，形状像"高脚杯"。腹触手非常粗壮发达，且较长，1/3的前端分割成为两叉，每一叉的末端都具一束感觉毛。它的这一特点很容易与其他轮虫区别。

叉角拟聚花轮虫（*Conochiloides dossuarius*）

形态特征：自由浮游生活；单独的个体，或者由极少数的个体联合在一起而形成1个暂时的群体；群体是由一个单独的大的母体和若干个比较小的没有完全成熟的雌体所组成。个体长而粗壮；近似高脚杯形。头部和躯干部呈卵圆形；足呈圆角形。头部和躯干之间有1明显的紧缩折痕。胶质外套发达，不仅围裹了整个足，而且也围裹了躯干1/3的后端或整个后半部。足的长度和头与躯干合起来的长度比较，几乎相等。头盘面向前端，偶而也略向腹面倾斜；呈马蹄形的特殊形式。“马蹄”缺口位于腹面中央，在背面“马蹄”显著向内凸出而下垂；口即位于背面“马蹄”向内凸出的部分；“马蹄”外面的1圈纤毛比较长而发达，是轮环纤毛圈；“马蹄”内面的一圈纤毛比较短，是自外向内凹入的腰环纤毛圈。咀嚼囊呈心脏形。咀嚼板是典型的槌枝型，但槌板左右不对称；砧基呈短棒形而略向一侧弯转；右槌钩具有5个大齿，左槌钩上的最后一个大齿裂成三叉。食道很短。消化腺1对，比较小，呈不规则的圆球形。胃和肠交界之处显著紧缩细削。肛门孔口位于躯干背面的中部或稍微偏上一些；孔口周围呈乳头状的突起。内部肌肉相当发达；头和躯干之间有比较显著的括约肌；足的外表上形成相当多的环纹。脑在侧面观呈纺锤形。眼点1对，比较小，位于脑的两侧。一个单独的腹触手非常粗壮而发达，位于前端，分割成两叉；每一叉的末端具有1束感觉毛。背触手即位于“头圈”的前面，是具有一束短的感觉毛的乳头状小突起。围裹在脚趾外套之内，在足的周围，往往有1～4个从体内排出的卵。个体长382～480 μm；腹触手长40～50 μm。

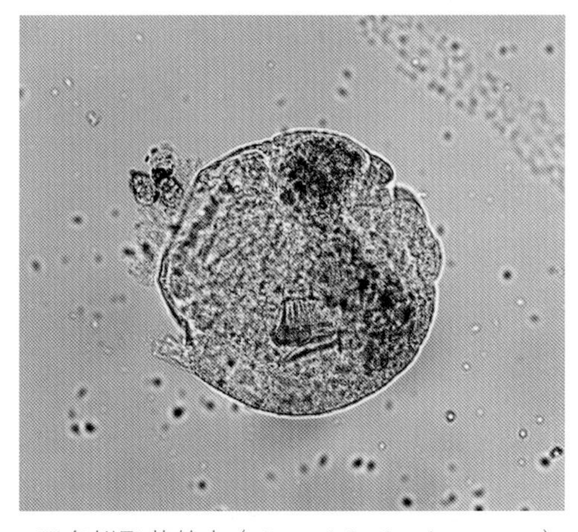

叉角拟聚花轮虫（*Conochiloides dossuarius*）

9. 镜轮科（Testudinellidae）

咀嚼器槌枝型。大多具附肢。

（1）镜轮属（*Testudinella*）

形态特征：被甲背面凹入而腹面凸出，或者腹面凹入而背面凸出，或者总是或多或少背腹面扁平。背腹甲是一重整套而分不开的被甲，在两侧边缘完全融合在一起。足孔位于被甲腹面后半部，或后端。头冠呈巨腕轮虫型式。足长，呈圆筒形，不分节，前半段具有相当密的环形沟痕，末端无趾而有自内侧射出的一圈纤毛。包括的种类很多，生活习

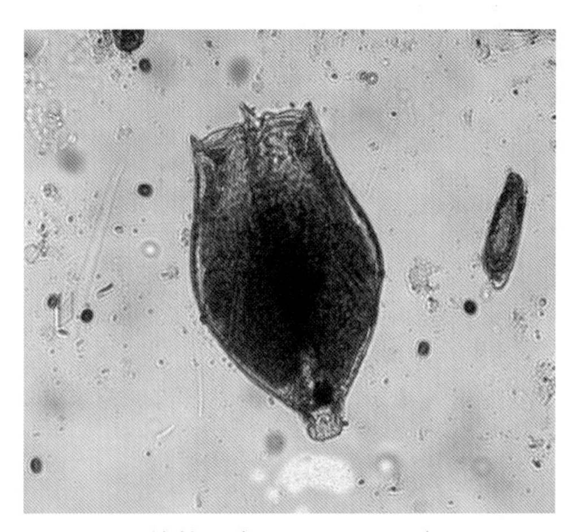

镜轮属（*Testudinella* sp.）

性以底栖为主。

（2）三肢轮属（*Filinia*）

形态特征：身体呈椭圆形，无被甲。具有 3 根长或短、能动的棘或刚毛，2 根在前端，1 根在后端。前端 2 根能自由划动，使本体在水中跳跃，后端 1 根不能自由划动。

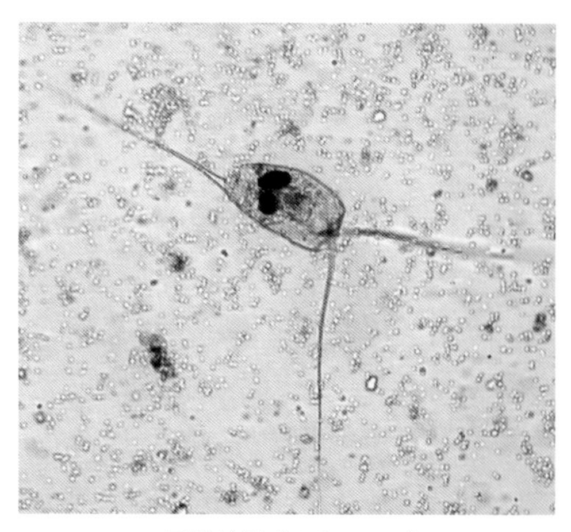

三肢轮属（*Filinia sp.*）

（3）巨腕轮属（*Pedalia*）

形态特征：此属无被甲，无足。身体前半部周围 6 个比较粗壮的腕状附肢是非常独特的，能够自由地划动，使身体在水中自由跳跃。肌肉极其发达；6 个腕状附肢内的上升肌和下压肌直接与颈部的括约肌相连接。所包括的是少数典型的浮游种类，具有耐污性，从浅水池塘到深水湖泊的敞水带都有可能找到它们的踪迹。

奇异巨腕轮虫（*Pedalia mira*）

形态特征：身体呈倒圆锥形，短而粗壮，后端钝圆。具有 6 个能动的腕状的突出。腹面 1 个突出最大、最长，背面 1 个突出次之，背侧 1 对突出又次之，腹侧 1 对突出最短。每一个腕状突出的后端着生 7～9 根非常发达的羽状刚毛；在腹面 1 个突出上还有 3 对或 4 对钩状的结构，最长的腹面 1 个突出的长度总是超过本体的长度；本体与腹面突出的长度的比例大约为 1∶1.3；腹面突出拖出在本体后端的部分，如包括刚毛在内；往往超过突出本身长度的 1/3。头冠少许紧缩而形成 1 颈。身体后部背面有拇指状的附属器 1 对，其末端有纤毛；能分泌黏液。头冠顶端有心脏形的顶盘，周围边缘具有 1 圈长而发达的轮环纤毛；头冠下端具有 1 圈发达而短的腰环纤毛；轮环纤毛圈与腰环纤毛圈之间形成 1 个或多个沟状围顶环带；围顶环带具有密集的围顶纤毛；口位于围顶环带腹面的中央；口下形成 1 下唇，围绕口的周围有口围纤毛。咀嚼板是典型的槌枝型；整个身体虽然很透明，但内部的消化、排泄、神经等系统，被高度发达的肌肉束遮盖，不容易观察。背触手 1 个，大而显著，位于头冠下面的“颈”部，其末端具有 1 束感觉毛；侧触手 1 对，呈管状，末端也具有 1 束感觉毛，自腹

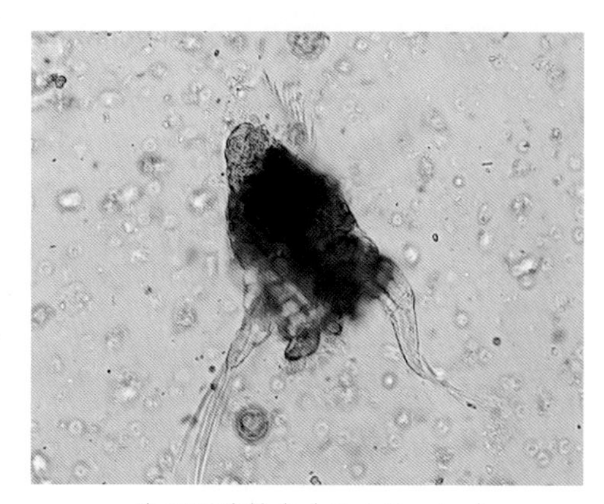

奇异巨腕轮虫（*Pedalia mira*）

侧腕状突出的前半部外缘射出。眼点1对，大而显著，位于头冠盘顶靠近腹面的两旁。往往有自体内排出的卵，附着在身体腹面后半部。雄体的形体与雌体完全不同，大小只等于雌体的1/5。头部并无头冠的存在，只形成具有1圈纤毛的圆丘状突起。背面和两侧面各具有1腕状突出的残肢，残肢的末端有几根细弱的刚毛。交配器呈长的管状，位于后端。脑很大；脑的背面还有1眼点。1个精巢非常大，输精管纵贯交配器伸出体外。在交配器末端的输精管孔口周围还有1圈比较微弱的纤毛。雌体长包括腹面腕状突出在内210～250 μm；雌体长不包括腕状突出在内145～180 μm；雌体宽100～120 μm；雄体长40～46 μm。

（4）泡轮属（*Pompholyx*）

形态特征：被甲薄而柔韧，透明，无足。

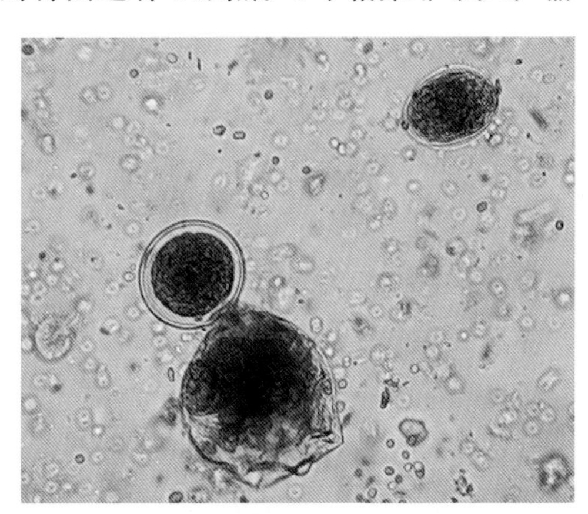

泡轮属（*Pompholyx* sp.）

10. 胶鞘轮科（Collothecidae）

凡是咀嚼器是钩型，头冠是胶鞘轮虫型式的种类都属于这一科。胶鞘轮科的头冠由于口围区域达到高度发展，整个头冠向四周张开而做宽阔的漏斗状。漏斗上面周围的边缘总是形成1～7个很突出的裂片；但具有2个或4个裂片的则很少。裂片上或裂片的顶端往往射出一系列成束或不成束的刺毛或针毛。漏斗边缘的其他部分有或没有通常的纤毛，视不同的种类而异。绝大多数种类是固着的，而漏斗状头冠也就形成捕食的陷阱。有极少数种类，漏斗状头冠高度变态而趋于消失，没有刚毛、刺毛、针毛或纤毛的存在。

胶鞘轮属（*Collotheca*）

形态特征：有头冠，头冠呈漏斗状，边缘具有1～7个突出的裂片，但并无触毛状的臂，成年有少数浮游的种类。借助头冠周围刚毛、刺毛或针毛的帮助，摄取食物。胶囊通常很透明而且较大。

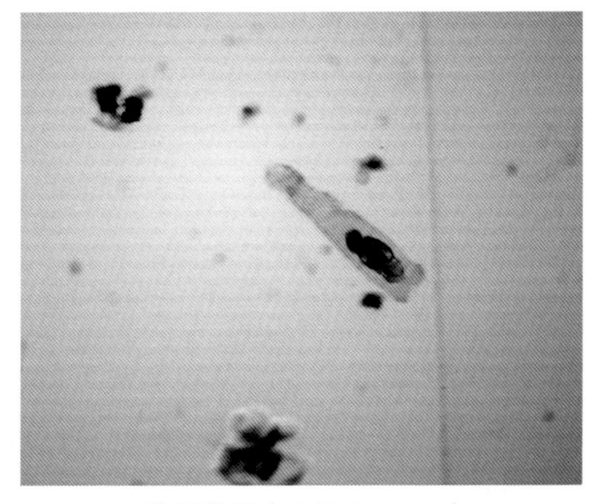

胶鞘轮属（*Collotheca* sp.）

第二章 枝角类（Cladocera）

枝角类是指节肢动物门、甲壳纲、鳃足亚纲双甲目枝角亚目的动物。通称水蚤或溞，俗称红虫或鱼虫。它与其他甲壳动物不同的特征是，躯体包被于两壳瓣中，体不分节（薄皮溞例外），头部具 1 个复眼。第 1 触角小，第 2 触角发达为双肢型，为主要的游泳器官。后腹部结构和功能复杂，胸肢 4～6 对，兼具有滤食、呼吸功能。

枝角类大多生活于淡水中，仅少数产于海洋。一般营浮游生活，是水体浮游动物的主要组分。枝角类个体不大（体长 0.2～10 mm，一般 1～3 mm），运动速度缓慢。枝角类营养丰富，生长迅速，是水产经济动物幼鱼和链、鳙鱼的重要天然饵料，是环境监测的重要指示生物，也常用作环境污染的测试生物。

一、单足部（Haplopoda）

体长且大，不侧扁。游泳肢呈圆柱形，有 6 对，单肢型（无外肢）。冬卵间接发育，先孵出后期无节幼体。仅 1 科，即薄皮溞科，仅 1 属 1 种。

薄皮溞科（Leptodoridae）

体长圆筒形，颇透明，分节。壳瓣小，不包被躯干部和胸肢。复眼很大，呈球形，除由冬卵孵出的第 1 代外，其余各代个体都无单眼。第 1 触角能活动，短小不分节。第 2 触角粗大，刚毛式。游泳肢 6 对，圆柱形，分节，只留内肢，外肢退化，其上有许多粗壮的刚毛，各对游泳肢皆为执握肢，缺鳃囊。后腹部有 1 对大的尾爪。肠管直，无盲囊。雌体长 3～7.5 mm。雄体较小，为 2～6.85 mm，第 1 触角较大，呈长鞭状，前侧列生嗅毛；壳瓣完全退化，该部位突出呈背盾。

薄皮溞属（*Leptodora*）

形态特征：属的分类特征与科相同。

透明薄皮溞（*Leptodora kindti*）

形态特征：雌性体长 3～7.5 mm。分为头与躯干两部分，躯干部又分为胸部与腹部。身体各部分之间都有明显的界限。大多数个体无色透明，少数个体微带黄色。

头背背侧有 1 片马鞍形的结构。复眼位于头顶，很大，呈球形。每个复眼约有 300 个小眼。小眼的数目很多而且显著大于一般枝角类。除由冬卵孵出的第 1 代外，其余各代个体都无单眼。第 1 触角能活动，位于复眼后方，短小而不分节，末端有 9 根嗅毛。嗅毛约与触角等长。第 2 触角粗大，基节很长。游泳刚毛多，数目因个体大小不同而略有出入。外肢有 26～30 根刚毛，内肢 30～34 根。游泳刚毛式：0-10（12）-6（7）-10（11）/6（7）-11（13）-5（6）-8。

胸部 1 节，后端背侧生出 1 片不发达的壳瓣。游泳肢全部着生于胸部前端的腹侧。第 1 游泳肢特别长；第 2 游泳肢的长度为第 1 游泳肢的一半；其余各对游泳肢的长度自前向后逐渐减小。各对游泳肢均为执握肢，单肢型。前 5 对各 4 节，最后 1 对仅 2 节。游泳肢上有很多粗壮的刚毛，前 4 对刚毛着生于腹侧，后 2 对着生于背侧。腹部分为 4 节，以第 2 节为最短。最末 1 节就是后腹部，其前端背侧有 1 对微小的尾刚毛，末端为 1 对尾爪。尾爪粗大，稍微向内弯曲，有 10 余个大刺以及很多小刺。肠管不盘曲。食道特别长，始自头部，通过胸部，直达第 3 腹节的后端。中肠粗而不长，直肠短小，肛门位于左、右尾爪之间。生殖器官在前 3 个腹节内。

雄性体长 2～6.85 mm。第 1 触角长鞭状，前侧列生嗅毛，为 24～70 根。壳瓣完全退化，该部位突出呈背盾。

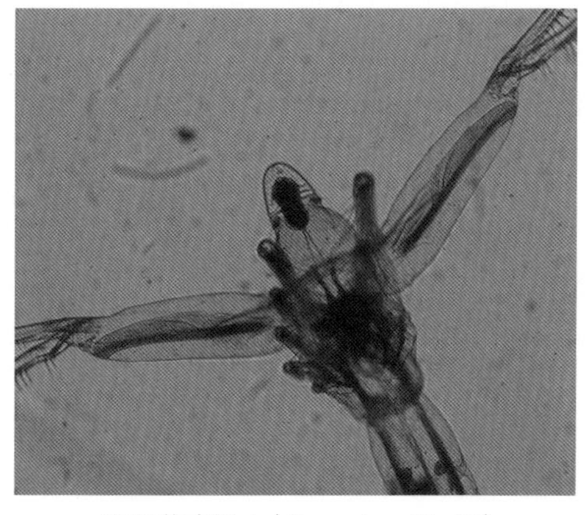

透明薄皮溞 1（*Leptodora kindti*）

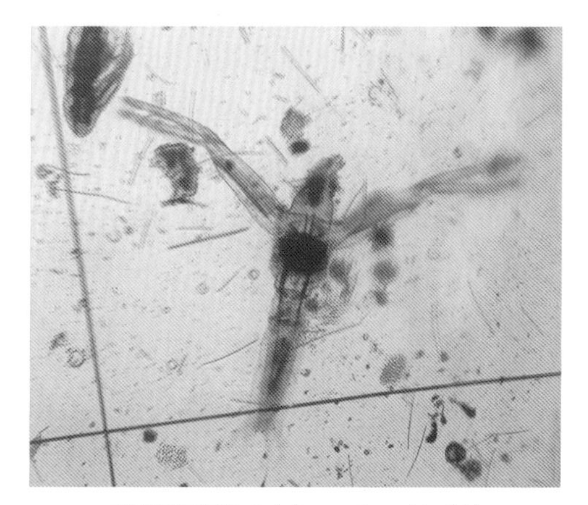

透明薄皮溞 2（*Leptodora kindti*）

二、真枝角部（Eucladocera）

体较短，多少侧扁，具有 5～6 对叶状胸肢或 4 对圆柱形的游泳肢，双肢型，冬卵直接发育。

（一）仙达溞总科

仙达溞科（Sididae）

头部长且大，颈沟也很明显，躯干和胸肢全部为壳瓣包被，复眼很大，其周缘有很多晶粒。如有单眼，呈点状。第 1 触角能动。第 2 触角粗大，双肢型，肢上游泳刚毛的总数至少在 10 根以上。胸肢 6 对，全部呈叶片状。

秀体溞属（*Diaphanosoma*）

形态特征：壳瓣薄而透明。头部长且大，额顶浑圆。无吻，也无单眼和壳弧。有颈沟。第 1 触角较短，前端有 1 根长的触毛和 1 簇嗅毛。第 2 触角强大，外肢 2 节，内肢 3 节，游泳刚毛式：4-8/0-1-4。后腹部小，锥形，无肛刺，爪刺 3 个。雄性的第 1 触角较长，靠近基部外侧生长 1 簇嗅毛，末端内侧列生 1 行刚毛或细刺。

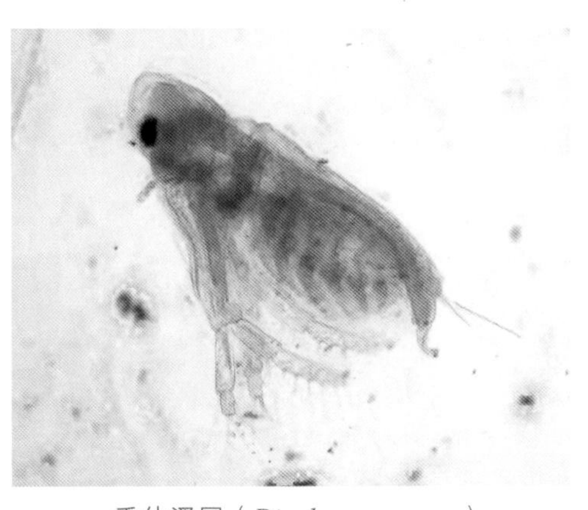

秀体溞属（*Diaphanosoma* sp.）

秀体溞属在洞庭湖较为常见，各个季节均能采集到，偶尔成为洞庭湖枝角类优势种。

（二）盘肠溞总科

1. 象鼻溞科（Bosminidae）

体型较小，短而高，壳腹缘平直，后腹角延伸成棘状壳刺。第 1 触角长，与吻愈合，呈尖突状，不能活动。嗅毛不生在第 1 触角末端，而位于靠近基部的前侧。第 2 触角短，只达壳瓣的腹缘，外肢 4 节或 3 节，内肢 3 节。胸肢 6 对。壳弧一般短小。肠管不盘曲，无盲囊。雄性第 1 触角更长，不与吻愈合，可以活动。第 1 胸肢有钩及长鞭毛。输精管开孔位于左尾爪之间。

（1）象鼻溞属（*Bosmina*）

形态特征：头部与躯干部之间无颈沟。壳瓣后腹角向后延伸成一壳刺，其前方有 1 根刺毛，称为库尔茨毛，通常呈羽状。第 1 触角与吻愈合，不能活动。背侧有许多横走的细齿列，基端部与末端部之间有 1 个三角形的棘齿和 1 束嗅毛。在复眼与吻端中间的前侧生出 1 根触毛（又称额毛）。第 2 触角短小，外肢 4 节，内肢 3 节。胸肢 6 对，前两对变为执握肢，不呈叶片状。最后 1 对十分退化。后腹部侧扁，颇高，末端呈横截状。末腹角延伸成一圆柱形突起，突起上着生尾爪；末背角有细小的肛刺。尾刚毛短，尾爪有细刺。雄体小而长，壳瓣背缘平直。第 1 触角不与吻愈合，能动，基部通常有 2 根触毛。第 1 胸肢有钩和长鞭。

象鼻溞属为洞庭湖枝角类的主要优势种，各个季节均能采集到。

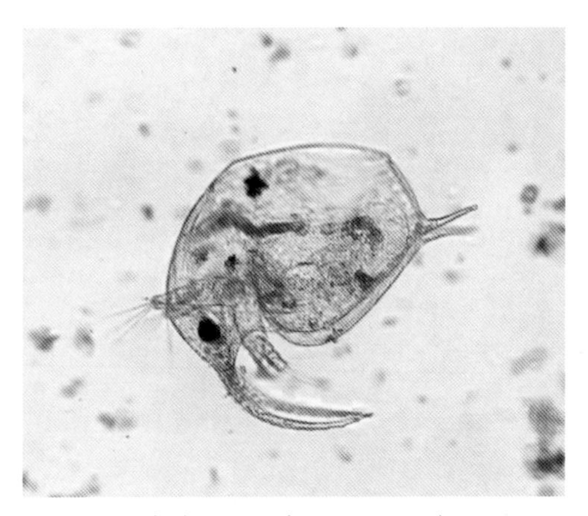

象鼻溞属 1（*Bosmina* sp.）

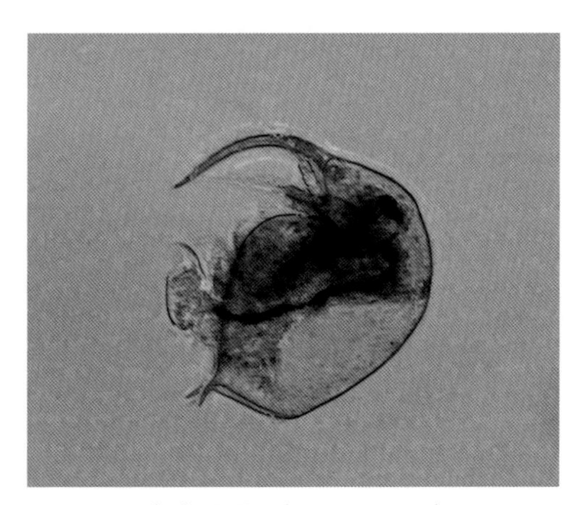

象鼻溞属 2（*Bosmina* sp.）

（2）基合溞属（*Bosminopsis*）

形态特征：头部与躯干部之间有颈沟，把身体分为两部分。壳瓣后腹角不延伸成壳刺。腹缘后端部分列生棘刺，棘刺随着个体的成长会逐渐变短，甚至完全消失。雌体第 1 触角基端左右愈合，共有 2 根触毛；末端部弯曲。无三角形棘齿，但有许多细齿。触角的末端着生了嗅毛。第 2 触角内、外肢均分 3 节。胸肢 6 对，前两对呈叶片状，第 6 对十分退化。后腹部向后削细。肛刺细小。雄体第 1 触角稍微弯曲，左右完全分离，且不与吻愈合。第 1 胸肢有钩，且附有较长的鞭毛。

颈沟基合溞（*Bosminopsis deitersi*）

形态特征：雌性体长 0.28～0.58 mm。身体呈宽卵圆形。有颈沟，颇深，离身体前端较远。身体透明无色或带淡黄色。壳瓣短，背缘弓起，前缘以及与之相连的腹缘前端部分列生 12～15 根羽状刚毛。刚毛之后，腹缘上还列生棘刺。棘刺前短后长，数目因变异类型不同而异，一般 4～10 根；长度随着龄期的增高会逐渐变小，完全成熟的个体大多已无棘刺。后背角凸出。后腹角浑圆，且不延伸成壳刺。龄期较高的个体往往无库尔茨毛。壳纹不十分明显，大多呈六角形。头部较大，约占体长的1/3。壳弧不发达。复眼很大。靠近复眼的头部前侧显著向外凸出。吻较短，与第1触角基端部完全愈合，无明显的界限。第1触角基端部左右愈合，左右两侧共有2根触毛。末端部分离，各向左腹侧和右腹侧弯曲。末端有相当长的嗅毛7～11根（通常为8根）。此外，整个触角上还有许多列细齿。第2触角基部有1个小的凸起，其上着生1根刚毛。内肢与外肢均分3节，前者有5根游泳刚毛，后者仅3根。胸肢6对。肠管简单，前端稍膨大，无盲囊。后腹部背侧陡峭，末端变细。在肛门之前的背侧稍内陷，各侧前后列生微细的肛刺。尾刚毛不长。尾爪粗大，稍弯曲，基部有1个强壮的爪刺。

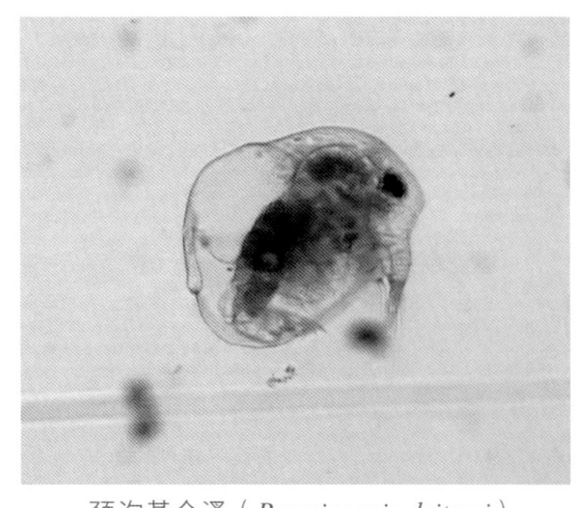
颈沟基合溞（*Bosminopsis deitersi*）

雄性体长0.2～0.5 mm。颈沟不显著。壳瓣低，背缘平坦，腹缘列生的棘刺通常要比雌性的长，个体成长以后仍然存在。后腹角比较凸出。第1触角特别长大，不仅基部的左右不愈合，而且也不与吻愈合，仍可活动。第1胸肢有钩和较长的鞭毛。后腹部细长。

2. 盘肠溞科（Chydoridae）

体圆形，壳较厚，覆盖整个体躯，一般为暗黄褐色。第1触角较短，第2触角内、外肢均为3节，胸肢5～6对。无背突起，后腹部侧扁。肠管盘曲一圈以上。单、复眼变化很大，复眼小，复眼大于单眼，或单眼大于复眼，或单眼与复眼等大。雄体较小，第1胸肢有壮钩。本科种类最多，分布很广，多营底栖生活。

（1）盘肠溞属（*Chydorus*）

形态特征：体稍微侧扁，几乎为圆形。体壳瓣短，长度与高度略等。腹缘浑圆，后半部大多内褶。壳瓣后缘高度通常不及壳瓣高度的一半，头部低，吻长而尖，第1、第2触角都较短小，后腹部短

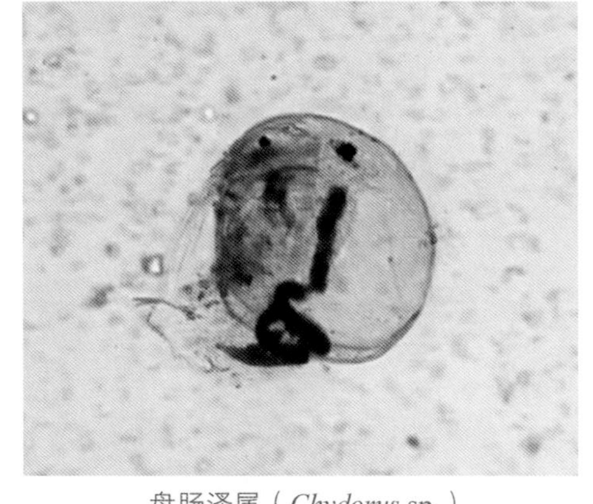
盘肠溞属（*Chydorus* sp.）

而宽，具有爪刺 2 个，其内侧 1 个极小。

雄体小，吻较短，第 1 触角稍粗壮，第 1 胸肢有钩，后腹部较细，肛刺微弱。本属种类多，广温性世界种占多数。多分布于小而浅的水坑或湖泊、水库的沿岸区草丛中。

（2）尖额溞属（*Alona*）

形态特征：身体侧扁，无隆脊，呈长卵形或接近矩形。壳瓣后缘较高，其高度通常超过最高部分的一半。后腹角一般浑圆，有的种类具有刻齿或棘刺。壳面大多有纵纹。壳弧宽阔，吻部短钝。第 2 触角外肢有 3 根游泳刚毛，内肢有 4 根或 5 根游泳刚毛，如果只有 5 根，靠近基部的第 1 根毛往往十分短小。肠管盘曲，末部大多有 1 个盲囊。胸肢一般为 5 对，第 6 对依稀可见；且 6 对中最末一对非常萎缩，仅留肢痕。后腹部短而宽，非常侧扁。肛刺和栉毛簇的构造随着种类不同而异。只有 1 个爪刺。雄性壳瓣的背、腹两缘均较平坦。体色比雌性深，常呈黄褐色或金黄色。吻部更短。第 1 胸肢有壮钩。有些种类的雄体无爪刺。

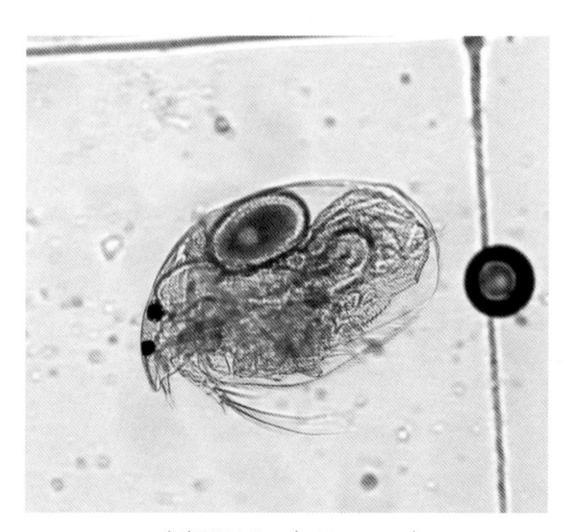

尖额溞属 1（*Alona* sp.）

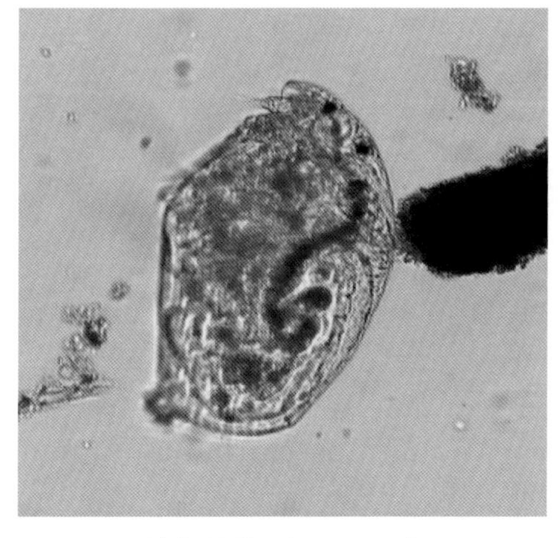

尖额溞属 2（*Alona* sp.）

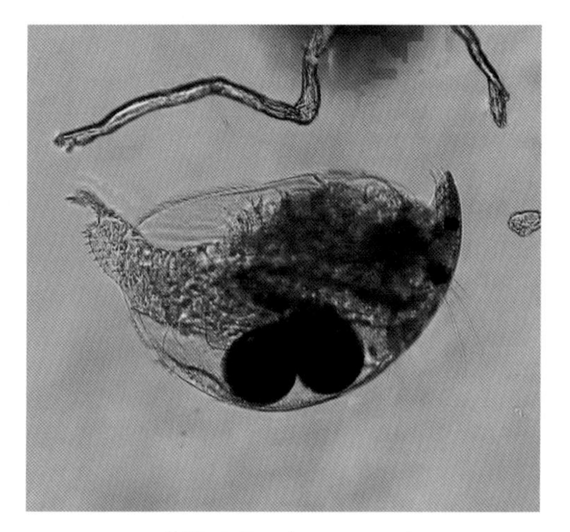

尖额溞属 3（*Alona* sp.）

（3）异尖额溞属（*Disparalona*）

形态特征：身体呈长卵形。背侧宽厚，腹侧扁平。壳瓣后腹角一般无刻齿，但

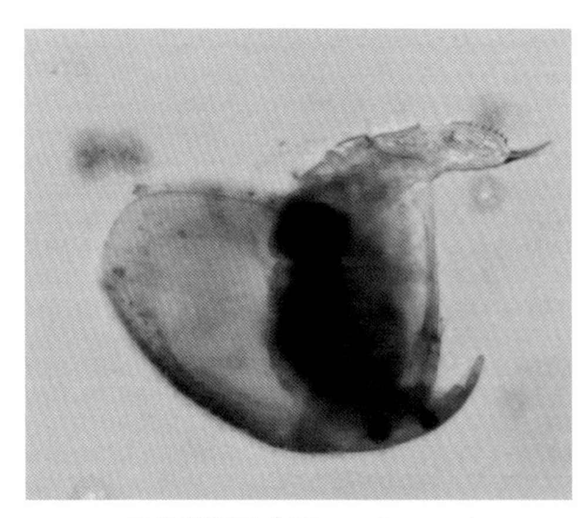
异尖额溞属（*Disparalona* sp.）

有时会有一个小齿。头部小，吻长而尖。头孔位于靠近头甲的后缘，属盘肠溞亚科型。第2触角总共只有7根游泳刚毛。后腹部长有肛刺和侧刚毛簇。尾爪有1个或2个爪刺。肠管末部有1个盲囊。雄体小。壳瓣背缘雄性较平直，后背角不明显，吻短钝，第1胸肢有壮钩。

3. 裸腹溞科（Moinidae）

头部大、无吻，有颈沟。第1触角长，呈棒状，能活动。后腹部有1列肛刺，最末一个肛刺分叉，其余的肛刺边缘均有羽状刚毛。雄体较小，壳瓣背侧平直，第1触角远长于雌体的第1触角，常有一弯曲，在弯曲处的前侧着生2根触毛，触角末端除嗅毛外，还有数根钩状刚毛。第2触角外肢4节，内肢3节，游泳刚毛式：0-0-1-3/1-1-3。

裸腹溞属（*Moina*）

形态特征：身体不侧扁。壳瓣呈圆形或卵圆形。头部大，无吻，颈沟深。后背角稍向外凸，无壳刺。后腹角浑圆。壳弧发达。第1触角细长，能活动，位于头部腹侧，触角上通常环生细毛。第2触角细毛也较多。后腹部露出于壳瓣外，基端部较粗，向后稍细；末端部呈圆锥状。腹突不明显，通常仅留存几条褶痕。尾爪短，有些种类具有栉刺列，有些则没有。尾爪基部的腹侧有1根或多根刺状刚毛。雄性一般较小。壳瓣狭长，背缘较平直。复眼通常要比雌性的更大。第1触角非常长大，前侧有2根触毛，末端有3～6根钩状刚毛和1束嗅毛。第1胸肢有钩，有的还有长鞭毛。卵鞍内储冬卵1～2个。

裸腹溞属在洞庭湖较为常见，各个季节均能采集到，偶尔成为洞庭湖枝角类优势种。

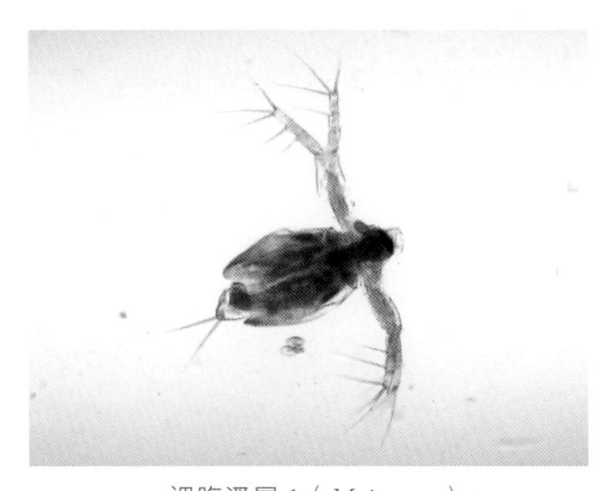
裸腹溞属1（*Moina* sp.）

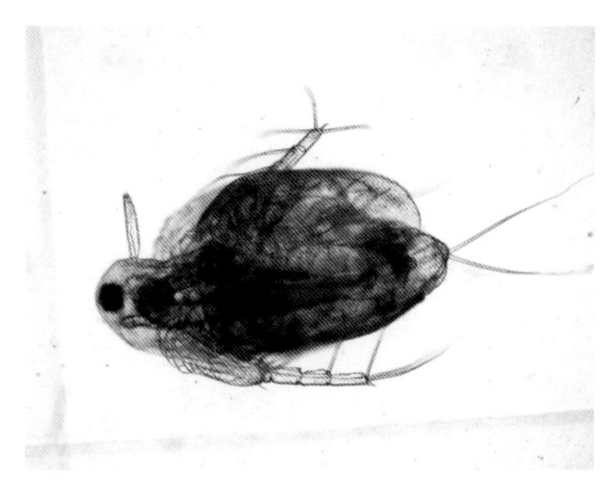
裸腹溞属 2（*Moina* sp.）

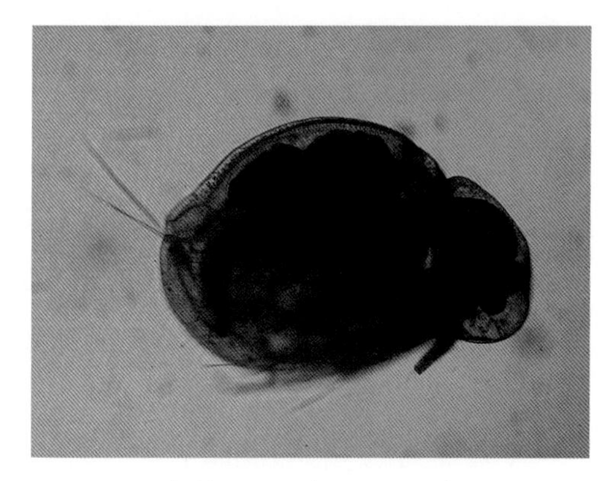
裸腹溞属 3（*Moina* sp.）

4. 溞科（Daphnidae）

壳弧发达，壳瓣后背角或后腹角明显，有的属后延成壳刺。壳面上多数有网纹，复眼大，单眼小。第 1 触角通常短小，不能活动或稍微能活动，具有 1 根触毛和 9 根嗅毛。第 2 触角外肢 4 节，内肢 3 节。肠管不盘曲，前端有 1 对盲囊。雄体较小，第 1 触角长大。第 1 胸肢有钩。

（1）溞属（*Daphnia*）

形态特征：身体比较侧扁，呈卵圆形或椭圆形。通常无颈沟。吻明显，大多尖型。一般都有单眼。第 1 触角短小，部分或几乎全被吻部掩盖，不能活动。壳面有菱形和多角形网纹。壳瓣背面具有脊棱。后端延伸而成长为壳刺。后端部分以及壳刺的沿缘均有小棘。头部与躯干部的界限较模糊，但附有冬卵的雌体可明显地分为头与躯干两部分。绝大多数种类的第 2 触角共有 9 根游泳刚毛，腹部背侧有 3 个或 4 个发达腹突。靠近前部的腹突特别长，呈舌状，伸向前方。后腹部细长，由前向

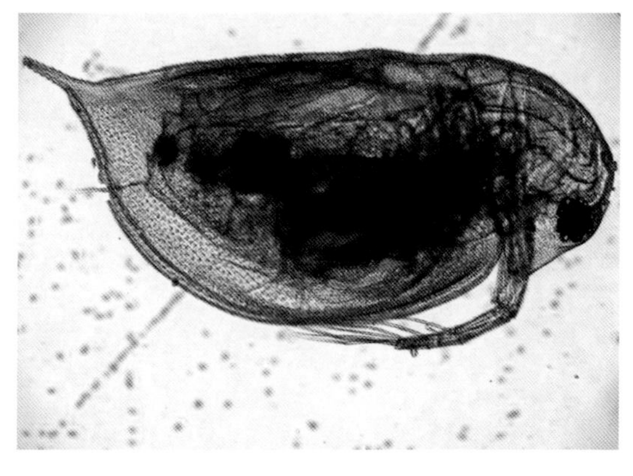
溞属 1（*Daphnia* sp.）

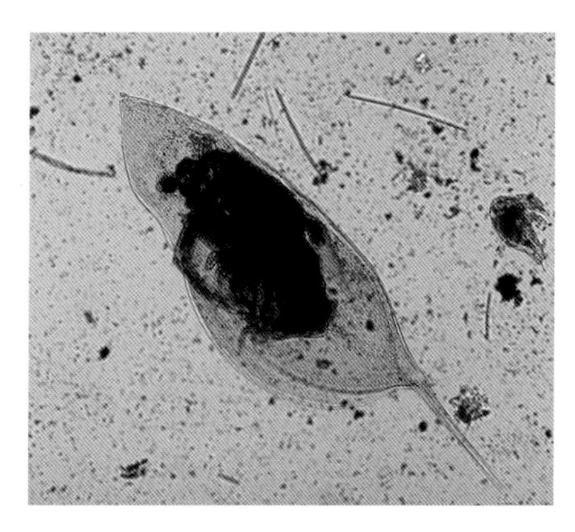
溞属 2（*Daphnia* sp.）

后逐渐收削。雄性较小。壳瓣背缘平直。前腹角凸出，列生较长的刚毛。吻无或十分短钝。第 1 触角长大，能活动，通常具有粗长的鞭毛。第 1 胸肢有钩与鞭毛。腹突常退化。

（2）船卵溞属（*Scapholeberis*）

形态特征：身体呈长方形，不很侧扁。色较灰暗。头部大且低垂。颈沟较浅，很明显。壳瓣腹缘平直或稍弧曲。复眼颇大，单眼很小。第 1 触角短小，在形状上两性几乎没有差异。后腹角具有向后延伸的壳刺。后腹部短而宽。尾爪短粗，无栉刺或只有篦毛列。腹突不发达，通常只有 1 个。雄体较小。壳瓣背缘较平。第 1 胸肢有钩，与溞属相似。无腹突。本属溞类常利用壳瓣腹缘的刚毛使腹面向上，倒悬其身体漂浮于水面。

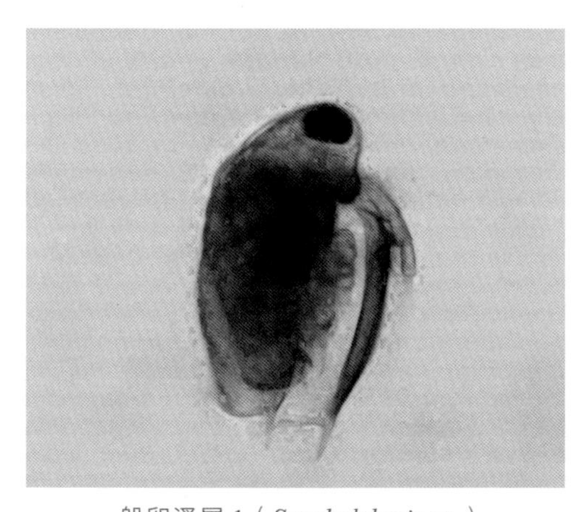

船卵溞属 1（*Scapholeberis* sp.）

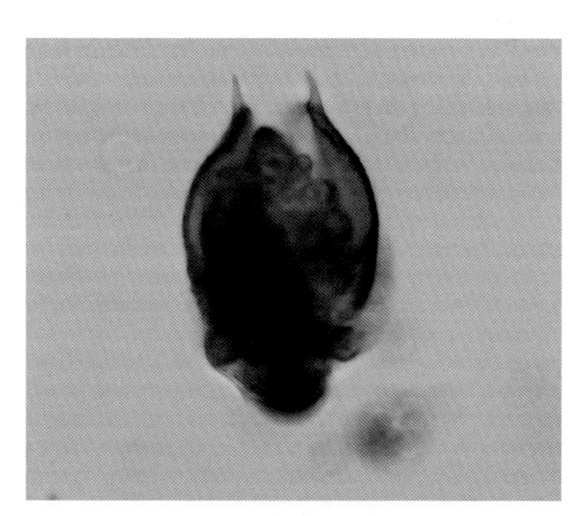

船卵溞属 2（*Scapholeberis* sp.）

（3）低额溞属（*Simocephalus*）

形态特征：体型较大，呈卵圆形，前狭后宽。头部小而低垂。有颈沟，背面无脊棱，壳瓣背缘后半部大多具有锯状小棘，腹缘内侧列生刚毛。有吻，但短小。无壳刺。有肛刺偏近尾爪，尾爪直。背侧肛门处深凹，肛门前形成突起。

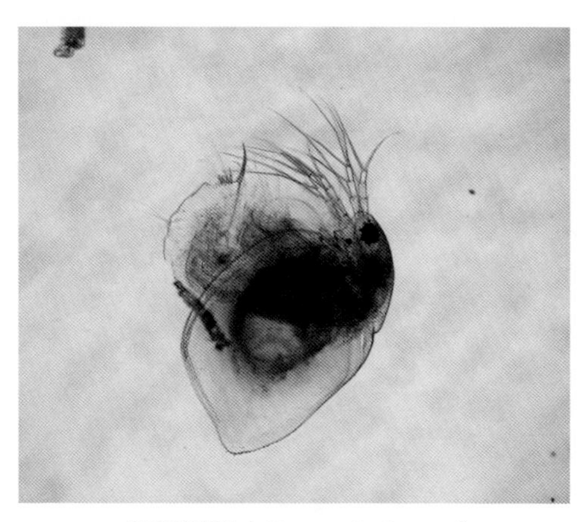

低额溞属（*Simocephalus* sp.）

（4）网纹溞属（*Ceriodaphnia*）

形态特征：身体呈宽卵形或椭圆形。头部小，倾垂于腹侧。颈沟很深。

无吻。后背角明显向后尖凸。后腹角与前腹角均浑圆。壳瓣大多呈多角形的网纹。复眼大，充满头顶。单眼小，呈圆点状。第 1 触角短小，稍能活动。第 2 触角有 9 根游泳刚毛。后腹部大，形状随种类而不同。多数种类只有 1 个或 2 个发达的腹突。雄体的第 1 触角长，有 2 根触毛，一根位于触角前侧，与雌体的生长部位相同，另一根位于末端，非常粗长，而且它的末端弯转如钩。第 1 胸肢有细小的钩和长的鞭毛。无腹突。

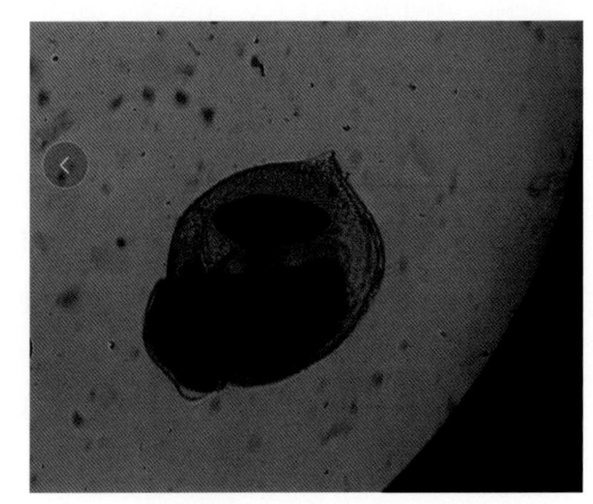

网纹溞属（*Ceriodaphnia* sp.）

第三章 桡足类（Copepoda）

桡足亚纲通常称为桡足类，是一种小型、低等的甲壳动物。身体狭长（体长为 1～4 mm）。一般营浮游生活，分布很广，大部分的桡足类分布在海洋里，在淡水中的桡足类也是浮游动物中的一个重要组成部分。桡足类身体分节明显，由 16～17 个体节组成，但由于体节的愈合，一般不超过 11 节。身体可分为较宽的头胸部和较狭的腹部。头部有 1 眼点和 2 对触角与 3 对口器，胸部具有 5 对胸足，腹部无附肢，末端具有一对尾叉，雌性腹部两侧或腹面常带 1 对卵囊。发育经过变态，即有无节幼体期和桡足幼体期。

（一）剑水蚤目（Cyclopoida）

身体呈卵形，腹部显著比头胸部窄。雌体腹部Ⅰ节、Ⅱ节为生殖节，中部为纳精囊；尾叉刚毛 4 根，2 根长的居中，基部分节。雄性第 1 触角对称，与雌体异形，呈执握状。两性第 2 触角均有退化的外肢或为单肢型。第 1～4 对胸足的构造相似，第 5 胸足退化，很小。两性各对胸足构造几乎一样，雄性一般有第 6 胸足。生殖孔和卵囊成对，无心脏。

1. 剑水蚤科（Cyclopidae）

额部弯向腹面，第 1 触角雌性 6～21 节，雄性 17 节或少于 17 节，呈执握状；第 2 触角 4 节。上唇末缘具细锯齿。大颚退化成一小突起，附 2～3 根刚毛。小颚退化成片状。剑水蚤科分为三个亚科，分别为咸水剑水蚤亚科、真剑水蚤亚科以及剑水蚤亚科。前一个亚科大都生活在海里，仅有部分种类分布于低盐度的咸淡水中，而后两个亚科的种类均分布于淡水中。本科多生活在淡水中。

（1）真剑水蚤属（*Eucyclops*）

形态特征：体型较为瘦小，第 5 胸节的外末角具细刚毛。生殖节的前部较宽，向后侧骤然窄小，尾叉较长，长度为宽度的 2.5～11 倍，一般均在 4 倍以上。大部分种类尾叉的外缘均具有 1 列小刺，侧尾毛短小。第 1 触角分 12 节，少数为 11 节，末3节具透明膜或锯齿。第1～第4胸足内、外肢均分3节，第5胸足仅1节，具有1刺、2根刚毛。本属均为体型较小的剑水蚤，体长0.5～1.7 mm，一般为1 mm左右。

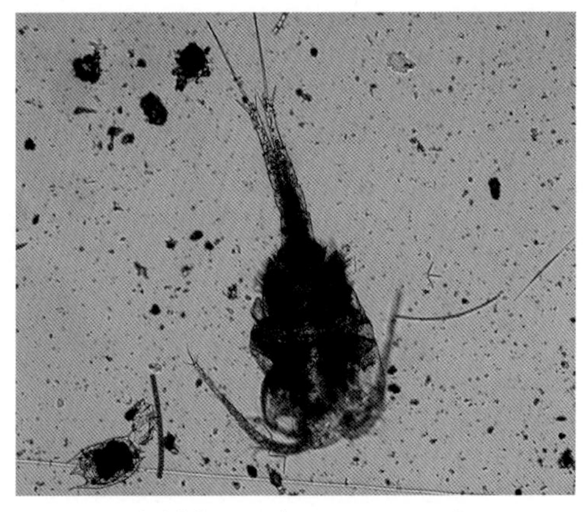
真剑水蚤属（*Eucyclops* sp.）

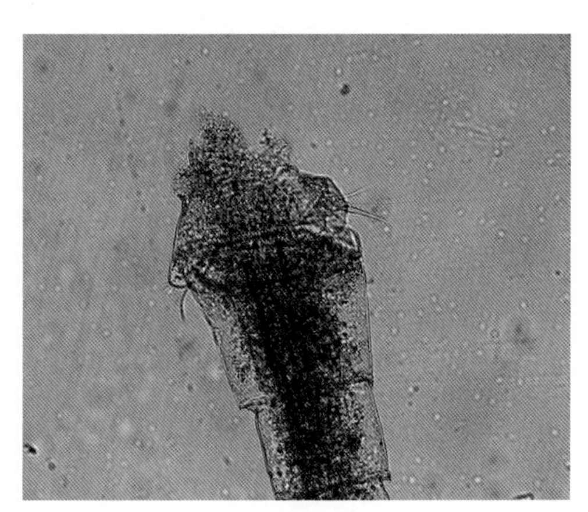
真剑水蚤第5胸足

（2）剑水蚤属（*Cyclops*）

形态特征：尾叉的背面有纵行隆线，内缘有1列刚毛。第1触角共分14～17节（很少为18节），末3节侧缘有1列小刺。第1～第4胸足内、外肢均分3节，外肢第3节刺式为2·3·3·3、2·4·3·3或3·4·3·3，甚至同一种类也有混杂的情况，刚毛式为5·5·5·5。第5胸足分两节，基节与第5胸节明显分离，外末角附长羽状刚毛1根，末节较为长大，内缘中部或近末部具有1根壮刺，末缘附长大的羽状刚毛1根，节本部的表面大多均有小刺。此属为大型的剑水蚤，雌性体长一般在1.5 mm左右。

近邻剑水蚤（*Cyclops vicinus*）

形态特征：雌性体长1.45～2.63 mm。体形粗壮，头节的末部最宽，第4胸节的后侧角呈锐角三角形，向后侧方突出，第5胸节的后侧角甚锐，向两侧突出。生殖节的长度大于宽度，向后逐渐趋窄。纳精囊呈椭圆形，卵囊呈卵圆形，本囊储卵12～112粒。尾叉窄长，其长度为宽度的6～8倍，长于腹部最后三节长度的总和，外缘近基部1/4处有1缺刻，背面具有1纵行隆线，内缘具有短刚毛，侧尾毛位于后末角背面近缘处，第1尾毛短于第4尾毛的1/2，第2尾毛略短于第3尾毛，背尾毛细小，短于第1尾毛。第1触角末端约抵第2胸节的中部，共分17节。第1～第4胸足外肢第3节刺式为2·3·3·3。第4胸足内肢第3节的基部较末部宽，其长度约为宽度的2.85倍，末端的外刺细而短，内刺粗而长，短于节本部，约为外刺长度的2.16倍。第5胸足分2节，基节呈斜方形，外末角突出，具有长且大的羽状刚毛1根，末节呈长方形，内侧中末缘有1根刺，稍短于节本部，末缘具有羽状刚毛 1 根。雄性体长 1.2～1.45 mm。体形较雌性瘦小，第 4～第 5 胸节的后侧角并不突出，呈三角形叶状，生殖节的宽度大于长度。尾叉的长度为宽度的 5 倍以上，内缘具有短刚毛。第 1～第 3 胸足与雌性相似，第 4 胸足内肢第 3 节较雌性窄长，末端的内刺长于节本部。第 5 胸足与雌性相似。第 6 胸足外侧刚毛最长，约为中间刚毛长度的 1.5 倍，内侧刺最短，约为中间刚毛长度的一半。

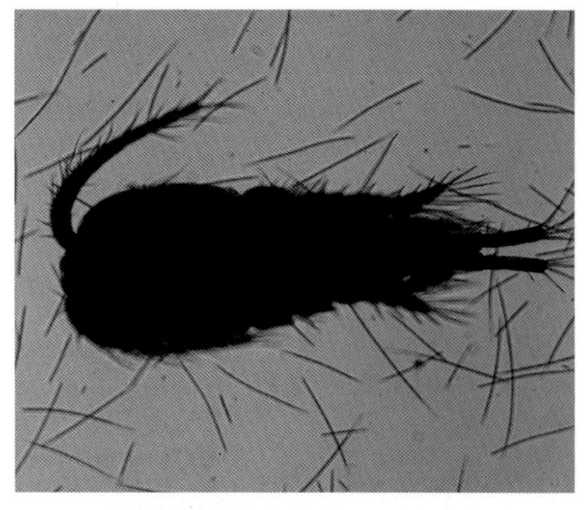
近邻剑水蚤（*Cyclops vicinus*）

（3）中剑水蚤属（*Mesocyclops*）

形态特征：头胸部较粗壮，腹部瘦削。生殖节瘦长，前宽后窄。尾叉稍短，内缘光滑，末端尾刚毛较发达。第 1～第 4 胸足内、外肢均 3 节；第 5 胸足分 2 节，第 1 节较宽，外末角具有 1 根羽状刚毛，末节窄长，内缘中部及末端各有 1 根羽状刚毛。

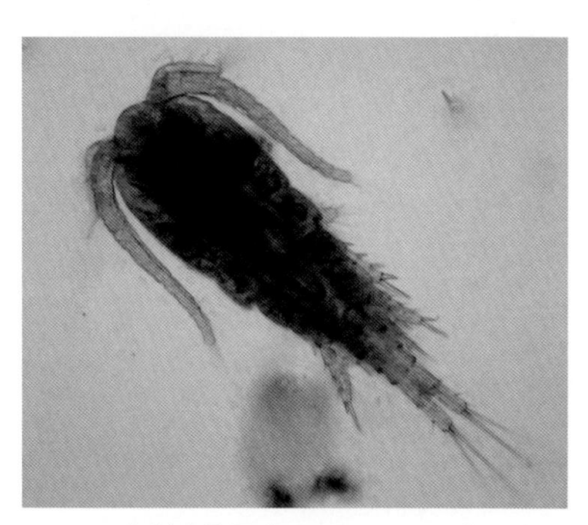
中剑水蚤属（*Mesocyclops* sp.）

（4）温剑水蚤属（*Thermocyclops*）

形态特征：头胸部呈卵形，腹部瘦削，生殖节瘦长，纳精囊一般呈“T”形。尾叉较短，长度为宽度的 2.5～3 倍，尾叉内缘光滑。第 1 触角共分 17 节，末两节的内缘有较窄的透明膜。第 1 胸足第 2 基节的内末角具有羽状刚毛 1 根。第 5 胸足分两节，基节短而宽，外末角突出，附羽状刚毛 1 根；末节窄长，末缘有 1 根刺和 1 根刚毛。个体一般为中等大小，雌性体长一般为 1～1.2 mm。

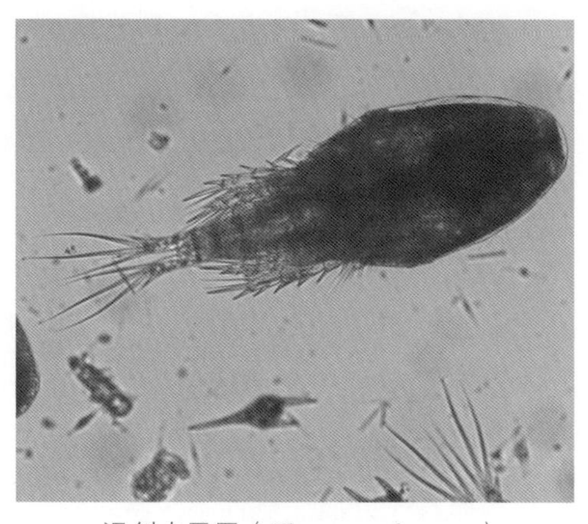
温剑水蚤属（*Thermocyclops* sp.）

2. 长腹剑水蚤科（Oithonidae）

体瘦小而娇嫩，外层甲壳薄而透明。头节不与第 1 胸节愈合。雌性第 1 触角细长，具有长刚毛。雄性第 1 触角较粗壮，呈执握状。第 2 触角短小，分 2～3

节。口器发达，和其他剑水蚤目的种类有明显不同。大、小颚均粗壮，具有爪状刺，颚足平直。第1～第4胸足内、外肢均分3节，很少为2节。第5胸足退化，部分与第5胸节愈合。

本科大部分的种类分布于海水以及咸淡水中，仅窄腹剑水蚤属分布于淡水中。

窄腹剑水蚤属（*Limnoithona*）

形态特征：尾叉的长度为宽度的4～5倍。第1～第4对胸足外肢第1节的内缘上均具有刚毛1根。两性第5胸足各具有3根刚毛。

窄腹剑水蚤属（*Limnoithona* sp.）

（二）哲水蚤目（Calanoida）

身体分为头胸部和腹部两部分，连接处可动，且头胸部显著大于腹部。头部与第1胸节、第4胸节与第5胸节常愈合。雌性腹部多分为4节，雄性腹部一般为5节。雌性腹部第1节为生殖节，较大，且突起，有1对生殖孔；第1触角长且对称；第5对胸足的形态与前4对不同，退化或全缺。雄性只有1个生殖孔，位于左侧；第1右触角为执握肢形状；第5对胸足不对称，主要作用为辅助交配的器官。大多数种类有心脏，眼1～2只，或无。哲水蚤类多数生活在海洋中，是浮游动物的最重要类群之一。

1. 胸刺水蚤科（Centropagidae）

第4、第5胸节不愈合。雌性腹部分3～4节，第5胸足为游泳肢，外肢第2节的内缘伸出1根粗刺。雄性执握肢的膝状关节在第18节与19节间，第5胸足不对称，右足外肢末节有钩状刺。第1～第4对胸足的内肢分2～3节，外肢均为3节，第3节的末刺呈锯齿状。

华哲水蚤属（*Sinocalanus*）

形态特征：头胸部通常窄长。第5胸节的后侧角不扩展，左右对称，其顶端多数有细刺。雌性腹部两侧对称，分4节，有的种类的后两腹节的分界不完全。尾叉细长，内缘有细毛。雌性第1触角分25节，雄性执握肢分21节。第2触角分7节，内肢长于外肢。雌性第5胸足的外肢分3节。雄性第5右胸足第1基节的内缘无突起，而第2基节的内缘通常有突出物。左、右足的外肢均分2节，右足第2节的基部膨大，末部呈钩状；左足第2节的末端有1根直刺。

汤匙华哲水蚤（*Sinocalanus dorrii*）

形态特征：雌性体长1.44～1.73 mm。体型窄长。头节与第1胸节界限分明。

腹部明显可见的仅 3 节。生殖节近乎圆形。尾叉窄长，长度为宽度的 6 倍以上，内、外缘都有细刚毛。第 1 触角分 25 节。第 2 触角的内肢显著长于外肢，内肢分 2 节，外肢分 7 节。第 4 对胸足左右对称，内、外肢皆分 3 节。外肢第 1 节的内基角有一半圆形突起，外缘末部有 1 根刺，这根刺的外缘为锯齿状，内缘生 1 列细毛。又在节的外缘中部和外末角各有 1 根短刺。内肢的第 2 节有 1 根羽状刚毛，第 3 节有 6 根羽状刚毛。雄性体长 1.3～1.69 mm。头胸部似雌体。腹部分 5 节。执握肢分 23 节，膝状关节在第 18 节与 19 节之间。第 5 右胸足第 2 基节内缘基部伸出 1 个匙状突起，节的内缘和前面中部有许多细齿，外末角有 1 根细刺。外肢分 2 节，第 1 节的外末角有 1 短刺，第 2 节基部内侧面有数个突起，末部延伸成钩刺状。内肢分 3 节，第 2 节有 1 根羽状刚毛，第 3 节有 6 根长刚毛。左胸足第 2 基节较粗短，内缘中部有 2 个钝圆的隆起，外末角有 1 根细刚毛。外肢第 1 节内缘有 1 个隆起，外末角有 1 根短刺；第 2 节的内缘呈波纹状，生 1 列细毛，外缘和末缘共有 3 根短刺和 1 根长刺。内肢分 3 节，第 2 节的内缘基半部显著突出，内缘末半部附 1 根长刚毛，第 3 节也有 6 根长羽状刚毛。

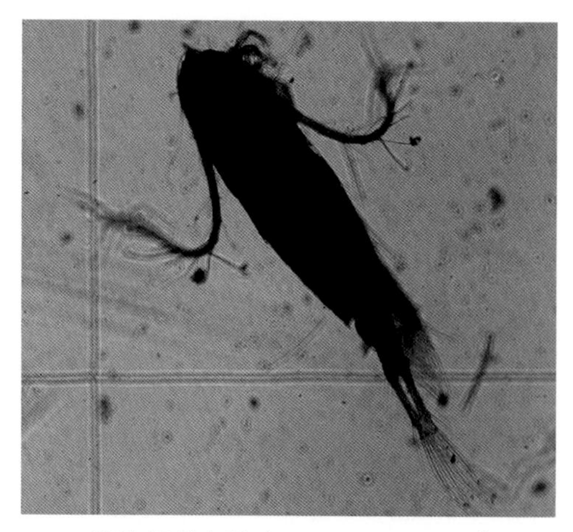

汤匙华哲水蚤（*Sinocalanus dorrii*）

2. 伪镖水蚤科（Pseudodiaptomidae）

额部前端宽圆或狭尖。头节与第 1 胸节分开或愈合。第 4、第 5 胸节愈合。胸部后侧角钝圆或尖锐。雌性腹部分 4 节或 5 节，生殖节常不对称，有的具有毛或刺，节的腹面明显突出。雄性腹部分 5 节。尾刚毛短。雌性第 1 触角分 21 节或 22 节。雄性第 1 右触角为执握肢。第 2 触角的外肢较内肢长。第 2 颚足的基节较短而膨大。第 1～第 4 对胸足的内、外肢均分 3 节。雌性第 5 胸足为单肢型，分 4 节。雄性第 5 胸足的结构复杂，分 4 节或 5 节，内肢退化。卵囊成对。

许水蚤属（*Schmackeria*）

形态特征：额部前端钝圆或狭尖。头节与第 1 胸节、第 4 胸节与第 5 胸节都愈合。胸部后侧角常钝圆，多数附有数根刺状毛。第 1 触角较短小。第 1～第 4 对胸足的内、外肢都分 3 节。雌性第 5 对胸足为单肢型，左右对称，最末端的棘刺长而锐。雄性第 5 对胸足也是单肢型，但左右不对称，左胸足第 2 基节的内缘向后方伸出一个长而弯的镰刀状突起或较短粗的腿状突起。

球状许水蚤（*Schmackeria forbesi*）

形态特征：雌性体长1.15～1.4 mm。头胸部的后侧角有4根或5根刺状刚毛；节的背面在接近生殖节的两侧有1个小突起，突起上有1根或2根刺，在接近后缘的部位又各有一新月形片。腹部分4节。生殖节长而大，前半部较宽并向两侧隆起，其外侧面有许多细小的刺状毛。除肛节外，各腹节的后缘都有细锯齿。尾叉的长度约为宽度的3倍，内缘有细刚毛。卵囊1对，各含卵约21个。第1触角较短，向后转时又抵达第2腹节。第5对胸足为单肢型，左右对称。外肢第1节的内末角有一圆钝的突出物，外缘的后部有一棘，内缘的中部约有3根粗而长的毛；第2节的外缘中部稍后处亦有一棘，节的末端有1根棘状长刺，此刺基部的背面和腹面又各有1根棘刺。

雄性体长1.06～1.2 mm。体形似雌体，只有最后一胸节的背面和后缘无刺及新月形突起。腹部分5节。生殖节基端的两侧略突出，各约有2根小刺，左侧缘还有一鸟啄状突起。第2～第4腹节的后缘有锯齿列。尾叉的长度约为宽度的3倍，内缘具有细毛。第5对胸足为单肢型，左右不对称。右胸足第2基节的长度与宽度约相等，内侧面的基半部有一较大的锥形突起，顶端有1根刺；内侧面的中部有1个三角形齿突，节外缘的后半部有1列细刺。外肢分2节，第1节的内缘中部有1根刺状毛，外末角伸出1根强大的刺；第2节较长，其内缘和外缘上各有1根刺状毛，末端有1根钩状刺，刺的内缘近基部和中部各具1个突起，突起上生一细毛，长刺的末端弯曲，内缘和外缘的末端有细刺列。左足第2基节的外末缘有1列短刺，节内缘镰刀状突起的基部向后伸出1个三角形锐刺，它紧靠着外肢第1节的内缘。外肢第1节呈长方形，外末角有数个小刺，内缘近基部处生1根刚毛。第2节的外缘中部有一棘，内缘基半部伸出1个球状突起，突起的顶部有数根刚毛。

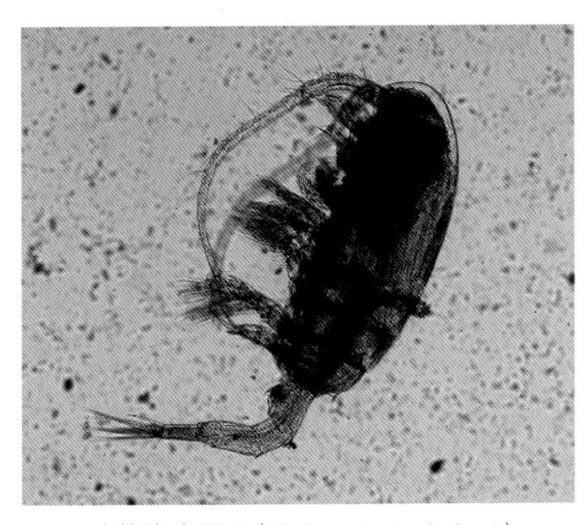
球状许水蚤1（*Schmackeria forbesi*）

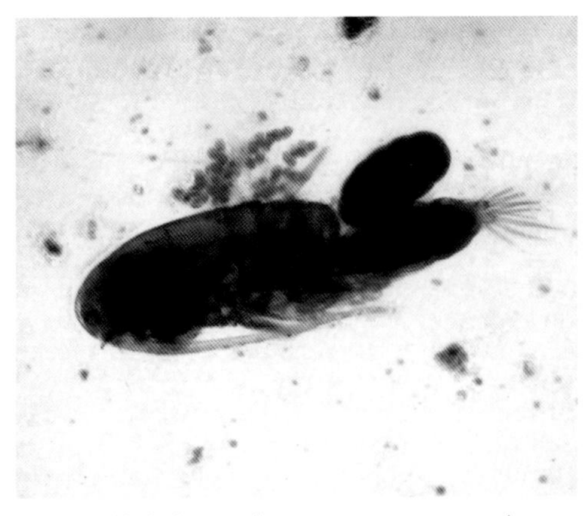
球状许水蚤2（*Schmackeria forbesi*）

（三）猛水蚤目（Harpacticoida）

体形多样，头胸部与腹部宽度相差不明显。头节与第 1 胸节常愈合，第 4、第 5 胸节之间的关节可以活动。额部突出显著。雌性第 1～第 2 腹节部分或完全愈合成生殖节；第 1 触角第 4 节通常具有 1 根带状感觉毛。雄性第 1～第 2 腹节则不愈合，第 1 腹节后末角具有 1 对退化的附肢；第 1 触角第 4 节无带状感觉毛。第 2 触角 3～4 节，外肢 1～3 节或有时退化，仅存一突起。第 1 胸足常与其他附肢异形，内肢为执握状。每对胸足内、外肢各节的刺与刚毛数经常各异。第 5 胸足退化，通常分为 1～2 节。尾叉末端尾毛发达，一般有 2 根，基部有节结。输卵管 1 对。大多数种类带有 1 个卵囊，一般位于腹面，部分为 2 个卵囊。无心脏。绝大多数在海水中营底栖生活，一部分种类分布于淡水及咸淡水中。

猛水蚤 1（*Harpacticoida*）

猛水蚤 2（*Harpacticoida*）

第五篇

底栖动物

Zoobenthos

在淡水环境中，有不少动物主要以水体底部作为它们栖息、觅食、生殖等活动的场所。这些动物的系统位置不一定接近，形态和个体大小也存在差异，在水底生活的周期还因种类不同而长短不一，其中不少种类终生营水底生活，如蠕虫及软体动物；另外一些种类如多数水生昆虫则在幼虫或稚虫阶段营水底生活，成虫则飞入大气层。尽管有种种差别，但以水体底部为主要生境是它们共同的生态特点，通称底栖动物。因此，底栖动物（zoobenthos 或 benthic animal）是指生活史的全部或大部分时间生活于水体底部的水生动物群。

底栖动物的主要特点是多为无脊椎动物，其所包括的种类及其生活方式较浮游动物复杂得多，常见的底栖动物有软体动物门的腹足纲的螺和瓣鳃纲的蚌、河蚬等；环节动物门寡毛纲的水丝蚓、尾鳃蚓等，蛭纲的舌蛭、泽蛭等，多毛纲的沙蚕；节肢动物门昆虫纲的摇蚊幼虫、蜻蜓幼虫、蜉蝣目稚虫等，甲壳纲的虾、蟹等；扁形动物门涡虫纲等。

底栖动物可按其起源及大小进行基本划分。在起源方面，底栖动物可分为原生底栖动物（primary zoobenthos）和次生底栖动物（secondary zoobenthos）。原生底栖动物的特点是能直接利用水中溶解氧的种类，包括常见的蠕虫、底栖甲壳类、双壳类软体动物等；次生底栖动物是由陆地生活的祖先在系统发育过程中重新适应水中生活的动物，主要包括各类水生昆虫，软体动物中的肺螺类（*Pulmata*），如椎实螺（*Lymnaeidae*）也属此类。在底栖动物的大小方面，近代研究常根据筛网孔径的大小将它们划分为不同的类型。一般而言，将不能通过 500 目孔径筛网的动物称为大型底栖动物（macrofauna），将能通过 500 目孔径筛网但不能通过 42 目孔径筛网的动物称为小型底栖动物（meiofauna），将能通过 42 目孔径筛网的动物称为微型底栖动物（nanofauna）。这种分类方法是为了研究方便，与分类地位和生态习性无关。同时，一种生物的幼体可能是小型底栖动物，成体则可能是大型底栖动物。

底栖动物是淡水生态系统的一个重要组分，对了解生态系统的结构和功能有理论意义。在应用上，底栖动物是鱼类等经济水生生物的天然食料，一些底栖动物（如河蟹等）本身就具有很高的经济价值。此外，底栖动物还常作为环境监测的生物指标，因此，研究底栖动物在渔业和环境科学上均有裨益。

第一章 环节动物门（Annelida）

淡水中常见的环节动物有寡毛类、蛭类及少量多毛类。它们的共同特点是，身体为同律分节。某些种类具有皮肤肌肉囊，向外突出而成为疣足，无节肢。常有刚毛，一般较有规律的重复分布在各环节上。淡水环节动物可分：

多毛纲（Polychaeta）：有明显的头部，每个体节两侧生有1对疣足，疣足上生有多数形态复杂的刚毛。

寡毛纲（Oligochaeta）：头部分化不明显，无疣足，刚毛较简单，直接着生在皮肤肌肉囊上。

蛭纲（Hirudinea）：身体通常背腹扁平，有固定数目的真正环节，每一环节上还有几个环纹，无疣足与刚毛，体前后端有吸盘。

一、寡毛纲（Oligochaeta）

寡毛纲动物常见的为各种水蚯蚓。它们身体柔软而呈圆柱状，全身由许多体节组成。每一体节上生有刚毛，刚毛极小，肉眼不可见。蚯蚓的行动依靠体节的蠕动，刚毛在行动中起着支持作用。水蚯蚓体型较小，长1～150 mm。身体前方为头部，包括口前叶和围口节。身体由许多节组成，体节上具刚毛，通常呈束状，最多每束20条，也有具单根刚毛的。着生在背部的叫背刚毛，腹部的叫腹刚毛。背刚毛有发状、钩状、针状三种。腹刚毛多为钩状，呈“S”形，中部常膨大呈毛节，顶端分叉。水蚯蚓血液为红色或黄色，不具红细胞，以血红蛋白溶于血浆内。呼吸作用一般是利用皮肤下的微血管交换气体。有鳃的种类，在身体前端或尾端，由皮肤形成的特殊的鳃进行呼吸。雌雄同体，为异体受精。有些种类进行无性生殖。

水蚯蚓吞食泥土、腐屑、细菌以及底栖藻类。有时也吃丝状藻类和小型动物。在适宜的环境每平方米的泥面上可达6万多条，远视似水底铺上了一块红毯。它们在缺氧的环境里，从泥底伸出尾部，不断摆动，以获得尽量多的氧。

（一）颤蚓目（Tubificida）

颤蚓科（Tubificidae）

无吻，无眼。刚毛每节 4 束，始于Ⅱ节。腹刚毛双叉，鲜为单尖。有或无发状刚毛。针状刚毛，常为双叉钩状，叉间可具齿，或为栉状、膜状；针状毛也可为单尖，多见于体后。

（1）管水蚓属（*Aulodrilus*）

形态特征：无体腔球。输精管短；精管膨部为球形、蚕豆形或长筒形；前列腺为团块状，以柄连于精管膨部；具真阴茎。交配毛为匙状或缺。有或无受精囊，无精荚。可无性繁殖，生殖器官的位置常前移。栖居于负管中，用不分节的尾部呼吸。

多毛管水蚓（*Aulodrilus pluriseta*）

形态特征：体长 12 mm，体宽 0.5 mm。发状刚毛呈枪刺状，每束 3～8 根。针状刚毛呈双叉钩状，毛节远端，每束 4～9 根。腹刚毛呈钩状，远叉弱小，短于近叉，毛节远端。体前端腹刚毛每束 10～13 根，体后端每束 6～11 根。

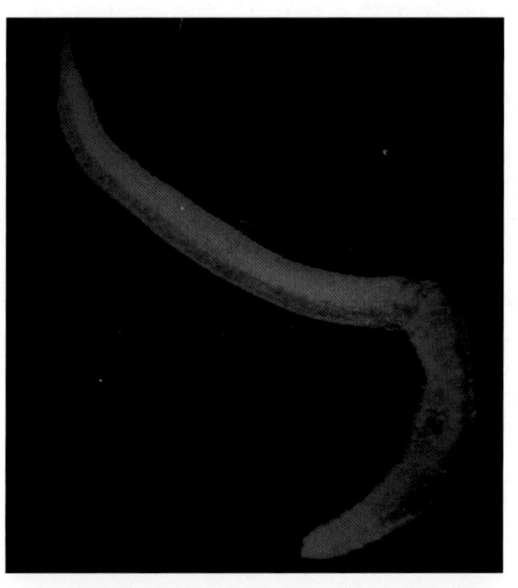

多毛管水蚓（*Aulodrilus pluriseta*）

（2）尾鳃蚓属（*Branchiura*）

无体腔球。体后端每节背腹面中线位置形成 1 对鳃。输精管短，精管膨部被分散的前列腺覆盖。具有副精管膨部。交配腔可翻转成假阴茎。受精囊成对，无精荚。

苏氏尾鳃蚓（*Branchiura sowerbyi*）

形态特征：体较大，生活时达 15 mm 以上；体宽 1～2.5 mm。体色淡红乃至淡紫色。于体后部约 1/3 处始，背腹正中绫每节有 1 对丝状的鳃，最前面的最短，逐渐增长，有 60～160 对。前端体节较长，有 3～7 体环。腹刚毛前面每束 4～7 条，单尖，以后逐渐减少，变成 2 叉，远叉极小，至后部远叉更小或消失。背刚毛自Ⅱ

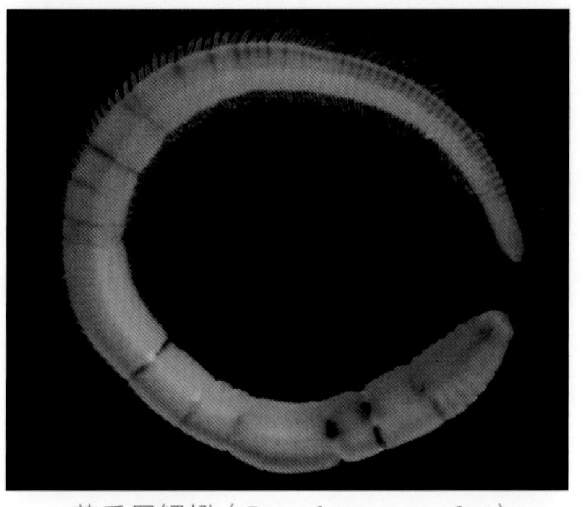

苏氏尾鳃蚓（*Branchiura sowerbyi*）

节始，1～8 根发状刚毛，长约 2 mm，至体中部数目逐渐减少且短，至有鳃部消失；5～12 根钩状刚毛。环带在 1/2 Ⅹ～Ⅻ节，隆肿状。雄生殖孔分开，在Ⅺ节腹面。雌孔在Ⅰ/Ⅻ节。受精囊孔 1 对，在Ⅹ节腹刚毛之后。有大的精管膨部及一副膨部，包在一交配腔内。受精囊内有无定形的精荚。

苏氏尾鳃蚓在西洞庭湖为优势种。

（3）水丝蚓属（*Limnodrilus*）

形态特征：体腔球缺。无发状刚毛，生殖毛缺失。输精管和射精管均长；精管膨部小，呈豌豆形；前列腺大；阴茎较长，具长且厚的阴茎鞘。受精囊具精荚。

①霍甫水丝蚓（*Limnodrilus hoffmeisteri*）

形态特征：体长 25～40 mm，体宽 0.7～0.8 mm，体褐红色。约 150 节，口前叶小，呈圆锥形。固定标本身体最前端每节常有 2 体环。全身刚毛呈钩状，始于Ⅱ节，背腹同型。体前部刚毛每束 3～7 根，长 110～125 μm，毛节在远端，远叉稍长或两叉几相等；向后刚毛减少，至身体末端仅 2 条一束，远叉短而小，且较直。环带明显，在Ⅺ～1/2 Ⅻ节。受精囊腔呈雪梨形，壁薄，中有 1 个或 2 个精荚；受精囊为管筒状，通常弯转，管壁有较厚的肌肉层，在与囊腔交界处有时膨大如结节，壁也变薄。雄孔在Ⅺ节腹刚毛束位置上，输精管长、盘曲，精管膨部为长纺锤形。前列腺大。阴茎鞘 300～600 μm（甚少 1 000 μm）长，呈长筒状，全长为最宽部的 10～14 倍，末端较窄，微弯，口扩张，边缘翻转，但各缘外翻程度不同，故不对称。

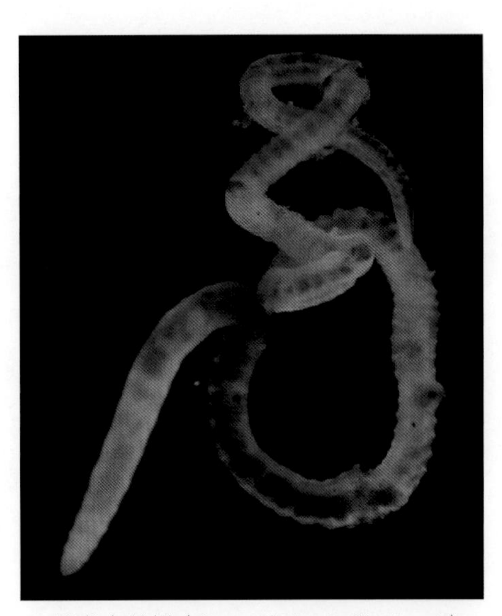
霍甫水丝蚓（*Limnodrilus hoffmeisteri*）

②克拉泊水丝蚓（*Limnodrilus claparedeianus*）

形态特征：体长 20～30 mm，体宽 0.35～0.4 mm。阴茎鞘特长，大约是接近末端最宽处的 20 倍，末端较宽，微弯，口扩张，边缘翻转程度不同，故不对称。

③巨毛水丝蚓（*Limnodrilus grandisetosus*）

形态特征：体长 42～130 mm，体节 80～270 节。背刚毛每束 3～4 根，腹刚毛 2～3 根。4～10 节的腹刚毛巨大，毛干粗壮，远端钩转，2 叉短且钝。阴茎鞘粗短，呈细盅状，长度只有最宽处的 1.5 倍。

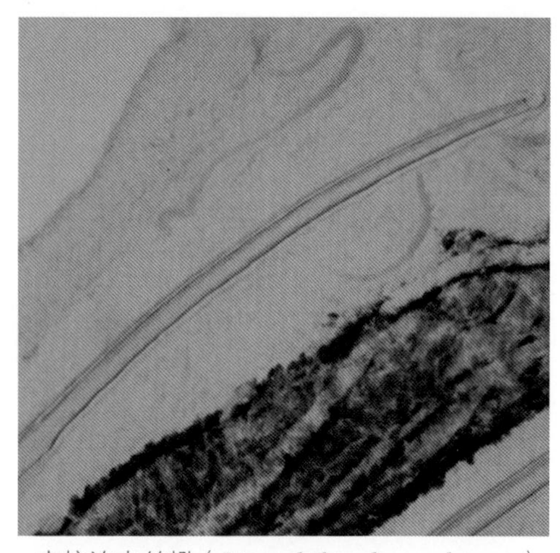
克拉泊水丝蚓（*Limnodrilus claparedeianus*）阴茎鞘

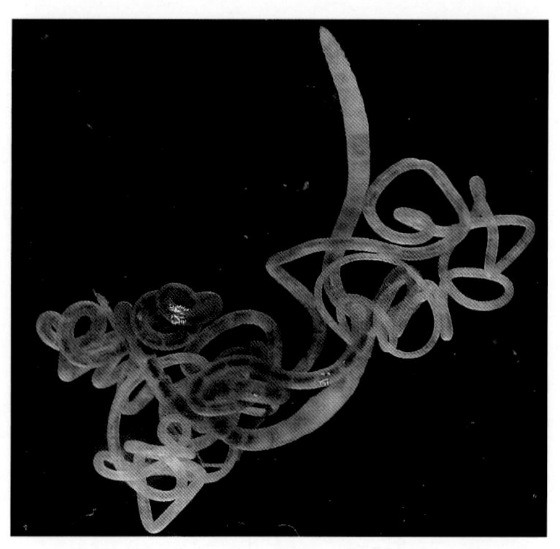
巨毛水丝蚓（*Limnodrilus grandisetosus*）

（4）颤蚓属（*Tubifex*）

形态特征：具有发状刚毛；针状刚毛呈栉状，在体前部；腹刚毛呈钩状。无体腔球。输精管盘曲，连接精管膨部的顶端或亚顶端。精管膨部中等长，远端渐细。前列腺大，以短粗的柄连膨部亚顶端的腹侧。无射精管。具有阴茎，无厚阴茎鞘。受精囊中有精荚。具有生殖毛，但不变形。

正颤蚓（*Tubifex tubifex*）

形态特征：此种被分离出主要是缘于其具有其他种类所没有的鲜明特征。体长20～30 mm，体宽1 mm。60～80节。口前叶为钝圆锥形。心脏在Ⅷ节。背、腹刚毛均始于Ⅱ节，前端背面每束有3～5根（普通3～4根）发状刚毛和针状刚毛，发状刚毛长400～650 μm，边缘有细锯齿，两相邻锯齿间隔3～4 μm，针状刚毛长95～135 μm，干较直，毛节在远端，两叉相等（长约7.4 μm），且分开成50°～60°角，叉间又有2～5个栉齿；向后，则发状刚毛减少，由1～2根至全部消失，针状刚毛也相应减少（但不消失）；近叉变得比远叉粗，栉齿少或无。腹刚毛呈钩状，略弯曲，前端3～5（普通3～4）根一束，长120～150 μm，远叉通常略细长，也有2叉基本等长的（远叉 / 近叉 =7.5～10 μm/7～7.5 μm）；身体后部的腹刚毛1～2根一束，长105～110 μm，叉较短，通常相等。环带在Ⅺ～Ⅻ节。

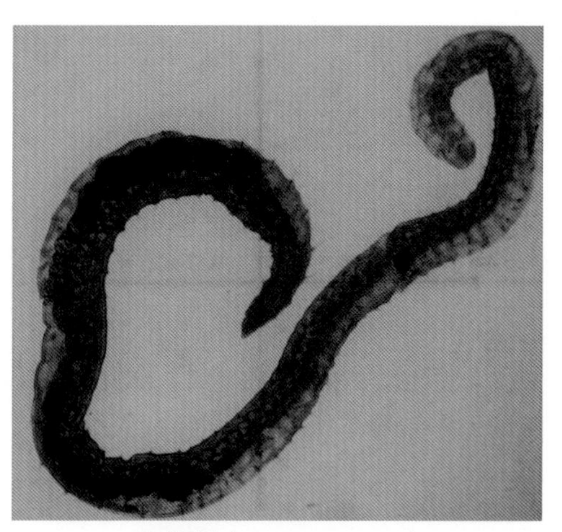
正颤蚓（*Tubifex tubifex*）

受精囊在Ⅹ节，囊腔呈雪梨形乃至袋形，具有精荚，囊管细，较长，壁薄，连受精囊孔处略膨大。输精管长，精管膨部呈棒状，通常作人胃状弯曲，腔壁在连前列腺处及连阴茎的一段特别增厚。前列腺大，由多叶集合成一团，和精管膨部靠近输精管的一端相连接。交配腔小，内藏乳头状阴茎。雄孔在Ⅺ节腹刚毛束的位置。无交配毛。

二、蛭纲（Hirudinea）

蛭类俗称蚂蝗，体扁或略柱状或椭圆形，柔软。前后两端窄，或后头有一颈。前后两端各有一吸盘，分别称为前吸盘和后吸盘。口在前吸盘腹侧。口内有吻或无吻。肛门在后吸盘的背面。全身由许多体节组成，每个体节上又有许多体环，外观体节与体环甚难区别。蛭类体色多变，或色彩艳丽或斑纹规则或全身透明。蛭类的少数种类吸血，很多种类则为肉食性和腐食性。蛭类为雌雄同体，异体受精。

蛭类生活在湖泊、沼泽、池塘、河沟、泉水或缓流中，也有在激流中生活的种类，它们日伏夜出。多数蛭类为自由生活，也有营暂时寄生生活者。常见的种类有吻蛭目、颚蛭目和咽蛭目。

（一）咽蛭目（Pharyngobdellida）

完全体节基本上分为 5 体环，但某些环有的再分割而有更多的环数。咽长，约为体长的 1/3。咽部有 3 条长的肌肉脊。无颚，但有的有数个较大的齿。雄性生殖系统无线形的阴茎；雌性无明显的阴道。肉食性，可吞食蠕虫或昆虫幼虫。在淡水或湿土中生活。

石蛭科（Herpobdellidae）

本科种类体中等大或小型。眼点少于 5 对，不成弧形排列。完全体节具有 5 环轮或稍多。体表感觉突不显著。颚退化，常成齿板或齿棘，甚至缺乏。嗉盲囊不分侧盲囊或至多只有 1 对侧盲囊。

石蛭属（*Herpobdella*）

形态特征：体略呈圆柱形，前后两端略狭，背面色深，具有不规则的黑色斑点。腹面稍淡，前吸盘小，后吸盘与体同宽，眼 4 对。

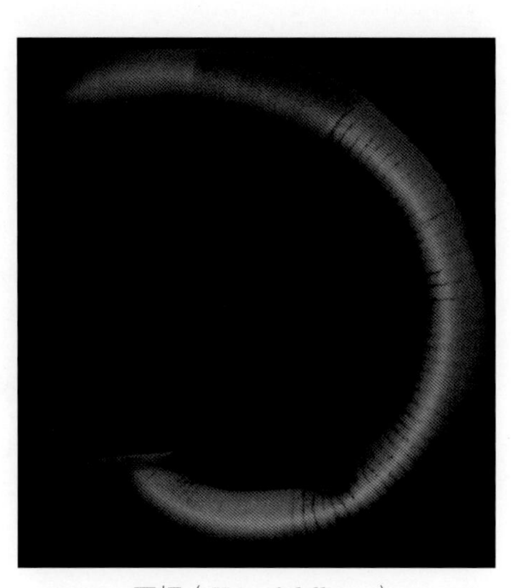

石蛭（*Herpobdella* sp.）

（二）吻蛭目（Rhynchobdellida）

无颚，前端有吻，用以刺穿宿主的组织。口位于前吸盘的中央，少数种类的口孔在吸盘的亚前缘或后缘。闭管系血管。血液无色。交配依靠精荚而进行。属于海水或淡水种类。

舌蛭科（Glossiphonidae）

体形扁平，椭圆形。不分前后两部，体侧无鳃或皮囊。前吸盘位于头部腹面。体中段每体节具有三环轮。眼 1～4 对，卵产于成体腹面的膜囊中，幼体最初也附着于母体腹面。不善于游泳。营半寄生生活。

（1）舌蛭属（*Glossiphonia*）

形态特征：体常小型。扁平，卵圆形。眼点常 3 对（少为 1 对或 2 对）。前吸盘较后吸盘小。口孔位于前吸盘中央，嗉盲囊具有 6 对侧盲囊。分布广，在各地池塘、河川等较静的水流中生活，行动迟缓，稍受惊扰即蜷缩成球形。

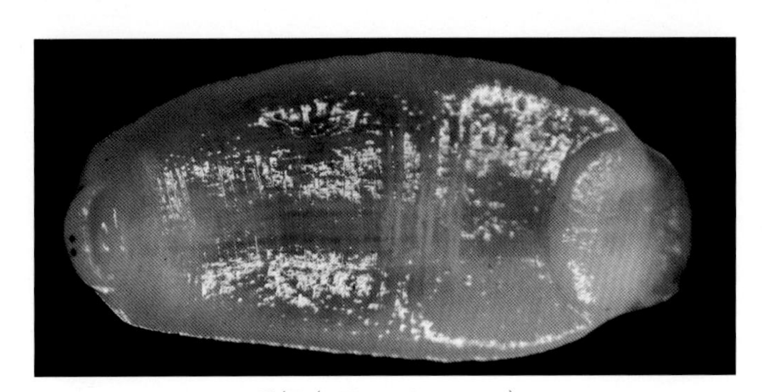

舌蛭（*Glossiphonia* sp.）

宽身舌蛭（*Glossiphonia lata*）

形态特征：体短宽，略呈卵形。体长 10～22 mm，宽 5～8.5 mm。背部稍凸，腹面扁平。背部土黄色，由黑色细点组成的纵纹有 8～9 行。前吸盘小，口中有长吻。后吸盘也小。眼点 3 对，排列于第 4（或第 5）、第 6、第 7 三环上。前对眼小，两眼靠近，有时重叠，也有消失 1 眼或全消失的。中、后对眼较大，但也有 2 对合并成 1 对大眼，或各对仅留存 1 侧眼。雄性生殖孔位于第 27 环，雌孔生殖孔位于第 28 环的前缘。

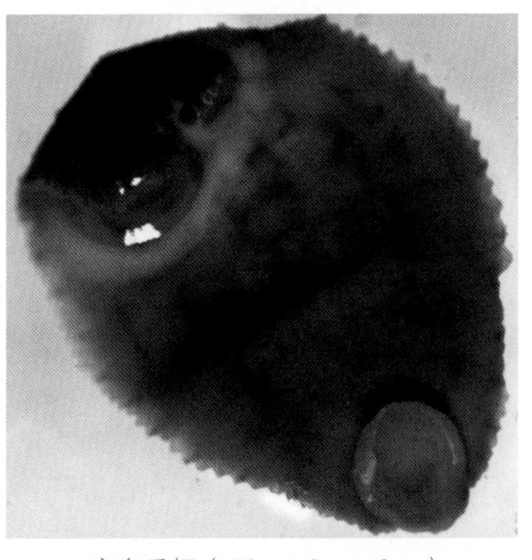

宽身舌蛭（*Glossiphonia lata*）

（2）泽蛭属（*Helobdella*）

形态特征：体小型。前端背中央常有 1 块圆形的几丁质板，整体稍透明，呈灰白或淡黄绿色，间杂黑点。眼 1 对，左右接近。完全体节具有三环轮。

分布广泛，常栖沼石或烂叶下或暂寄生在软体动物和蛙体上。

泽蛭（*Helobdella* sp.）

第二章 软体动物门（Mollusca）

软体动物门是大型底栖无脊椎动物的一大类群，通常分为双神经纲（Amphineura）、腹足纲（Gastropoda）、掘足纲（Scaphopoda）、瓣鳃纲（Lamellibranchia）和头足纲（Cephalopoda）5个纲。软体动物身体不分节，左右对称（腹足纲身体不对称）。体分头、足、内脏囊三部分。软体动物由于身体柔软，大多数运动迟缓。由于大多数种类具有贝壳，又称为贝类。

软体动物是动物界中第二大门类，种类不少于13万种。淡水生活的种类主要是腹足纲和瓣鳃纲的一些种类。

一、腹足纲（Gastropoda）

腹足类大多数有一个螺旋形的贝壳，故名单壳类，又称螺类。因足常位于身体腹侧，故称腹足类。贝壳形状随种类而异，变化很大，是鉴别种类的重要依据。贝壳可分为螺旋部和体螺层两部分。螺旋部壳顶到壳口上缘是动物内脏囊盘曲之所，一般分为许多层。体螺层是贝壳的最后一层，一般最大，容纳动物的头部和足部。贝壳的旋转有右旋和左旋之分，壳口在螺轴的右侧即为右旋，在左侧，则为左旋。腹足类足的后端常能分泌出一个角质的或石灰质的保护物，称厣。肺螺亚纲的种类没有厣。雌雄同体或异体。

（一）中腹足目（Mesogastropoda）

中腹足目神经系统相当集中。排泄和呼吸系统右侧退化，肾具有1输尿管，1个栉鳃附于外套膜上。心耳只有1个。齿式为2·1·1·1·2。

1. 豆螺科（Bithyniidae）

贝壳小型，外形为球形、卵圆形或圆锥形；螺旋部为圆锥形，体螺层略膨大；壳面光滑或具有细密的螺旋纹或螺棱；壳口圆形或卵圆形。厣为石灰质，具同心圆的生长纹。

（1）涵螺属（*Alocinma*）

形态特征：贝壳略呈球形。螺旋部小，体螺层几乎占据全部贝壳。

长角涵螺（*Alocinma longicornis*）

形态特征：贝壳较小型，壳质较薄，但坚固、透明。外形略呈球形，有3.5～4个螺层。各螺层的宽度增长迅速，壳面外凸，壳顶钝圆，螺旋部短宽，体螺层极膨大，几乎形成了全部贝壳。缝合线明显。壳面呈白色，光滑，壳口略呈卵圆形，周缘完整，具有黑色框边，上方有一锐角，内唇略向外折。厣呈卵圆形，为一石灰质的薄片，具有同心圆的生长纹，厣核偏于壳口内缘中心处，无脐孔。

（2）沼螺属（*Parafossarulus*）

形态特征：为本科中中等大小的种类，壳为卵锥形。壳质厚而坚，螺塔为高锥形，螺层略凸，具螺旋纹或螺棱。具有脐缝。壳口呈卵圆形，口缘厚。厣为石灰质。

①纹沼螺（*Parafossarulus striatulus*）

形态特征：体中等大小，壳质厚而坚固，透明。有5～6个螺层，各层缓慢均匀增长，壳面外凸。壳顶尖，常被损坏，螺旋部宽，呈圆锥形。体螺层略膨大，缝合线浅。壳表具有细的生长纹及螺旋纹或螺棱。壳表呈灰黄色、褐色或淡灰色。壳口呈卵圆形，具有黑色或褐色边框。厣为石灰质，与壳口同样大小，不能拉入壳口内，具有同心圆生长纹，无脐孔。

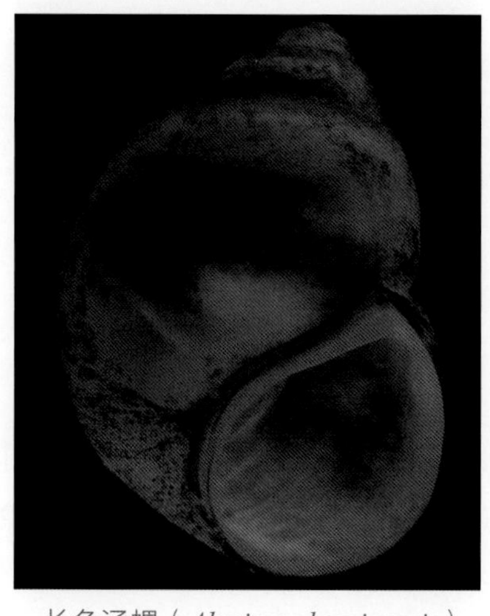

长角涵螺（*Alocinma longicornis*）

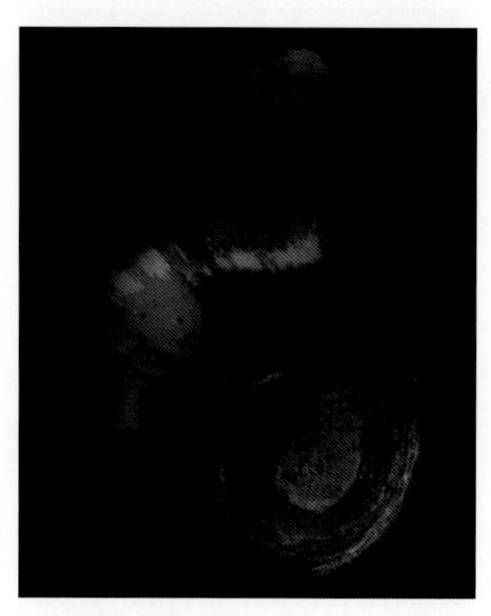

纹沼螺（*Parafossarulus striatulus*）

②大沼螺（*Parafossarulus eximius*）

形态特征：本种是豆螺科中最大的种类，成体壳高可达 19.2 mm，壳宽 8.9～10.2 mm。壳质厚，坚固，外形呈卵圆锥形，与田螺科中环棱螺属的种类非常相似，但是，它具有石灰质的厣。有 5 个螺层，各螺层在宽度上增长较迅速，壳面外凸，壳顶钝，经常被磨损，螺旋部呈宽圆锥形，体螺层膨大。缝合线深。壳面为褐色、黄褐色和绿褐色，上面具有明显的生长纹及螺棱，体螺层上的螺棱更加明显，螺棱变异较大，有的个体螺棱极强，有的个体近似光滑。壳口呈卵圆形，周缘厚。

③中华沼螺（*Parafossarulus atriatulus*）

形态特征：贝壳中等大小，成体壳高 10 mm 左右，宽 5 mm 左右。有 5～6 个螺层，壳面不外凸，壳顶尖，但经常被磨损，螺旋部呈长圆锥形，体螺层略膨大。缝合线浅。壳面呈黄褐色或灰褐色，具有分布均匀的强的螺棱，螺棱数目一般在体螺层上有 4 条，倒数第二、第三螺层上有 3 条。壳口呈卵圆形，周缘完整，外折，坚厚，具有黑色或褐色框边。厣为石灰质的薄片，与壳口同样大小，不能拉入壳口内，具有同心圆的生长纹，无脐孔。

大沼螺（*Parafossarulus eximius*）

中华沼螺（*Parafossarulus atriatulus*）

2. 短沟蜷科（*Semisulcospiridae*）

贝壳一般为中等大小，成体壳高约为 30 mm。外形多呈长圆锥形或卵圆锥形。壳质坚硬。一般螺层逐渐缓慢增长，螺层平坦或稍膨胀，多具有削尖的螺旋部。壳面光滑或具有纵肋，或具有由纵肋及螺棱交叉而形成的瘤状结节。

（1）短沟蜷属（*Semisulcospira*）

形态特征：贝壳中等大小，呈塔型。壳面光滑或具环肋、纵肋或粒状突起。壳口为卵形，上下两端均呈角状。

方格短沟蜷（*Semisulcospira cancellata*）

形态特征：贝壳壳高 17.2～28.5 mm，壳宽 7.3～11.2 mm。壳质厚，坚固，外形呈长圆锥形。壳顶尖，常被腐蚀，有 12 个螺层，各螺层在长度上缓慢均匀增长。各螺层略外凸，螺旋部呈瘦长圆锥形。体螺层不膨大，底部缩小。壳面呈黄褐色，具有 2～3 条深褐色的色带，上有不大显著的螺纹及发达的纵肋，螺纹和螺肋二者相连形成方格状的花纹，并相交形成瘤状结节。体螺层具有 12～15 条纵肋。在体螺层下部具有 3 条螺棱。壳口呈长椭圆形，上方呈角状，下方具有斜槽，周缘完整，外唇薄，呈锯齿状，内缘上方贴覆于体螺层上，轴缘弯曲呈弧形。厣为角质，呈黄褐色，无脐孔。

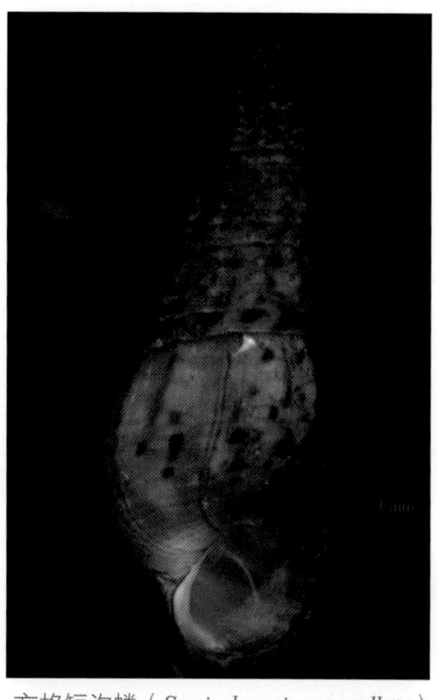
方格短沟蜷（*Semisulcospira cancellata*）

（2）粒蜷属（*Tarebia*）

形态特征：贝壳中等大小，呈尖锥形。壳面光滑或具环肋、纵肋或粒状突起。壳口呈椭圆形，周缘完整。

斜粒粒蜷（*Tarebia granifera*）

形态特征：贝壳中等大小，一般成体壳高为 27 mm，壳宽 8 mm，壳口高 7.5 mm 左右，壳口宽 4.5 mm。壳质较厚，坚固，外形呈尖锥形，有 11 个螺层，各螺层在长度上缓慢均匀增长，各螺层略膨胀，并且略倾斜。壳顶尖锐，但常被损蚀；螺旋部削尖，呈圆锥形。体螺层略膨胀，缝合线深。壳面呈灰白褐色，在缝合线下部具有 1 条明显的白色色带，各螺层上具有 2 条红色色带，上部螺层上具有规则的纵肋，但在下面螺层纵肋逐渐消失，体螺层光滑或者具有残留的纵肋痕迹。壳口略呈椭圆形，周缘完整，外唇薄，上方具有锐角，下方略突出，轴缘几乎垂直，内唇具有薄的透明的胼胝。厣为角质的黄褐色薄片，

斜粒粒蜷（*Tarebia granifera*）

与壳口形状相同。

3. 狭口螺科（Stenothyridae）

贝壳小型，一般不高于 5 mm。外形呈卵圆锥形或桶形。壳质薄，透明但坚固。壳面呈灰白色或黄褐色，壳面光滑或具有多条螺旋状花纹或有凹点组成螺旋纹。体螺层大，除了壳口外体螺层背，腹面略呈压平状。壳口略呈圆形，周缘完整且厚。

狭口螺属（*Stenothyra*）

形态特征：壳小，呈长卵形。螺层凸胀，少于 5 层。壳面光滑或旋向饰纹。壳口小，呈圆形。

光滑狭口螺（*Stenothyra glabra*）

形态特征：贝壳极小，两端略细，中间粗大，近似圆筒状。壳质较坚实，略透明。壳高 3.2 mm，壳宽 1.8 mm。有 5 个螺层，皆外凸。体螺层膨大，其高度约占全部壳高的 3/4，壳顶钝。缝合线明显。壳面呈淡黄色或灰白色，光滑。壳口小，呈圆形，其高度约为全部壳高的 1/4。厣为角质，圆形的薄片与壳口同大。

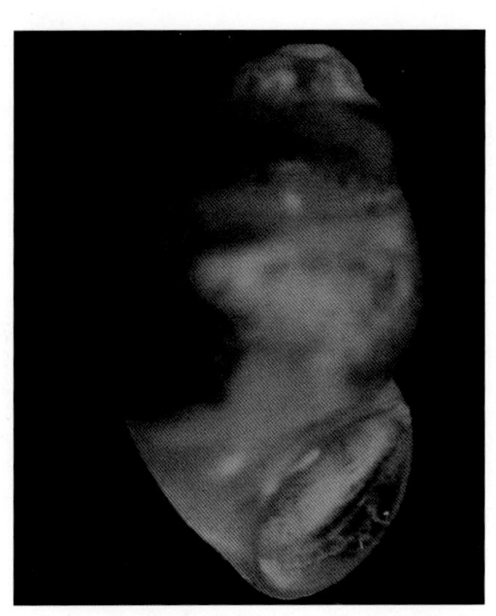

光滑狭口螺（*Stenothyra glabra*）

4. 田螺科（Viviparidae）

贝壳中等大小或大型；外形呈球形或圆锥形；螺旋部为圆锥形，螺层外突或呈角状或具龙骨突；厣为角质，具有同心圆的生长线。

（1）环棱螺属（*Bellamya*）

形态特征：贝壳中等大小，圆锥形或低锥形。螺层面近于平直。体螺层大，具螺棱（环棱）。脐孔窄小，壳口呈卵圆形，口缘薄利，上端角状。

①梨形环棱螺（*Bellamya purificata*）

形态特征：成螺中等大小，体呈梨形。壳高约 37 mm，壳宽约 25 mm。壳质厚，坚实。螺层 6～7 个，表面凸，体螺层膨胀，螺旋部呈宽圆锥形。缝合线明显。壳面较光滑，呈黄绿色或黄褐色，在体螺层及倒数第 2 螺层上常

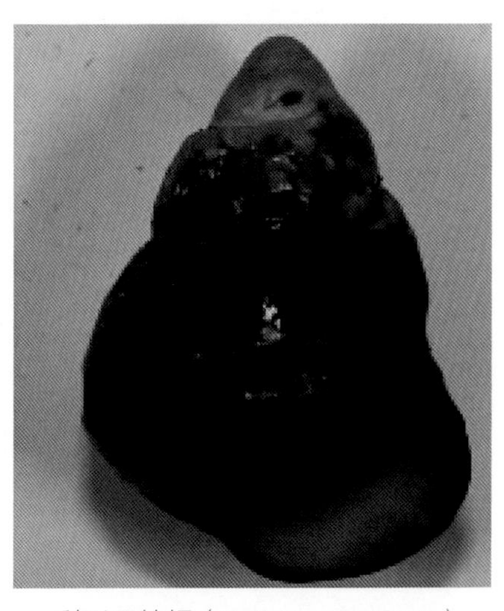

梨形环棱螺（*Bellamya purificata*）

具有 3～4 条螺棱。幼螺的螺棱上生长许多细毛。壳口呈卵圆形。常具有黑色框边，上方有 1 个锐角，外唇简单，内唇肥厚，上方外折贴覆于体螺层上。脐孔明显。厣为黄褐色的卵圆形薄片。

②铜锈环棱螺（*Bellamya aeruginosa*）

形态特征：贝壳较瘦小，壳质坚厚，外形呈长圆锥形。有 6～7 个螺层，有时壳顶常被腐蚀而只剩下 4 个螺层。各螺层在宽度上增加较慢，不外凸，螺旋部呈长圆锥形。体螺层膨大。壳顶尖，常被损蚀，缝合线较浅。壳面呈铜锈色或绿褐色，具有明显的生长线和螺棱，在体螺层上有 3 条螺棱，其中最下面的 1 条最为明显。壳口呈梨圆形，上方有 1 个锐角，周缘完整，外唇较薄，易碎，内唇略厚，上方贴覆在体螺层上。脐孔深，呈缝状。厣为角质，呈梨形，黄褐色，具有同心圆的生长线，厣核处略凹，靠近内缘中央。

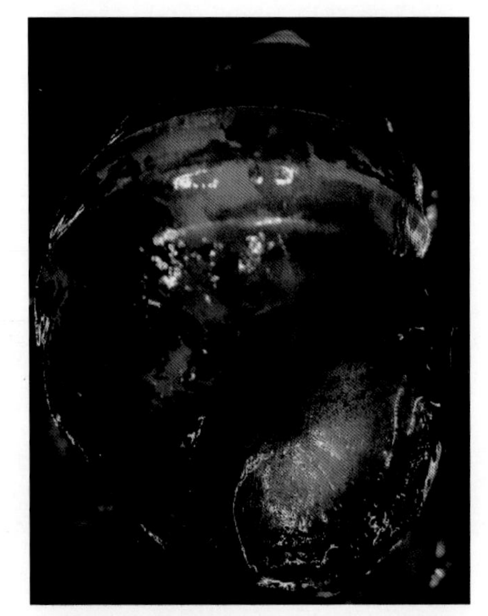

铜锈环棱螺（*Bellamya aeruginosa*）

铜锈环棱螺在洞庭湖全湖为优势种。

（2）河螺属（*Rivularia*）

形态特征：壳特厚，螺层表面平滑，无螺棱（环棱），螺塔低，体螺层大，是我国特有属。仅分布于江西、湖北、湖南、安徽、贵州、广东等省，主要生活在水质较清的湖泊及江河内。

耳河螺（*Rivularia auriculata*）

形态特征：壳特厚，螺层表面平滑，无螺棱（环棱），螺塔低，体螺层大，壳口似耳形。

耳河螺（*Rivularia auriculata*）

（3）圆田螺属（*Cipangopaludina*）

形态特征：个体较大，贝壳表面平滑，一般不具有环棱，螺层膨胀。缝合线较深。

中国圆田螺（*Cipangopaludina chinensis*）

形态特征：中型个体，壳高约 44.4 mm，宽约 27.5 mm。贝壳近宽圆锥形，具有 6～7 个螺层，每个螺层均向外膨胀。螺旋部的高度大于壳口高度，体螺层明显膨大。壳顶尖，缝合线较深。壳面光滑无肋，呈黄褐色。壳口近卵圆形，边缘完整，薄，具有黑色框边。厣为角质的薄片，小于壳口，具有同心圆的生长纹，厣核位于内唇中央。

中国圆田螺
（*Cipangopaludina chinensis*）

5. 瓶螺科（Pilaidae）

本科所包含的种类，在淡水腹足类中为个体大型，贝壳高度可达约 70 mm，有右旋或左旋两种类型。其外形呈卵圆形或球形，少数种类呈盘状。螺旋部短，体螺层膨大。壳面光滑，有光泽，呈绿色或褐色，有的种类并具有色带。有脐孔。壳口周缘简单。厣为石灰质或角质，分布于美洲的为角质厣，而分布于亚洲或者非洲的皆为石灰质，但亚洲种类厣较厚并内凹，厣具有同心圆的生长线；厣核略偏于中心。触角长，线状，有一个栉状鳃，其左侧并有一肺囊；雌雄异体，交接突起在外套膜左侧。卵生，卵产在浮出水面或淹没于水中的植物上，或者产于近水岸边的泥面上。

福寿螺属（*Pomacea*）

形态特征：见瓶螺科。

小管福寿螺（*Pomacea canaliculata*）

形态特征：贝壳较薄，呈卵圆形；壳高 8 cm 以上；壳径 7 cm 以上，最大壳径可达 15 cm。淡绿橄榄色至黄褐色，光滑，壳顶尖。具有 5～6 个增长迅速的螺层。螺旋部为短圆锥形，体螺层占壳高的 5/6，缝合线深。壳口阔且连续，高度占壳高的 2/3；胼胝部薄，呈蓝灰色，脐孔大而深，厣为角质，呈卵圆形。具同心圆的生长线，厣核近内唇轴缘。

小管福寿螺（*Pomacea canaliculata*）

（二）基眼目（Basommatophora）

基眼目具有 1 对触角。眼位于触角的基部，无柄。外部具有贝壳。多生活于淡水湖泊和池塘中。

1. 椎实螺科（Lymnaeidae）

贝壳小型或中等大小，壳多右旋，外形多呈卵圆形或卵圆锥形，少数呈耳状或帽状；壳质薄，易碎，体螺层宽大，壳口大；触角扁平，呈三角形；雌雄同体。

萝卜螺属（*Radix*）

形态特征：贝壳薄，呈卵圆形。右旋，无厣。螺旋部短小而尖锐。体螺层极膨大。壳口大，轴缘宽，轴部弯曲。

①椭圆萝卜螺（*Radix swinhoei*）

形态特征：壳高一般 20 mm，壳宽约 13 mm，最大的个体壳高可达 30 mm。壳质薄，外形略呈椭圆形。有 3～4 个螺层，上部缩小形成削肩状，中、下部扩大。壳面呈淡褐色或褐色。壳口面呈椭圆形。不向外扩张，上方狭小，向下逐渐扩大，下方最宽大。脐孔呈缝状或不明显。

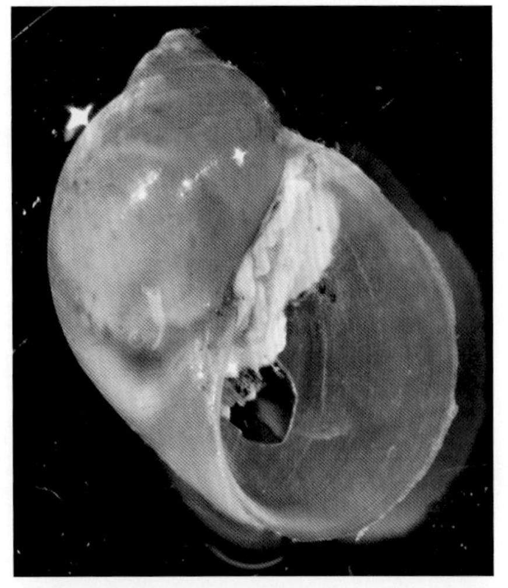

椭圆萝卜螺（*Radix swinhoei*）

②狭萝卜螺（*Radix lagotis*）

形态特征：贝壳中等大小，壳质较薄，但坚固，外形略呈长椭圆形。壳高约 20 mm，壳宽约 15 mm，有 4～5 个螺层，螺旋部呈尖圆锥形，其高度约为全部壳高的 1/3，体螺层略膨大，肩部呈削尖形。壳面呈淡白色、浅黄色或黄褐色，有明显的生长纹。缝合线明显。壳口呈椭圆形，周缘完整，外缘薄，内缘外折，上部贴覆于体螺层上，轴缘略有扭转。脐孔深，呈缝状。

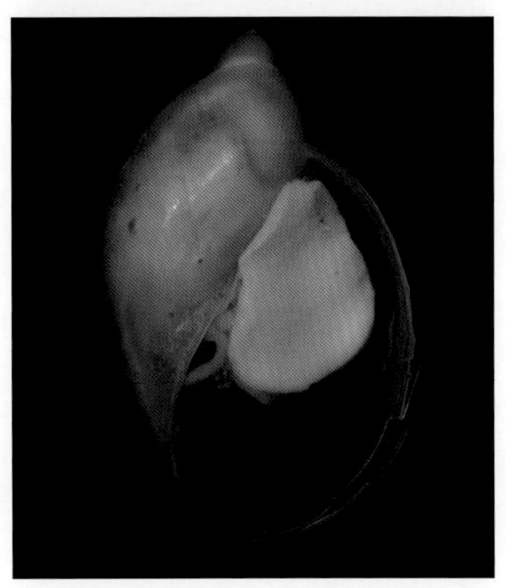

狭萝卜螺（*Radix lagotis*）

2. 扁卷螺科（Planorbidae）

我国分布的扁卷螺科一般为小型种类，仅有个别种类个体较大，贝壳直径一般为 10 mm 左右。贝壳多呈圆盘状，螺层在一个平面上旋转，有的属、种螺旋部升高。左旋或右旋。贝壳周缘具有或缺少龙骨。有的种类壳内具有隔板。

（1）旋螺属（*Gyraulus*）

形态特征：壳小，由 4～5 个迅速增长的螺层组成，体螺层近壳口处扩大并斜向下侧，壳口呈椭圆形。

凸旋螺（*Gyraulus convexiusculus*）

形态特征：贝壳较小，壳质薄而坚固，外形呈圆盘状，有 4～5 个螺层，各螺层的宽度缓慢均匀增长，各螺层上、下两面较小膨胀，具有同样排列的螺层；体螺层在壳口附近宽度及高度增长迅速，周缘有钝的龙骨，缝合线浅。有细的生长纹，壳面呈淡灰色、黑色或茶褐色。壳口呈斜椭圆形，外缘呈半圆形。脐孔宽而浅。

凸旋螺（*Gyraulus convexiusculus*）

（2）圆扁螺属（*Hippeutis*）

形态特征：壳小，呈凸镜形或扁圆形，螺层凸。体螺层大，并包住前一螺层的一部分，周缘具螺棱。壳口呈椭圆形或三角形。

①大脐圆扁螺（*Hippeutis umbilicalis*）

形态特征：贝壳小型，大的直径可达 9 mm 以上。极端的右旋。壳质较厚，略透明，外形呈厚圆盘状，与半球多脉扁螺相似。有 4～5 个螺层，各螺层在宽度上快速增长。体螺层增长特别迅速，宽大，将前面螺层覆盖着，壳口处膨大，在贝壳上部可看到全部螺层，壳顶凹入，在下部通常看不到全部螺层，仅看到一个较深的漏斗状脐孔；体螺层周缘圆或者底部具有钝的周缘龙骨，没有锐利的龙骨。缝合线深。壳面呈灰色或黄褐色，壳口斜，呈宽弯月形，周缘薄，内唇与外唇皆不成 “>” 形。贝壳内无隔板。

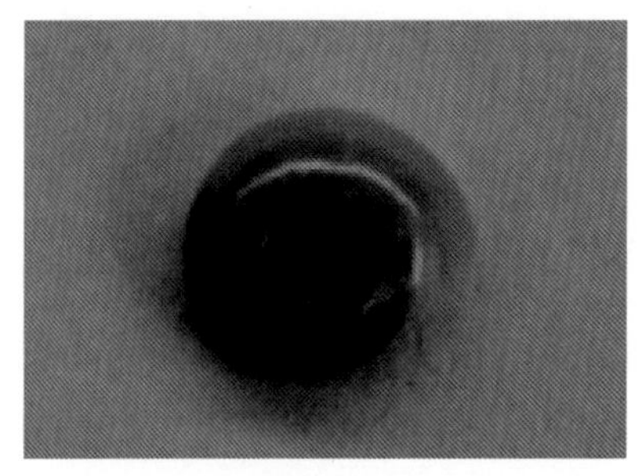

大脐圆扁螺（*Hippeutis umbilicalis*）

②尖口圆扁螺（*Hippeutis cantori*）

形态特征：贝壳较大，壳质薄，略透明，外形呈扁圆盘状。有 4～5 个螺层，各层在宽度上增长迅速，贝壳腹部和背部平坦，中央略凹入，并有一个宽而浅的大脐孔；体螺层膨大，底部周缘具有尖锐的龙骨，壳口呈心脏形。缝合线深。壳面呈灰色和黑褐色，具有明显细致的生长线。贝壳内无隔板。

尖口圆扁螺（*Hippeutis cantori*）

二、瓣鳃纲（Lamellibranchia）

贝壳两侧相等，外形变化大，从近圆形到长棒形；贝壳宽度有的种类是压扁，有的极膨大近球形；贝壳厚薄也不同，如珠蚌亚科的贝亮厚，其厚度可达 10 mm，无齿蚌亚科贝壳极薄；个体大小也极不同，有的壳长小于 25 mm，但有的大于 300 mm。壳顶一般具有呈同心圆状或锯齿状的花纹，但壳顶常被腐蚀。壳面具有同心圆的生长线，或者具有肋突起、瘤状结节及放射形或同心圆形的色带。韧带为外韧带。壳顶窝较深。铰合齿退化或具有强的铰合齿，左壳有 2 个拟主齿及 2 个侧齿，右壳有一个拟主齿及 1 个侧齿，或者仅具有侧齿。鳃叶间隔完整，并与鳃丝平行排列，外鳃叶的后部与外套膜愈合。入水管及出水管有隔膜分开。有鳃水管。育儿囊在 4 个鳃叶中或仅在外鳃叶上。幼虫经过钩介幼虫寄生阶段。

分布于我国淡水水域中的瓣鳃纲，主要是蚌科的种类，它们种类多，产量大，栖息于我国各地的江河、湖泊、池塘及其他淡水水域中，有些种类（大多为珠蚌亚科的种类）生活在水流较急，水质澄清，底为砂石底的水域内；另一些种类（大多为无齿蚌亚科的种类）喜栖息于水流较缓或静水，多为淤泥底的环境中。它们皆以微小生物（如轮虫、鞭毛虫、绿藻及硅藻等），或其他腐殖质为食料。

（一）蚌目（Unionoida）

蚌目壳大中型，壳形多变，通常为卵圆形或柳叶形，两壳相等。前后不对称，后背侧长具发达的翼状部。壳表平滑或具壳被，壳内面具强的珍珠光泽。铰合部具拟主齿或退化，侧齿细长。外韧带位于壳顶的后方。鳃的构造复杂，丝间和瓣间以血管相连。

蚌科（Unionidae）

壳外形、个体大小、厚薄等特征变化较大，两壳相等，壳顶常被腐蚀；壳表面具有生长线、突起、瘤状结节或色带等；具有 1 外韧带；铰合部变化大。

（1）无齿蚌属（*Anodonta*）

形态特征：贝壳呈卵圆形、椭圆形或蚶形。贝壳较薄，壳表平滑，铰合部无任何铰合齿。

①背角无齿蚌（*Anodonta woodiana*）

形态特征：贝壳外形呈有角突的卵圆形，前端稍圆，后端呈斜切状，腹缘呈弧形。后背部有自壳顶射出的 3 条粗肋脉。壳面为绿褐色。闭壳肌痕为长椭圆形。壳内面珍珠层为乳白色。壳长可达 190 mm，壳高可达 130 mm，壳宽可达 80 mm。无铰合齿。

背角无齿蚌（*Anodonta woodiana*）

②圆背角无齿蚌（*Anodonta woodiana pacifica*）

形态特征：贝壳大型，壳长可达 180 mm，壳高 115 mm，壳宽 65 mm。壳质薄，易碎，两壳极膨胀，外形呈有角突的卵圆形。壳长大于壳高的 1.5 倍，贝壳两侧不等称。壳前部钝圆，后部略呈斜切状，末端钝。后背缘向上极倾斜，并与后缘的背部形成一个显著钝角突起，后缘呈斜切状，腹缘呈大弧形。壳顶膨胀，位于背缘距前端 1/3 处，通常被腐蚀，具有粗的肋脉。壳面平滑，有微细的同心圆状的轮脉，后背部有自壳顶射出的 3 条不明显的肋脉，最下条的肋脉末端在贝壳中线上。幼壳新鲜标本壳面上具有从壳顶射向腹缘的绿色放射线。

圆背角无齿蚌（*Anodonta woodiana pacifica*）

③椭圆背角无齿蚌（*Anodonta woodiana elliptica*）

形态特征：贝壳大型，一般壳长 112 mm，壳高 74 mm，壳宽 45 mm。壳质厚且坚固，两壳膨胀不明显，外形呈长椭圆形。壳前部短而低，后部长而高，末端伸长呈尖角状。背缘略直，向上略倾斜，腹缘呈弧形。壳顶较小，略膨胀，位于背缘距前端的 1/3 处，通常被腐蚀。壳面呈棕黄色或褐色，有不规则的同心圆状的轮脉，后背部有自壳顶射出的 2～3 条不明显的肋脉，最下条的肋脉末端在贝壳中线上。

椭圆背角无齿蚌（*Anodonta woodiana elliptica*）

④具角无齿蚌（*Anodonta angula*）

形态特征：贝壳薄脆而膨胀，呈不规则的椭圆形，壳长约为壳宽的 2.7 倍，为壳高的 1.7 倍，壳顶一般不膨胀，也不突出在背缘之上，约位于背缘中央，壳长前 1/3 偏后，背缘平直，其前后端与前缘和后缘相交形成几乎相等的角状突起，后缘斜直，与腹缘相交呈钝角状，

具角无齿蚌（*Anodonta angula*）

角尖位于壳中线之上；腹缘呈一规则的大弧形，前缘浑圆，壳表极光滑，反光极强，壳面呈黄绿色，较大个体多为黄褐色，具不明显的暗绿色或褐色放射线，但幼蚌较清晰，珍珠层有蓝色闪光，壳顶窝处呈鲑肉色。

⑤蚶形无齿蚌（*Anodonta arcaeformis*）

形态特征：贝壳较小，稍显膨胀，外形似蚶形，壳质较薄，壳顶高出背缘之上，位于壳长距前端 2/5 或 1/3 处。

蚶形无齿蚌（*Anodonta arcaeformis*）

⑥球形无齿蚌（*Anodonta globosula*）

形态特征：贝壳中等，壳质薄，易碎，两壳极膨胀，略呈卵圆形。壳顶极膨胀，突出于背缘之上，几乎位于贝壳中部，通常被腐蚀，具有 3～5 条肋脉。腹缘呈一规则的大弧形，壳面有不规则的同心圆状的轮脉，后背部有自壳顶射出的 2 条肋脉，最下条的肋脉末端在贝壳中线上。壳面呈棕色或黄褐色。

球形无齿蚌（*Anodonta globosula*）

⑦舟形无齿蚌（*Anodonta euscaphys*）

形态特征：贝壳中等大小，一般壳长 80 mm，壳高 46 mm，壳宽 32 mm 左右。壳质稍厚而坚硬，两壳膨胀，外形呈长椭圆形。壳长约为壳高的 2 倍，两侧略不等称。背缘略弯，腹缘呈弱弧形，前端圆，末端稍尖。壳顶部凸出于背缘之上，约位于背缘距前端 1/3 处，壳顶常被腐蚀，具有 5～6 条细致的肋脉。壳面呈灰褐色或烟褐色。并有从壳顶射向后背部的肋脉，最下条肋脉末端略在贝壳中线之下。壳面上有从壳顶射向腹缘的绿色色带，幼壳面上明显。

舟形无齿蚌（*Anodonta euscaphys*）

（2）鳞皮蚌属（*Lepidodesma*）

形态特征：贝壳外形略呈三角形，侧齿呈三角薄片状，壳质薄，但较坚固，两壳极膨胀。

高顶鳞皮蚌（*Lepidodesma languilati*）

形态特征：贝壳大型，壳长可达133 mm，壳宽65 mm，壳高98 mm左右。壳质薄，但较坚固，两壳极膨胀，外形呈不等边三角形。前缘与腹缘连成弧形，后缘截状。壳顶突出，位于壳前缘中央，略靠前方，向前、向内弯曲。壳面呈黄绿色，幼壳多为绿色，不平滑，生长轮脉粗而密，近腹缘者较细，中部较粗，贝壳的后背部具有2～3条高起尖锐的后背嵴，最下面的一条最发达，到达腹缘的右侧，因此而使腹缘与后背缘相连处形成直角状。

高顶鳞皮蚌（*Lepidodesma languilati*）

（3）蛏蚌属（*Solenia*）

形态特征：贝壳外形呈长蛏形，侧齿仅有弱的痕迹。

橄榄蛏蚌（*Solenia oleivora*）

形态特征：贝壳较大型，壳长可达168 mm，壳宽21 mm，壳高41 mm左右。壳质薄、脆，外形窄长，壳左右相称，外形呈蛏形。壳前部短圆，后部延长扩张。贝壳只有腹缘的后半部两壳合并，其余部分分开，形成宽的缝隙。壳顶低矮，不突出于背缘上。后背嵴略高起并有一钝的角度。壳面呈橄榄绿色或淡黄色，有光泽，具有宽大的突起生长线。

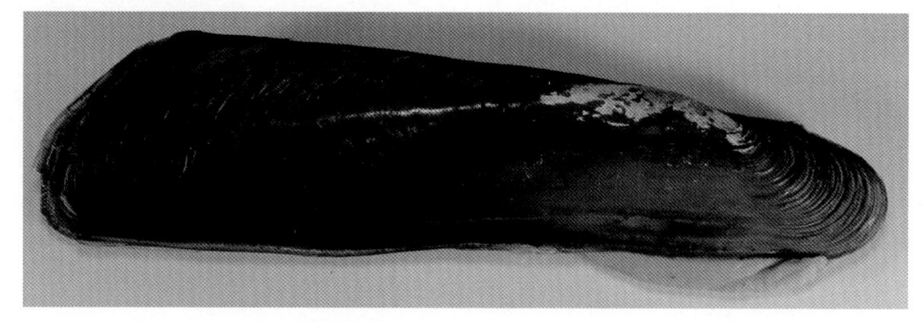
橄榄蛏蚌（*Solenia oleivora*）

（4）裂脊蚌属（*Schistodesmus*）

形态特征：贝壳中等大小，壳质厚，外形呈卵圆形或三角形，壳面具有宽大同心圆的肋嵴，铰合部发达，具有拟主齿和侧齿。

①射线裂脊蚌（*Schistodesmus lampreyanus*）

形态特征：贝壳呈中等大小，壳长40 mm，壳宽20 mm，壳高28 mm左右。

壳质厚，坚硬，外形略呈三角形或卵圆形，两壳稍膨胀。两侧不等称。贝壳前部短圆，上部呈斜截状，下部弧形，后部较前部长，前背缘稍弯，极短，后背缘下斜，与后腹缘相连，形成钝角，腹缘呈弧形。壳顶略高，略突出，位于壳中部偏前方，常被腐蚀。壳面光滑，具有数条以壳顶为中心的同心圆的粗大肋嵴，近腹缘者较细，中部者较粗，嵴间的距离很宽，几乎与嵴等宽。壳面呈黄绿色或绿黄色，有光泽，从壳顶至边缘有多条绿色或黑色粗密的放射线。

射线裂脊蚌（*Schistodesmus lampreyanus*）

②棘裂脊蚌（*Schistodesmus spinosus*）

形态特征：贝壳小型，壳长 26 mm，壳宽 15 mm，壳高 22 mm 左右。壳质厚，坚硬，外形略呈三角形，两壳膨胀，两侧不等称。贝壳前部短圆，腹缘呈弧形。壳顶略高，常被腐蚀。壳面呈黑褐色，具有间隔较宽的同心圆的肋嵴，或具有光泽的、窄的分散放射带。后背嵴较宽，并具有 2～3 个组成的 1 列短棘。

棘裂脊蚌（*Schistodesmus spinosus*）

（5）尖嵴蚌属（*Acuticosta*）

形态特征：贝壳中等大小，壳质厚，外形卵圆形或三角形，壳面没有宽大同心圆的肋嵴，贝壳后部具有 1 个尖峭，铰合部发达，具有拟主齿和侧齿。

①中国尖嵴蚌（*Acuticosta chinensis*）

形态特征：贝壳中等大小，壳长一般为 44～50 mm，壳高 33 mm，壳宽 21～25 mm。壳质略厚，坚固，外形呈不规则的卵圆形。贝壳膨胀，两侧不对称。壳顶膨胀，突出，高于背缘之上，并向前倾斜，位于贝壳前部的 1/3 处。前缘圆，后背缘向下弯曲，腹缘呈弧形。壳后部具有明显的后背嵴，略突出，并呈锐角状，末端达贝壳中线下部。壳面呈黄绿色或灰绿色，具有多束绿色的放射线。

②卵形尖嵴蚌（*Acuticosta ovata*）

形态特征：贝壳中等大小，一般壳长为 35 mm，壳高 23 mm，壳宽 21 mm。壳质略厚，坚固，外形呈不规则的卵圆形。贝壳两侧不对称。壳顶略高，并向前倾斜，位于贝壳前部的1/3处。前背缘直，后背缘向下弯曲，腹缘呈弧形。壳面呈棕褐色或栗色，具有黑色或绿色的放射线。

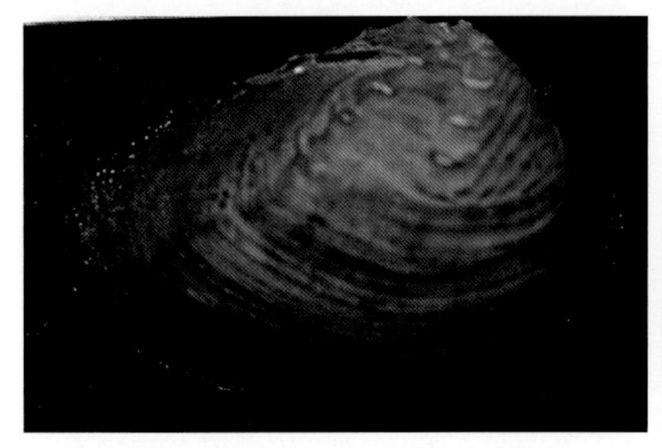

中国尖嵴蚌（*Acuticosta chinensis*）

卵形尖嵴蚌（*Acuticosta ovata*）

（6）扭蚌属（*Arcoaia*）

形态特征：贝壳外形呈香蕉形，左右两壳部相等，贝壳后半部向左方或右方扭转。背缘前端稍延长成喙状。

扭蚌（*Arconaia lanceolata*）

形态特征：贝壳中等大小，壳长可达107 mm，壳高24 mm，壳宽20 mm左右。壳质厚而坚固，外形窄长呈香蕉状，适当地膨胀。左右两壳不等称。贝壳后半部顺长轴向左方或右方扭转，略呈45°或小于45°。贝壳前缘略延长呈尖领状突出。后部伸长而弯曲，末端在后背嵴下边呈钝角。壳顶小，不突出，常被腐蚀，位于壳前端，贝壳长度的1/4处。壳面呈灰褐色，略覆盖着绒毛状物质，具有不规则细密的生长线，并在贝壳上具有瘤状结节或者垂直褶皱。韧带细长，位于贝壳中部。珍珠层呈白色，在壳顶下方略呈鲑肉色。壳顶窝极浅。外套痕明显。铰合部发达，左壳具有2颗拟主齿和2颗侧齿，前拟主齿呈突起三角形，后拟主齿顶端刻裂粗大，顶部具有细致刻裂，两齿间有一深窝，侧齿纵长；右壳具有2颗拟主齿，前拟主齿低矮，扁长，后拟主齿粗大，略呈三角形，顶部具有粗的刻裂；具有1颗侧齿，顶端具有锯齿状刻裂。

扭蚌（*Arconaia lanceolata*）

（7）楔蚌属（*Cuneopsis*）

形态特征：贝壳呈楔形，前部膨大，后端尖细。

①鱼尾楔蚌（*Cuneopsis pisciculus*）

形态特征：贝壳中等大小，壳长可达 82 mm，壳高 34 mm，壳宽 25 mm。贝壳坚厚，膨胀，两侧不等称，前部膨胀，后部缩短并稍尖，向右上方扭转。壳顶部膨胀，位于背缘最前端。前缘钝圆，前背缘直，后背缘向下倾斜，腹缘略呈直线，后部向上弯曲，与背缘成尖角。壳面稍光滑，并有规则的细致生长线，壳面呈褐色或灰褐色，有光泽。

鱼尾楔蚌（*Cuneopsis pisciculus*）

②圆头楔蚌（*Cuneopsis heudei*）

形态特征：贝壳中等大小，壳长可达 80 mm，壳高 33 mm，壳宽 25 mm。贝壳坚厚，膨胀，两侧不等称，前部宽圆，从壳顶向后宽度与高度均缩短并稍尖。壳顶部肥大，高出背缘之上，壳顶在贝壳全长的 1/7 处。前缘钝圆，腹缘稍弯曲，与背缘成尖角。壳面有规则的细致生长线，壳面呈黑褐色或灰褐色，无光泽。

圆头楔蚌（*Cuneopsis heudei*）

③矛形楔蚌（*Cuneopsis celtiformis*）

形态特征：贝壳壳长可达 117 mm，壳高 38 mm，壳宽 31 mm。壳质厚，坚固，两侧不等称，贝壳长，外形呈矛形。壳前部高，向后部逐渐缓慢缩小，至贝壳后端压扁成锐角。壳长为壳高的 2.5～3 倍，壳顶略膨大，位于贝壳近前端，高于背缘之上，并向内倾斜，左右两壳顶紧接在一起。背缘直，逐渐缓慢向下倾斜，前缘钝圆，腹缘略直。壳面光滑，具有细致的生长轮脉，后端弯向背缘，有光泽，幼壳壳面是绿褐色，老壳呈暗褐色。

矛形楔蚌（*Cuneopsis celtiformis*）

（8）冠蚌属（*Cristaria*）

形态特征：壳大型或巨大型，较薄，卵形，很膨胀。壳顶位于偏前方。后方扩张，有时发展成翼状。拟主齿缺。侧齿细长而弱。老成的个体则近消失。

褶纹冠蚌（*Cristaria plicata*）

形态特征：贝壳大型，壳长可达 290 mm，壳高 170 mm，壳宽 100 mm 左右。壳质较厚，坚固，膨胀，外形略呈不等边三角形。贝壳两侧不等称。前部短而低，前背缘极短，具有不明显的冠突，后部长而高，后背缘向上倾斜，伸展成大型的冠，背缘易折断，因此而残缺，幼壳背缘冠一般完整无缺。壳顶低，略膨胀，位于贝壳前端，距前端壳长约 1/6 处。壳面呈深黄绿色至黑褐色，并具有从壳顶到腹缘的绿色或黄色的放射状的色带。壳顶具有数条肋脉，常被腐蚀。全部壳面布有粗糙的同心圆生长线，贝壳的后背部从壳顶起向后有一系列的逐渐粗大的纵肋，一般有 10 余条纵肋。珍珠层呈白色、鲑肉色或淡蓝色，并具有珍珠光泽。韧带粗大，位于背缘冠的基部，贝壳外部不易看到。外套痕略明显。壳顶窝极浅。铰合齿不发达，左右两壳各具有 1 颗短而略粗的后侧齿，及 1 颗细弱的前侧齿，两壳皆无拟主齿。

褶纹冠蚌（*Cristaria plicata*）

（9）帆蚌属（*Hyriopsis*）

形态特征：壳大型或巨大型，卵形，略膨胀，质坚厚。壳顶位于偏前端。后背缘常扩张呈翼状。铰合齿中拟主齿不发达，侧齿左壳 2 颗，右壳 1 颗，皆细长。

三角帆蚌（*Hytiopsis cumingii*）

形态特征：贝壳中等大小，壳长可达 190 mm，壳高 90 mm，壳宽 31 mm 左右。壳质厚而坚硬，外形略呈不整齐四角形。前部低而短，后部长而高。前背缘极短，尖角状，与前缘相连形成后背缘向上突起形成三角形帆状的后翼，约占贝壳表面积的 1/4，次翼脆弱易折断，但在幼壳上保存完整。壳顶低，膨胀，易腐蚀。壳面呈黄褐色，壳顶部生长轮脉粗糙，距离近，其他部位生长轮脉距离宽，呈同心圆环状排列。韧带较长，位于三角帆基部前半段。外套痕明显。珍珠层呈乳白色或肉红色，富有珍珠光泽。铰合部较发达，各壳皆具有 2 颗拟主齿，左壳前拟主齿细长呈三角锥形，后拟主齿极细小，并有 2 颗长条状侧齿；右壳前拟主齿呈长条状，低矮，后拟主齿大，略呈三角锥状，较左壳强大。雌雄异体。

三角帆蚌（*Hytiopsis cumingii*）

（10）矛蚌属（*Lanceolaria*）

形态特征：贝壳外形窄长，壳长为壳高的 3～5 倍，前端圆钝，无喙状突；后端细尖，通常呈矛状。拟主齿大，左壳 2 颗，右壳 1 颗，侧齿细长向后方延伸。后半部不扭转。

①短褶矛蚌（*Lanceolaria grayana*）

形态特征：贝壳较大或中等大小，壳长可达 170 mm，壳高 44 mm，壳宽 39 mm 左右。壳质厚而坚固，壳略膨胀，两侧不等称，窄长，外形呈长矛形。长度为高度的 4～5 倍。贝壳前端钝，膨胀，后端细长，尖锐。壳顶部稍膨胀，低于背缘，常被腐蚀，靠近前端，在贝壳全长 1/10 处。前缘钝圆，前背缘直，后背缘在壳长 1/2 处逐渐向下倾斜，腹缘直，背腹缘几乎平行。小月面长形，发达。壳面灰褐色，生长轮脉细致，贝壳中部生长轮脉间具有许多排列整齐、规则的粗短颗粒形成的纵褶，并在壳顶处有着锯齿状的纵褶，因此称为短褶矛蚌。珍珠层呈乳白色或鲑肉色，有珍珠光泽，后部略呈淡蓝色。壳顶窝浅，外套痕明显。韧带长，从壳顶到贝壳中部。铰合部发达，左壳具有 2 颗高起的略呈三角锥形的拟主齿，后拟主齿较小，顶部皆具有细致的纵裂，并有 2 颗长刃状的侧齿，内侧齿后半部强，前半部低弱，不显著，外侧齿弱；右壳也具有 2 颗拟主齿，前拟主齿甚小，低矮，呈片状，后拟主齿高起，略呈三角形，顶部具有放射状的纵沟，1 颗侧齿呈长刃状，前半部低弱，平滑，后半部强，上方有弱的纵褶。

短褶矛蚌（*Lanceolaria grayana*）

②剑状矛蚌（*Lanceolaria gladiiola*）

形态特征：贝壳中等大小或大型，壳长 86.1～110.6 mm，壳高 20.2～30.1 mm，壳宽 12.8～20.5 mm。贝壳坚厚，膨胀，两侧不等称，前部极短膨胀，钝圆，后部伸长，剧烈削尖，至末端变尖锐，外形窄长，呈剑状。壳顶部膨胀，突出于背缘之上，位于壳前端，在贝壳全长的 1/7 处。前缘钝圆，背缘弯，从壳顶后方向后端倾斜，腹缘略呈直线，后部略向上弯曲，与背缘成尖角，腹缘中部微凹入。小月面发达，从壳顶至末端。壳面具有较弱的垂直的或弯曲的、短的纵褶，有的个体壳面全部皆有，有的个体只分布于壳顶及后背嵴的下方，并有规则的细致生长线。壳面呈褐色或灰褐色。珍珠层呈乳白色或鲑肉色，壳后部珍珠层较薄，有珍珠光泽。壳顶窝浅。外韧带长，从壳顶至贝壳中部。外套痕略明显，铰合部发达。左壳有 2 颗高起的拟主齿及 2 颗细长侧齿，前拟主齿长，呈扁形，后拟主齿较小，呈锥形，顶部皆具有细致刻裂，两拟主齿间有凹陷，具有放射状粗的刻裂，2 颗侧齿呈叉状；右壳也有 2 颗拟主齿，前拟主齿较小，呈片状，后拟主齿强大，呈锥状，顶部具有粗的放射状纵沟，侧齿 1 颗，呈长刃状，上部具有弱的纵褶。

剑状矛蚌（*Lanceolaria gladiiola*）

（11）丽蚌属（*Lanprotula*）

形态特征：壳质坚厚，卵形或亚三角形。壳顶稍偏前方，壳面具有瘤状结节。铰合部发达，有放射状强大的拟主齿和强大的侧齿，左壳具有拟主齿和侧齿各 2 颗，右壳具有拟主齿和侧齿各 1 颗。

①背瘤丽蚌（*Lamprotula leai*）

形态特征：贝壳较大，壳长约 100 mm，壳高 80 mm，壳宽 35 mm 左右。壳质甚厚且坚硬，外形呈长椭圆形。贝壳两侧不等称。前部极短，圆窄，后部长而扁，腹缘呈弧形，背缘近直线状，后背缘弯曲，稍突出成角形。壳顶略膨胀，稍高于背缘之上，几乎位于背缘最前端。壳面除前缘部、腹缘部和后缘部外皆布满瘤状结节，一般标本瘤状结节联成条状，并与后背部的粗肋相接成人字形。幼壳壳面呈黄色，逐渐变成绿褐色，老壳则变成暗褐色或暗灰色。珍珠层为乳白色或淡黄色，有珍珠光泽。壳顶窝略深，压扁。外套痕极明显。铰合部发达，左壳有 2 颗拟主齿，前拟主齿小，低矮、呈片状，后拟主齿极大，呈长三角锥形，2 颗侧齿短，平行，上缘粗糙；右壳具拟主齿和侧齿各 1 颗，拟主齿高起，呈片状，侧齿粗而低矮，上缘呈细致锯齿状。

背瘤丽蚌（*Lamprotula leai*）

②绢丝丽蚌（*Lamprotula fibrosa*）

形态特征：贝壳中等大小，壳长约 73 mm，壳宽 33 mm，壳高 48 mm。壳质甚厚，坚硬，外形呈卵圆形。两壳稍不等称，左壳略向前斜伸。贝壳前部膨胀，而后部压扁，壳顶突出，位于背壳最前方。背缘呈弧形，腹缘与后缘弧度大，连成圆形。壳面生长轮脉细密，瘤状结节零星散布在生长轮脉上，壳顶部表面具有两排小棘或棘痕。壳面呈褐色，有绢丝状的光泽，为我国特有种。

绢丝丽蚌（*Lamprotula fibrosa*）

③洞穴丽蚌（*Lamprotula cavate*）

形态特征：贝壳较大，壳长约 90 mm，壳宽 38 mm，壳高 55 mm。壳质甚厚，坚硬，外形呈椭圆形。两侧不等称。壳顶略膨胀，不高于背缘之上，位于背缘最前端。贝壳前部短圆，后部长扁。壳面呈褐色，具有排列规则的肋，多分布于贝壳上部。贝壳壳面有瘤状结节，壳面显著凹凸不平，此凹凸处两壳位置是相对的，因此称为洞穴丽蚌。

④失衡丽蚌（*Lamprotula tortuosa*）

形态特征：贝壳中等，壳长约 67 mm，壳宽 35 mm，壳高 47 mm。壳质甚厚，坚硬，外形呈斜卵圆形。壳两侧不等称。贝壳前部极短，腹缘呈弧形，后背缘弯曲，后端成角形。壳顶位于壳前端，突出，向内扭转。壳面灰褐色，一般不具有瘤状结节。

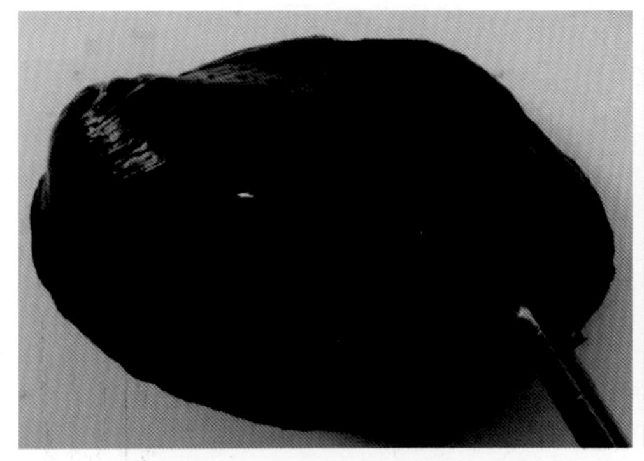

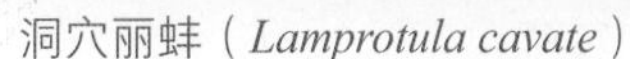

洞穴丽蚌（*Lamprotula cavate*）

失衡丽蚌（*Lamprotula tortuosa*）

⑤猪耳丽蚌（*Lamprotula rochechouarti*）

形态特征：贝壳大型，壳长可达 130 mm，壳宽 48 mm，壳高 92 mm。壳质甚厚，坚硬，外形略呈三角形，与猪耳相似，因此称为猪耳丽蚌。壳两侧不对称。壳后缘，腹缘略直，在后端有一凹陷稍弯，前缘稍圆。壳顶不高出背缘，位于背缘最前端。壳面灰褐色，除近前缘部分外，均散布瘤状结节，近壳顶处瘤状结节细小，其他部分较大，后背上约具有 10 条排列均匀的粗大的肋。

猪耳丽蚌（*Lamprotula rochechouarti*）

⑥多瘤丽蚌（*Lamprotula polysticta*）

形态特征：贝壳略大型，壳长可达 90 mm，壳宽 44 mm，壳高 61 mm。壳质甚厚，坚硬，外形呈长椭圆形到圆形。壳顶位于背缘，向前突出，并向内弯，而形成两壳的壳顶非常接近。前端圆，背缘弯曲，腹缘与后缘形成大的弧形。壳面呈褐色或棕黄色，除前腹外，

多瘤丽蚌（*Lamprotula polysticta*）

均散布瘤状结节，后背嵴具有弯曲而粗大的瘤状斜肋。

（12）珠蚌属（*Unio*）

形态特征：贝壳长椭圆形，长度为宽度的 2 倍。壳顶显著突出于背缘之上。前端短而圆，后端延长，末端稍短窄，背缘与腹缘稍平行，铰合部甚发达，左壳具有拟主齿与侧齿各 2 颗。

圆顶珠蚌（*Unio douglasiae*）

形态特征：贝壳中等大小，质薄而坚硬。贝壳前侧短而圆，后侧延长形，壳顶大，略突出于背部。生长纹明显。成体壳面黑色或深褐色。贝壳内面浅蓝色、灰白色、橙色等。具有珍珠光泽，外韧带短而高。左壳具拟主齿与侧齿各 2 颗，右壳具 2 颗拟主齿及 1 颗侧齿。

圆顶珠蚌（*Unio douglasiae*）

（二）帘蛤目（Veneroida）

帘蛤目的贝壳多样，主齿强壮，常伴有侧齿发育，闭合肌为等柱状。铰合齿少或没有，闭壳肌前后各一，鳃的构造复杂，丝间隔与瓣间隔均有血管相连。有进出水管，生殖孔与肾孔分开。足舌状或蠕虫状。

1. 蚬科（Corbiculidae）

壳小型到中型。壳厚而坚固，外形圆形或近三角形。壳面具光泽和同心圆的轮脉，黄褐色或棕褐色，壳内面白色或青紫色。铰合部有 3 颗主齿，左壳前、后侧齿各 1 颗，右壳有前、后侧齿各 2 颗，侧齿上端呈锯齿状。

蚬属（*Corbicula*）

形态特征：贝壳卵形三角形或为带圆状的三角形，有时壳顶高峻。有显著强壮的 3 颗主齿，前后侧齿长。幼壳壳皮有黄绿色的线条或斑点。

河蚬（*Corbicula fluminea*）

形态特征：贝壳中等大小，呈圆底三角形，一般壳长 30 mm 左右，壳高与壳长相近似。两壳膨胀，壳顶高。壳面有光泽，颜色常呈棕黄色、黄绿色或黑褐色。壳面有粗糙的环肋。韧带短，突出于壳外。铰合部发达。左壳具有 3 颗主齿，前后侧齿各 1 颗。右壳具有 3 颗主齿，前后侧齿各 2 颗，其上有小齿列生。闭壳肌痕明显，外套痕深而显著。

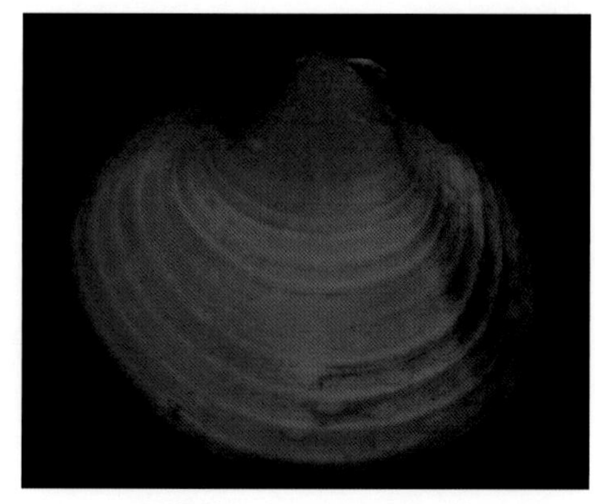

河蚬（*Corbicula fluminea*）

河蚬在洞庭湖全湖为优势种。

2. 球蚬科（Sphaeriidae）

贝壳小型至极小型，壳质薄而脆，被一层薄的壳皮覆盖。外形呈卵圆形，三角形或近方形。两壳相等，但两侧不对称。贝壳膨胀或略膨胀，位于壳中部偏前或偏后处。壳面光滑，具有同心圆细致的生长线，呈白色、粉色，有光泽。

球蚬属（*Sphaerium*）

形态特征：贝壳小形，质脆薄。壳顶位于近中央。主齿在右壳为“∧”形，左壳有 2 颗小齿，前后侧齿左壳 1 颗，右壳 2 颗。

湖球蚬（*Sphaerium lacustre*）

形态特征：贝壳小，质薄而脆。外形呈短卵圆形。壳顶略偏前方，贝壳前缘及后缘皆呈钝圆形，背缘略直，腹缘呈弧形。壳面光滑，生长轮脉细微。壳内面白色，韧带小，铰合部弱。右壳有 1 颗主齿，前后各有 2 颗侧齿；左壳有 2 颗主齿，前后各有 1 颗侧齿。

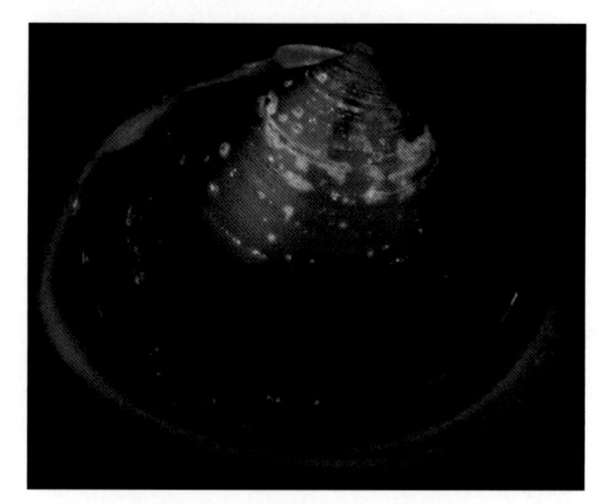

湖球蚬（*Sphaerium lacustre*）

3. 截蛏科（Solecurtidae）

壳长，呈圆柱状或卵圆形。两壳相等，壳质薄而脆，易碎，贝壳两端开口。壳顶不突出，位置随种类不同而有变化。

淡水蛏属（*Novaculina*）

形态特征：贝壳长方形，两壳相等，前后端开口。壳顶突出。外韧带有一斜槽与贝壳内部相连。铰合部左壳有 3 颗主齿，右壳有 2 颗主齿。外套窦末端较深弯入。

中国淡水蛏（*Novaculina chinensis*）

形态特征：贝壳较小型，最大者壳长达 46 mm，壳高 16 mm，壳宽 10 mm。壳质薄而脆，易碎，外形呈长柱状。两壳相等，两侧不等称。贝壳前部宽大，膨胀，自壳顶向后逐渐缩窄、压扁。壳顶略突出背缘，位于贝壳前端，约在贝壳全长的 1/3 处膨胀，两壳壳顶向内弯，常被腐蚀。背缘、腹缘皆直，双缘几乎平行，前缘呈截状，后缘钝圆。两壳关闭时，前后端开口。外韧带黑褐色，呈柱状。壳面具有不规则细致的同心圆生长线，在贝壳的前后部的生长线形成褶皱；壳面具有一层黄绿色的外皮，当贝壳干燥时，壳皮很易脱落，而使壳面呈白色，贝壳周缘具有深色褶皱，此褶皱常常包着壳内边缘。

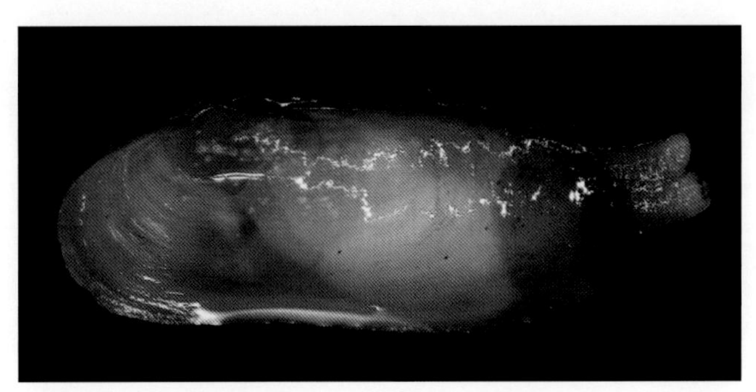

中国淡水蛏（*Novaculina chinensis*）

（三）异柱目（Mytioida）

贻贝科（Mytilidae）

贝壳小，前端较细，后端宽圆，壳顶略向前弯曲，背缘弯，腹缘较直，多数种呈楔形。前闭壳肌小或缺，后闭壳肌大。由于营附着生活，足退化而足丝收缩肌发达。我国仅记录一种：湖沼股蛤，俗名淡水壳菜。

股蛤属（*Limnoperna*）

形态特征：贝壳小，质薄。背缘和后缘连成弧线，以足丝附着生活。

湖沼股蛤（淡水壳菜）（*Limnoperna lacustris*）

形态特征：贝壳小，壳长一般为 8～30 mm。壳质薄，外形侧面观似三角形。壳顶位于壳的前端，背缘弯曲，与后缘连成大弧形，后缘圆，腹缘平直，在足丝处内陷；由壳顶向后的部分壳面极突出。生长线细密，较规则地分布于壳面上。壳面呈棕褐色、黄绿色或深棕色，壳顶至两侧龙骨凸起间呈黄褐色，壳顶后部呈棕褐色。

贝壳内面，自壳顶斜向腹缘末端呈紫罗兰色，其他部分呈淡蓝色，有光泽。肌痕明显。无铰合齿，无隔板。韧带位于铰合部前后，约为体长的 1/3。前闭壳肌退化成极小，后闭壳肌和足丝收缩肌发达，与缩足肌相连成带状。足小，呈棒状。足丝发达，黑褐色，较粗，较硬。

淡水壳菜（*Limnoperna lacustris*）

第三章 节肢动物门（Arthropoda）

节肢动物是身体分节、附肢也分节的动物，一般由头、胸、腹三部分组成。是动物界中种类最多、数量最大、分布最广的种类。已知的节肢动物有120多万种，占动物总数的80%以上。

底栖生活的节肢动物主要由昆虫纲的水生昆虫及软甲纲的虾、蟹等组成。国内各流域常见软甲纲动物及昆虫纲动物如下。

一、软甲纲（Malacostraca）

头胸甲有或无。有成对的复眼。躯干部多为15节（胸部8节，腹部7节），除尾节外都有附肢。第1对触角多为双肢。胸肢为8对，单肢或双肢，一般内肢较发达。腹肢6对，多为双肢。生殖孔雌性位于第6胸节，雄性位于第8胸节。幼体发育多变态，初孵化为无节幼体或原溞状幼体。淡水产的仅有十足目、等足目和端足目。

（一）十足目（Decapoda）

十足目种类繁多，包括虾、蟹类等，由于其体型大，经济价值高，在水产经济中占有很重要的地位。其种类有海生的，也有在淡水里生活的。主要特征为体侧扁，头胸甲发达，完全包被头胸部的所有体节。第2小颚的外肢长、宽大成舟片状，帮助呼吸。胸肢8对，前3对分化成颚足，第3对颚足4～6节，后5对为步足，第3对步足不成螯状。鳃叶状。卵产出后抱于雌性的腹肢间，也称小虾类，游泳能力较差，善于在底部爬行，淡水种类较少，在水产经济上比较重要的是长臂虾科的种类。

1. 长臂虾科（Palaemonidae）

头胸甲具有触角刺、鳃甲刺和肝刺有或无。大颚切齿部和臼齿部互相分离，触须有或无。第3颚足具有外肢。步足均无肢鳃，前两对步足呈钳状。

（1）沼虾属（*Macrobrachium*）

形态特征：头胸甲具有触角刺、肝刺，无鳃甲刺。大颚触角 3 节。第 2 对步足较粗大，雄性特别强大。

（2）长臂虾属（*Palaemon*）

形态特征：大颚触须 3 节。头胸甲具有触角刺、鳃甲刺，无肝刺。通常具有鳃甲沟。第 1 触角上鞭内侧分出一短小的副鞭；第 5 对步足末端腹缘有短毛数列；第 1 腹肢之内肢常无内附肢。

生境：喜生活在淡水湖泊及河流中，产量大，为我国重要的淡水经济虾。轻污染水体中多见。

秀丽白虾（*Palaemon modestus*）

形态特征：体色透明，常带棕色小点。大颚有触须。头胸甲有鳃甲刺，无肝刺。额角上缘基部鸡冠状隆起具有 8～13 颗齿，末部约 1/3 无齿。下缘具有 2～4 颗齿。腹部各节背面圆滑无脊。

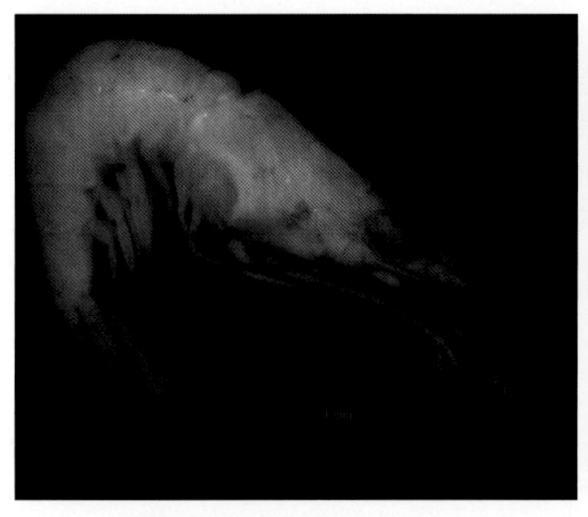

沼虾属（*Macrobrachium* sp.）

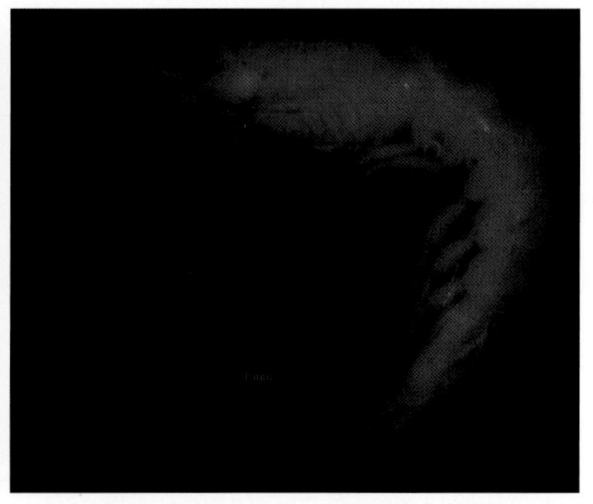

秀丽白虾（*Palaemon modestus*）

2. 螯虾科（Cambaridae）

身体呈圆筒状，额角发达。头胸甲不与口前板愈合。前 3 对步足呈螯状，后两对呈爪状。胸部末节之胸甲与前一节间分离，步足基座两节愈合。

原螯虾属（*Procambarus*）

形态特征：体形较大呈圆筒状，甲壳坚厚，头胸甲稍侧扁，前侧缘除海螯虾科外，不与口前板愈合，侧缘也不与胸部腹甲和胸肢基部愈合。颈沟明显。第 1 触角较短小，双鞭。第 2 触角有较发达的鳞片。3 对颚足都具有外肢。步足全为单肢型，前 3 对螯状，其中第 1 对特别强大、坚厚，故又称螯虾。末 2 对步足简单、爪状。鳃为丝状鳃。

克氏原螯虾（*Procambarus clarkii*）

形态特征：形似虾而甲壳坚硬。成体长 5.6～11.9 cm，暗红色，甲壳部分近黑色，腹部背面有一楔形条纹，螯狭长。甲壳中部不被网眼状空隙分隔，甲壳上具有明显颗粒。额剑具有侧棘或额剑端部具有刻痕。颈沟明显。第 1 触角较短小，双鞭。第 2 触角有较发达的鳞片。3 对颚足都具有外肢。步足全为单肢型，前 3 对螯状，其中第 1 对特别强大、坚厚，故又称螯虾。末 2 对步足简单、爪状。鳃为丝状鳃。

克氏原螯虾（*Procambarus clarkii*）

3. 溪蟹科（Potamidae）

头胸甲隆起，表面密布绒毛，前侧齿基部附近的头胸甲表面具有颗粒；头胸甲后部有长短不等的颗粒隆脊；额具有 6 颗齿，居中 4 颗齿大小相近，前缘钝；前侧缘具有 6 颗齿，第 1 齿末端平钝，第 2～第 4 齿大小相近，末端尖锐，末齿刺形；后缘与后侧缘均具有颗粒隆脊。螯脚粗壮，不对称，腕节和掌节表面具有扁平颗粒；掌节背面具有 5 棘，内外侧面的颗粒排成纵列。

华溪蟹属（*Sinopotamon*）

形态特征：头胸甲前侧缘齿呈锯齿状。两螯稍不对称。雄性第 1 附肢的末端较窄。种类多，变异性大。

岳阳华溪蟹（*Sinopotamon yueyangense*）

形态特征：头胸甲前侧缘齿呈锯齿状。两螯稍不对称。雄性第 1 附肢的末端较窄。多分布于长江流域地区。

岳阳华溪蟹（*Sinopotamon yueyangense*）

（二）端足目（Amphipoda）

端足目种类的身体多侧扁，头小，无头胸甲。眼无柄。第1胸节与头愈合，胸部其他各节发达，分节明显，胸肢8对，单肢型，无外肢。第2～第3对较大，呈假螯状，称鳃足。腹肢为双肢型，前3对适于游泳，叫腹肢。后3对用于弹跳，叫尾肢。端足类在繁殖时，雌性产出的卵，抱于胸肢内侧由复卵片构成的育卵囊中，孵化后的幼体和母体基本相似。端足类在海水、淡水中均有分布，且种类繁多。生活时通常附着在水草或其他物体上，有些种类大量群集生长。是鱼类重要的天然饵料。

钩虾科（Gammaridae）

体略细长，后腹末2节部分种类愈合。第4基节板后缘上部有凹陷，第5基节板的前叶伸入这个凹陷内。第1触角附鞭发达，不超过5节，少数种类内鞭退化，只有1～2节。上唇无内叶，游离缘只少数种类中央有一缺口。下唇外叶有发达的大颚突起，大多数内叶与外叶愈合。大颚臼齿发达，呈圆柱形，有磨面，动颚片左右大颚不同，触须3节，第1小颚内叶内缘具有1排羽状刚毛，外叶顶端具有长刚毛。颚足内外叶发达，触须4节。第2对颚内叶内缘具有1排羽状刚毛，外叶顶端具有长刚毛。颚足内外叶发达，触须4节。2对腮足都有发达的半钳，但两性异型。3～7胸足顺次增长，5～7胸足基节板浅。腹足双肢型，内外肢具有羽毛状，第1尾肢柄节具基侧刺。第3尾肢内肢长短变化不一。尾节裂开，深几乎达到尾节基部。2～7胸节具鳃，雌性2～5胸节具育有卵板。

钩虾属（*Gammarus*）

形态特征：躯体背部光滑或腹节后缘有时隆起，4～6腹节背部有刺，有时微微隆起，但不形成嵴状。触角较长，第1触角长于第2触角，鞭节远长于柄节，附鞭多于2节，通常4节。下唇无内叶。第1小颚内叶卵形，边缘具有羽毛状，外叶顶端具有11锯齿状刺，左触须修长具有简单刺，右触须粗壮具有幢刺。第2小颚内叶具有1斜排羽状刚毛。基节板刚毛较少，第4基节板后缘凹陷，第5基节板比第4基节板小。

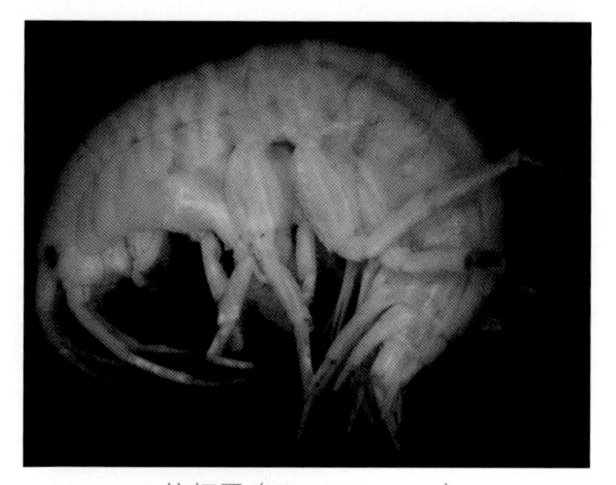

钩虾属（*Gammarus* sp.）

钩虾在东洞庭湖为优势种。

二、昆虫纲（Insecta）

昆虫的特征是身体分头、胸、腹三部分，胸部由前胸、中胸和后胸组成，每一部分附有 1 对胸足。很多昆虫具有 2 对翅，附着在中胸和后胸 2 个体节上。头上具有复眼和 1 对触角。口器主要是咀嚼式、吸吮式和舔吸式。很多昆虫发育时进行全变态，幼虫期经多次蜕皮后变成蛹，羽化为成虫。还有很多昆虫发育时进行不完全变态，它们不经过蛹的阶段即羽化为成虫。昆虫的种类很多，它们有的靠植物食性生活，有的靠扑杀其他小动物，行肉食性生活，还有的行半寄生和寄生生活。昆虫中有不少是有毒的种类。有些昆虫携带致病菌，是传染性疾病的传播者。昆虫纲分为很多目，这里描述的是营底栖生活的水生昆虫。

（一）蜉蝣目（Ephemeroptera）

蜉蝣成虫呈长形、略扁或圆柱形，体小至中型。头部小，触角短，咀嚼式口器，但极度退化。胸节发达，翅 2 对，前翅大，后翅小。足一般短小，雄性前足甚长。腹部有长丝状尾丝。蜉蝣成虫不取食东西，生活时间仅几小时到几天。幼虫期不完全变态，称为稚虫，全部水生。通常生活一年，也有达 2～3 年者。《本草纲目》中描述，“蜉蝣，水虫也，状似蚕蛾，朝生暮死”。稚虫一般蜕皮 24 次，多在日落后羽化，羽化时稚虫升到水面合适的场所，在背部裂一缝隙，爬出有翅虫，这个阶段的虫态称为亚成虫。

稚虫的生活方式不同，有些种类附生在水草上；有些种类在水底淤泥上爬行生活；有些种类在底泥中挖掘通道；有些种类具有扁化的身体，栖息在清澈的急流中的石块下。稚虫的食物是腐屑、小型藻类、原生动物、腐烂的水草，少数种类是肉食性的，以小型昆虫为食。稚虫是鱼类的天然饵料，也是水环境监测的重要指示生物。

1. 四节蜉科（Baetidae）

一般较小。身体大多流线型；触角长度大于头宽的 2 倍；后翅芽有时消失；腹部各节的侧后角延长成明显的尖锐突起；鳃一般 7 对，有时 5 对或 6 对，位于第 1～第 7 腹节背侧面；2 根或 3 根尾丝，具有长而密的细毛。

四节蜉属（*Baetis*）

形态特征：稚虫上颚缺少细毛簇，下颚须 2 节，下唇须 3 节，第 2 节的内侧隆起，前腿节具有毛瘤，前胫节无成排的毛，爪具有 1 列齿。鳃 7 对，单片。

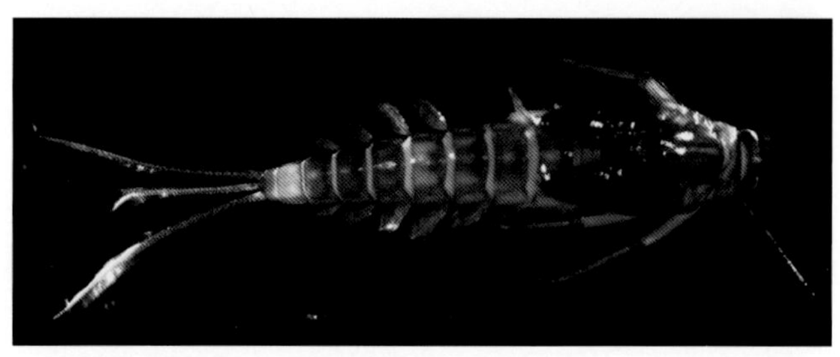

四节蜉属（*Baetis* sp.）

2. 细蜉科（Caenidae）

个体小，除触角和尾丝外，体长一般在 5 mm 以下。身体扁平；第 1 腹节上的鳃单枚，2 节，细长；第 2 节上的鳃背叶扩大，呈四方形，将后面的鳃全部盖住，左右两鳃重叠，背表面具有隆起分支的嵴；第 3～第 6 腹节上的鳃呈片状，单叶，外缘呈缨毛状，缨毛状部分可能再分支；鳃位于体背；3 根尾丝，具有稀疏长毛。

细蜉属（*Caenis*）

形态特征：稚虫体长约 5 mm，头顶无棘突，上颚侧面具有毛，下颚须及下唇须 3 节。身体扁平，前足与中后足长度相差不大，前足腹侧位，使前胸腹板呈三角形状，爪短小，尖端可能弯曲。腹部各节背板的侧后角可能向侧后方突出，呈尖锐状但不向背方弯曲。尾丝 3 根，节间具有细毛。

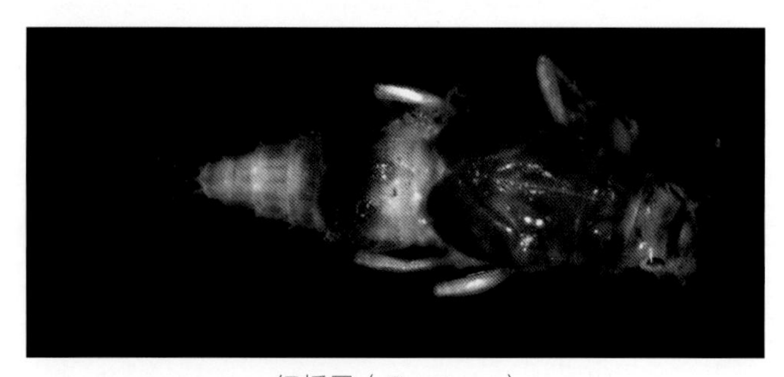

细蜉属（*Caenis* sp.）

3. 蜉蝣科（Ephemeridae）

稚虫主要鉴别特征：个体较大，除触角和尾丝外，体长一般在 15 mm 以上。身体圆柱形，常为淡黄色或黄色；上颚突出呈明显的牙状，除基部外，上颚牙表面不具有刺突，端部向上弯曲；各足极度特化，适合于挖掘；身体表面和足上密生长细毛；鳃 7 对，除第 1 对较小外，其余每鳃分 2 颗，每枚又为两叉状，鳃缘呈缨毛状，位于体背。生活时，鳃由前向后按秩序具有节律性的抖动；3 根尾丝。

主要生活习性：穴居于泥沙质的静水水体底质中，滤食性。

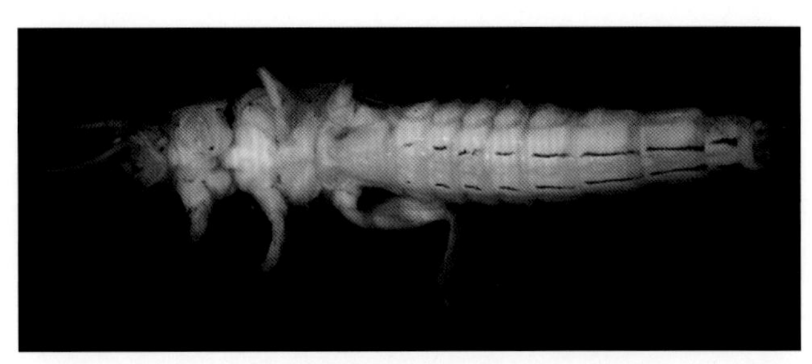

蜉蝣科（Ephemeridae）

4. 褶缘蜉科（Palingeniidae）

额明显向前突出，前缘大多呈锯齿状；触角基部突出；上颚明显向前突出呈向上弯曲的上颚牙，侧缘具有明显的锯齿状脊；下颚须与下唇须 2 节，端节明显呈圆形；胸足为开掘足，前足腿节与胫节明显粗大，端部突出。鳃 7 对，第 1 对鳃小，单片膜质，第 2～第 7 对鳃成对，缘部呈缨毛状；第 3～第 7 对腹部背板的侧后角明显突出呈叶状，向背部扩展。3 根尾丝。

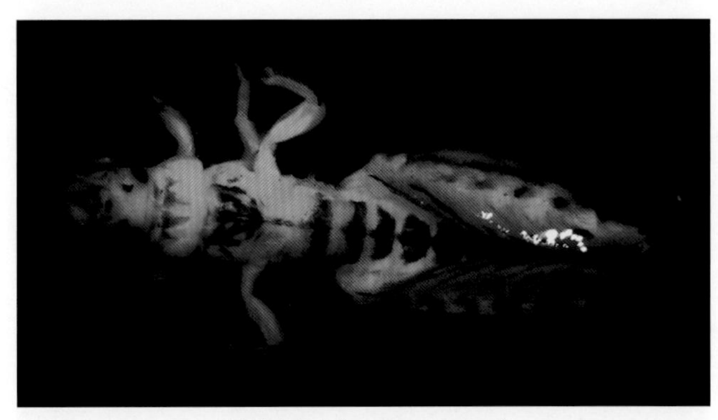

褶缘蜉科（Palingeniidae）

5. 河花蜉科（Potamanthidae）

个体较大，身体扁平，体表常具有鲜艳的斑纹，除足外，身体其他部分的背面少毛；上颚一般突出呈非常明显至很小的颚牙状；下颚须及下唇须 3 节；前胸背板向侧面略突出，前足各部分一般细长，具有长而密的毛。鳃 7 对，第 1 对丝状，2 节；第 2～第 7 对鳃分为两叉状，鳃端部呈缨毛状，位于体侧。3 根尾丝，侧面具有长细毛。

红纹蜉属（*Rhoenanthus*）

形态特征：稚虫上颚牙明显突出头部外，前足的胫跗节内缘和背方密生细毛，胫节长度一般为跗节长度的 2 倍以上。

红纹蜉属（*Rhoenanthus* sp.）

6. 短丝蜉科（Siphlonuridae）

身体流线型，背腹厚度大于身体宽度；运动似小鱼；触角长度不及头宽的 2 倍；身体体表光滑；各腹节的侧后角尖锐；鳃 7 对，单片或双片状，位于第 1～第 7 腹节背侧面，可动；鳃前缘骨化；3 根尾丝，较粗，有长而密的细毛，桨状。

短丝蜉属（*Siphlonurus*）

形态特征：稚虫体长 9～20 mm；爪一般较长；腹部第 1～第 2 对鳃两片，有时 7 对鳃都成两片；鳃一般较大，密布气管。

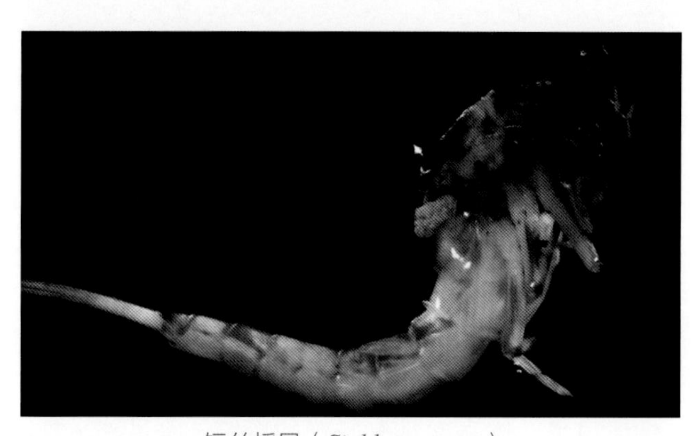

短丝蜉属（*Siphlonurus* sp.）

（二）蜻蜓目（Odonata）

成虫中型到大型，细长，体壁较坚硬，头大且活动。复眼发达，3 个单眼。触角刚毛状。咀嚼式口器，上颚发达，下颚有齿。前胸小，能活动，中后胸愈合成合胸。足细长，适于攀附，飞行时折于口下，辅助捕食。跗节 3 节。两翅透明膜质，狭长，翅前缘近翅顶处有翅痣。腹部细长成圆筒形，末端具有 1 对短小的尾须。不完全变态。成虫生活在水域附近，善飞翔。肉食性，捕食双翅目等昆虫为食。在农业上被视为益虫。成虫产卵在水中或水草表面，孵化的幼虫俗称水虿。

稚虫在水底爬行生活，不能游泳。稚虫分头、胸、腹三部分，体色为褐色或稍带绿色。头部口器有罩形下唇，不用时折于头下，适于捕食。胸部3节，前胸小，中后胸愈合。胸节背面有发育不全的翅芽。腹部由11节组成，最后1节不发达。腹部光滑或具有背棘和侧棘。常见的蜻蜓隶属束翅亚目（豆娘亚目，Zygoptera）和差翅亚目（蜻蜓亚目，Anisoptera）。稚虫以捕食水中的蜉蝣和摇蚊等小动物为食，也捕食蝌蚪和鱼苗，给水产养殖造成危害，被渔民俗称"水老虎"。同时也是成鱼、蛙、蟹类等的天然饵料。

1. 大蜓科（Cordulegastridae）

稚虫体中型至大型，斑纹丰富。触角7节，刚毛状；前额具有方形突起；下唇须叶分化为发达的不规则的齿；翅芽平行或稍有分歧。

圆臀大蜓属（*Anotogaster*）

形态特征：体型极为巨大，雌虫明显大于雄虫，但数量较少。下唇须叶具有较发达的齿，齿的性状极不规则，通常是一列大小不一致的利齿。稚虫的体态极为相似，但下唇前颏的构造具有较显著的差异。

2. 春蜓科（Gomphidae）

本科稚虫体态变化较大，从小型至大型。头部近三角形；复眼小；触角4节，第3节膨大，第4节微小；下唇前颏近方形，扁平，无前颏背鬃及下唇须叶鬃。

（1）扩腹春蜓属（*Stylurus*）

形态特征：稚虫复眼后叶圆弧形。下唇宽阔而光滑；前颏前缘未向前突起，较平直，具细缘齿和浓密的鬃；下唇须叶内缘具细缘齿，端钩发达，钩状，弯曲显著，动钩锋利。触角4节，边缘具浓密的长鬃，第3节长棒状；第4节短小，半圆形；翅芽平行，足挖掘型；腹部锥形，细长。

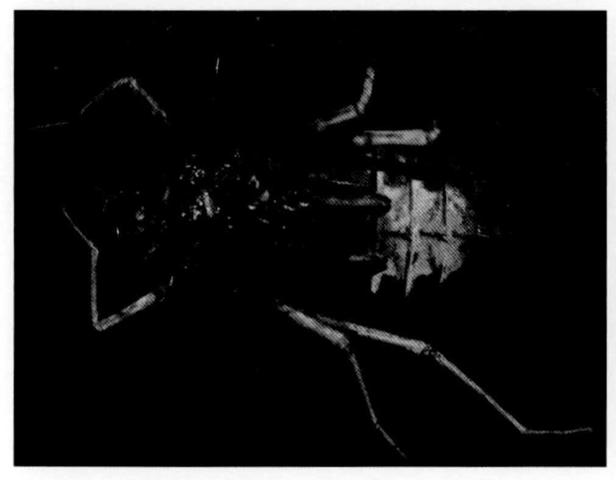

圆臀大蜓属（*Anotogaster* sp.）

扩腹春蜓属（*Stylurus* sp.）

（2）新叶春蜓属（*Sinictinogomphus*）

形态特征：后足跗节 2 节，腹部明显长大于宽，1～7 节呈梯形，到第 7 节后缘处最宽，该节侧刺颇长，前颏长大于宽。

新叶春蜓属（*Sinictinogomphus* sp.）

（3）长腹春蜓属（*Gastrogomphus*）

形态特征：后足跗节 3 节，前颏前缘呈双弧形，具有 1 颗或 2 颗齿，触角第 3 节长约为宽的 3 倍，腹部无背钩，仅第 9 节具侧刺。

（4）长足春蜓属（*Merogomphus*）

形态特征：后足跗节 3 节，前颏前缘不呈双弧形，具有 1 颗或 2 颗齿，触角第 3 节长约为宽的 3 倍，腹部第 6～第 9 或第 7～第 9 或第 8～第 9 节具有侧刺或缺。

长腹春蜓属（*Gastrogomphus* sp.）

长足春蜓属（*Merogomphus* sp.）

3. 蜻科（Libellulidae）

本科稚虫体小而扁平。头近五边形。前额微弱突出。复眼向前侧方突出。下唇前额前缘突出呈三角形。下唇须叶近三角形，前缘锯齿状。胫节端部具有突起。腹部扁平，纺锤形。第 8～第 9 腹节常具有侧刺。肛锥短小。

赤蜻属（*Sympetrum*）

形态特征：体小型，浅褐色；触角 7 节，细长，丝状；下唇前颏基半部狭窄，端半部加宽；前颏前缘向前突出呈三角形。

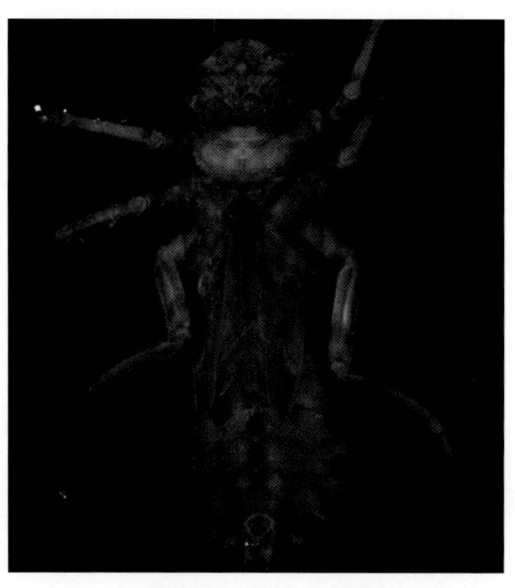

赤蜻属（*Sympetrum* sp.）

（三）半翅目（Hemiptera）

半翅目成虫前翅基半部革质，端半部膜质，为半鞘翅，后翅膜质，故命名为半翅目。半翅目昆虫俗称蝽。水生蝽类，腹部腹面的绒毛层既能防止身体受湿，也助于完成水中的呼吸过程。渐变态。水生蝽类成虫、若虫一般生活在池塘、稻田、溪流或海水中。在水面上活动的如水黾，能在水面奔跑而不沉入水中，甚至能逆流而上。生活在水中的田鳖、蝎蝽等多为流线型，身体扁平，适合在水中运动。仰泳蝽和固头蝽体背面隆起如船底，腹面平而向上，适合在水中仰泳。

水生蝽类多为捕食性，食各种小动物、鱼苗和鱼卵，给养殖业带来一定危害，但划蝽科的一些种类繁殖率高，个体数量大，是鱼类的主要食料之一。另外，水生半翅目的种类还捕食大量孑孓和蝇蛆，具有环保和利用价值。成虫产卵于沉水植物的组织中，或以胶质附于其他物体上。卵孵出的若虫和成虫非常相似，生活习性相同。仅有翅芽，称若虫（nymph）。若虫一般经过 5 次蜕皮，在第 2～第 3 个龄期出现翅芽。发育需要 1.5～2 个月，成虫在水底越冬。常见的水生半翅目为显角亚目和隐角亚目的种类。

1. 盖蝽科（Aphelocheiridae）

形态特征：外形与潜蝽科相似，背腹扁平，黄褐色到黑褐色，常无光泽。头部常略呈三角形，伸出于眼前，基部嵌入前胸背板前缘的凹陷中。触角相对较细，线形，4 节，从背面常可见触角端部。喙赭黄色，相对细长，可伸达后胸腹板。

盖蝽科（Aphelocheiridae）

2. 负子蝽科（Belostomatidae）

形态特征：体卵圆形，常较扁平，黄褐色到棕褐色。体长变异幅度较大，9～110 mm 不等。头部近三角形，复眼大而突出，黄褐色到黑褐色。触角通常 4 节，第 2、第 3 节一侧具有一鳃叶状突起，其上常常被有许多绒毛。喙 4 节，粗壮，较短。前胸背板宽大，常微隆起，缢缩明显。中胸小盾片较大，常具有光泽。前翅具有不规则网状纹，膜片脉序也呈网状，有些种类膜片部分退化，无明显翅脉。前足捕捉式，腿节明显膨大。中、后足稍微压扁，具有缘毛和许多长短不一的粗刺。各足跗节 2～3 节，少数种类前跗节为 1 节，多具有 2 爪。腹部腹面中央纵向隆起，两侧缘被有绒毛带。成虫腹部第 8 腹节背板变形成为一对相互靠近的短叶状结构，称为呼吸带，其内侧有毛，末端接触水面。若虫的后胸后侧片后延，遮盖腹部前数节腹板，具有长缘毛，可储存空气以利于呼吸，若虫的 9 对气门均具有呼吸功能。

负子蝽属（*Diplonychus*）

形态特征：体中型，椭圆形，黄褐色到棕褐色。头部呈三角形，头前缘与复眼外缘近于直线，后缘中央向后凸出。复眼近三角形，两复眼内缘几乎近于平行。触角 4 节，第 2、第 3 节具有横向的指状突起，被绒毛。喙粗壮。前胸背板梯形，前缘中央略凹入，后缘近于平直。中胸小盾片发达，三角形。前翅伸达腹部末端，膜片甚小，其上翅脉有或退化，革质部分具光泽。前足腿节粗壮，跗节 1 节。具有 2 小爪。中、后足均密被粗刺和长毛，跗节均为 3 节，具有 2 爪。腹部腹面中央屋嵴状隆起，光滑，有光泽，侧缘有绒毛带分布。雄生殖节末端较尖锐，雌生殖板末端较钝。呼吸带较短，被有许多长毛。

锈色负子蝽（*Diplonychus rusticus*）

形态特征：成虫体长 16 mm，身体长呈椭圆形，淡黄褐色，前胸背板前叶中纵线长 3 倍于后叶中纵线长。前足为螳螂般镰刀状的捕捉足，跗节 1 节，具有 2 个较细的爪。后足具有毛列，可帮助游泳。

锈色负子蝽（*Diplonychus rusticus*）

3. 划蝽科（Corixidae）

形态特征：体多狭长，成两侧平行的流线型。在较淡的底色上具有典型的斑马式的黑色横走斑纹，容易识别。头部后缘多覆盖在前胸背板上。前足一般粗短，跗节 1 节，特化加粗为匙形；后足游泳式。

4. 蝎蝽科（Nepidae）

形态特征：呈黑色或赭黄色，体长筒形或长椭圆形，较大，长 15～45 mm。头部较小，头顶光滑或具有绒毛。复眼大而突出，呈球状。触角 3 节，第 2 节或第 2、第 3 节具指状突起。喙 4 节，粗短。前胸背板宽大，也可强烈延长，其前缘常凹陷包围少许头部，中部横向缢缩常把前胸背板分为前、后两叶。中胸小盾片发达。前翅膜片具有大量翅室，不甚规则，革质部分较光滑或具有绒毛。前足捕捉式，蝎蝽属的前足腿节粗大。螳蝎蝽属的前足腿节则细长，中段具有1颗齿，前足基节亦强烈延长，使前足成为螳螂的前足状。中、后足细长，适于步行，表面亦被有一些长毛，各足跗节均为 1 节。成虫与若虫臭腺均缺失。

划蝽科（Corixidae）

蝎蝽科（Nepidae）

（四）毛翅目（Trichoptera）

毛翅目昆虫通称石蛾，成虫小型或大型，头小，多毛，触角细长，多节。复眼一般大小，咀嚼式口器，但退化无咀嚼功能。前胸小，背板上多有两个大的瘤状突起并具毛，中胸大而多毛，后胸一般无毛。翅两对膜质，翅面上具毛（个别具鳞片）。足细长。腹部 10 节，雄体腹末外生殖器发达，有像尾丝的分节突起。白天停留在水边附近的植物上；晚上活泼，趋光性强，不善飞行。成虫寿命一般不超过一个月，交配产卵后即死去。毛翅目为完全变态昆虫，幼虫通称石蚕。

幼虫有筑巢习性，在水底生活的种类，巢筒多用砂粒、砾石、介壳等沉重物质筑成，或黏附在石块上。在水草间生活的种类，多用植物的茎叶和腐屑等筑巢。不做巢筒的种类，腹部末端的爪钩发达。肉食性种类捕食摇蚊和蚋的幼虫以及小型甲壳动物，也有以藻类和水草为食的植食性种类。幼虫生活期一年或半年左右，经 6 次蜕皮后形成蛹。羽化时咬破保护物而爬到水面上。毛翅目幼虫用气管鳃或通过渗透呼吸水中溶解的氧，对氧的要求很高。幼虫是鱼类的天然饵料。

1. 纹石蛾科（Hydropsychidae）

稚虫胸部各节背面均被盾板覆盖为一块或被中缝分开，各节盾板形状，大小相似；腹部具分支的气管鳃。

（1）纹石蛾属（*Hydropsyche*）

形态特征：稚虫头壳腹面具有前、后腹面腹片，前腹面腹片显著，三角形，后腹面腹片极小，圆形或半圆形；前胸腹板节间褶处两侧各具有 1 对几乎愈合在一起的骨片；腹节背侧面具有形态多样的刚毛；腹部第 7 节具有腹鳃。

纹石蛾属（*Hydropsyche* sp.）

（2）短脉纹石蛾属（*Cheumatopsyche*）

形态特征：下颚须第 1 节粗短，第 2 节长于第 3、第 4 节，第 3、第 4 节等长，或第 3 节略长；胫距式为 2-4-4；雄虫前足爪对称，雌虫中足胫、跗节扁；前翅中肘横脉与肘横脉基部接近。

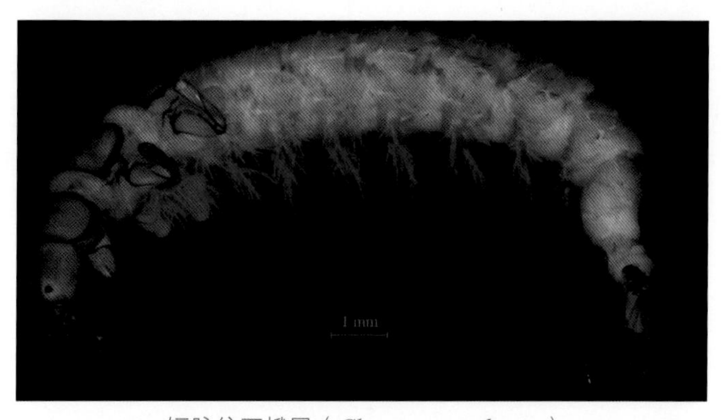

短脉纹石蛾属（*Cheumatopsyche* sp.）

2. 长角石蛾科（Leptoceridae）

触角长而显著，6 倍长于宽；有时中胸盾板骨片略骨化，后半部具有 2 条弯曲的黑色纵线。

3. 多距石蛾科（Polycentropodidae）

腹部具有侧毛列；头圆形或长圆形，长不及宽的 2 倍；前胸盾板不向腹面延伸；前足基转节尖，无基缝。

长角石蛾科（Leptoceridae）

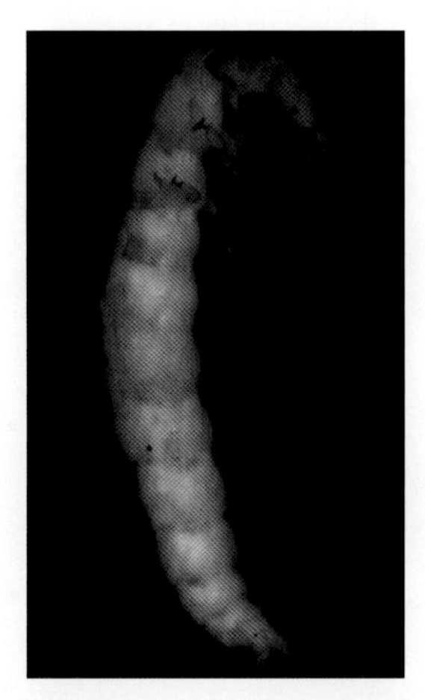

多距石蛾科（Polycentropodidae）

4. 原石蛾科（Rhyacophilidae）

本科稚虫中胸盾板大部分或全部膜质，前胸盾板无前侧突。腹部第 9 节背面具有骨化骨片，后胸侧背毛瘤只有 1 根刚毛。

原石蛾属（*Rhyacophila*）

形态特征：末龄幼虫大，体长不超过 30 mm；体表一般无呼吸鳃，若有，也不成密集状分布于腹节。

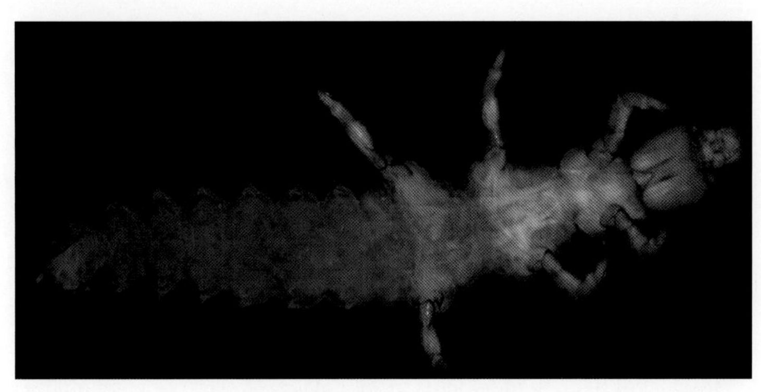

原石蛾属（*Rhyacophila* sp.）

5. 剑石蛾科（Xiphocentronidae）

剑石蛾科幼虫上唇骨化、圆形，下唇细长，末端细管状，尖锐，腹部无侧毛列，第 9 节背面无骨化背片，各足胫、跗节均愈合，前足基部转节小，锥状；中胸侧板向前延伸成一突起；巢管状，由砂粒构成。

6. 径石蛾科（Ecnomidae）

幼虫中等大小，胸部各节背面均为盾板覆盖，少数中后胸背面膜质，腹侧缺气管腮，腹部第 9 节缺骨化背片。

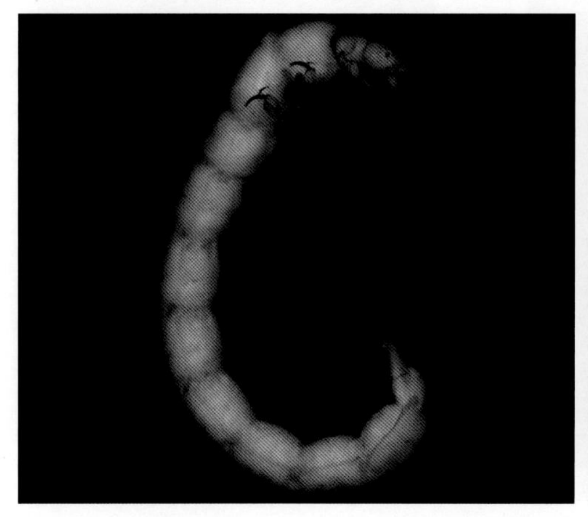

剑石蛾科（Xiphocentronidae）

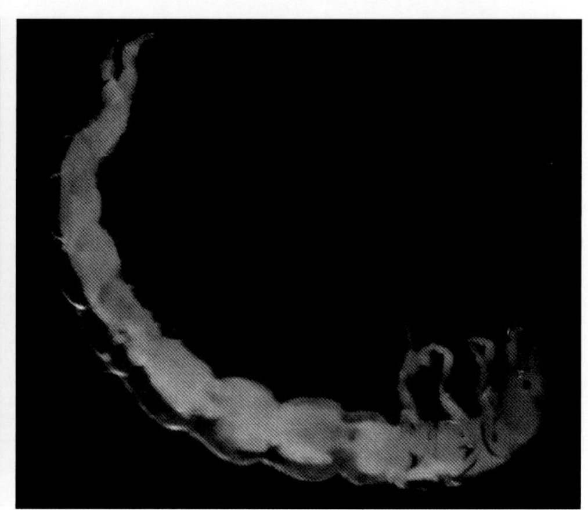

径石蛾科（Ecnomidae）

（五）鞘翅目（Coleoptera）

鞘翅目是昆虫中最大的一个目，通称“甲虫”。咀嚼式口器，复眼发达多数无单眼，触角 10 节或 11 节，形状多变化，前胸发达。前翅角质化而无翅脉，坚厚，故称鞘翅。静止时，两翅在背中线上相遇，平直于胸。腹部背面覆盖在后翅上。后翅膜质，有翅脉，纵横折叠于鞘翅下。小盾片三角形。腹部 10 节，一般腹板只能看到 5～8 节。无尾须。

幼虫多呈蠕虫状，头部发达，较坚硬。咀嚼式口器，大颚发达，具有胸足。腹部 9 节或 11 节。气门一般在第 18 节，每节 1 对。行动活泼的种类常具尾须。完全变态。

水生鞘翅目昆虫一般成虫、幼虫和蛹的阶段均在水中度过。成虫后足发达，成桨状，适于游泳。无论是幼虫还是成虫，大多数为捕食性，在池塘中捕食鱼苗，是水产养殖的大害。

1. 溪泥甲科（Elmidae）

小型种，体具有绒毛。虫体背面有光泽，体表微细毛疏。腹部腹板雌、雄均 5 节。后足基节呈板状盖于腿节。前足基节横向，有基转节。触角第 2 节广阔形。

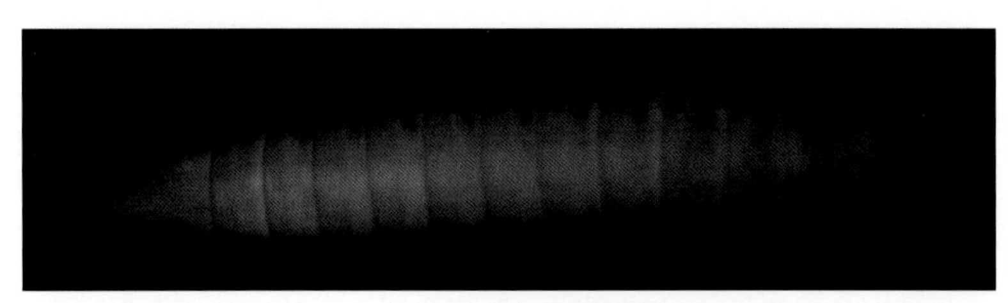

溪泥甲科（Elmidae）

2. 龙虱科（Dytiscidae）

腹部仅有 8 节，末端一节无钩状构造，体长形，腹部第 8 节的尾突若存在，常甚长且附有毛，上颚内具有导管。

龙虱科（Dytiscidae）

（六）双翅目（Diptera）

双翅目昆虫包括日常熟悉的蚊、蚋、蠓、虻、蝇等。它们的头部有小颈，能自由活动，复眼发达，单眼 3 只或无。口器有刺吸式（蚊）、舔吸式（蝇）等多种形式。胸部 3 节紧接。中胸最大，前翅发达，膜质。后翅退化成棒状的平衡棒。足 3 对，相似。跗节 5 节。腹部 4～11 节，无尾毛。双翅目昆虫小或大型，为完全变态。幼虫一般为无足的蛆型，头部明显外露的蚊类为全头型。虻类头部为半缩半露，称半头型。蝇类头部很不明显叫无头型。蝇类的蛹外面包着一层没有脱去的幼虫皮，称为围蛹。蚊类的蛹能在水中游泳，叫动蛹或裸蛹。卵圆形或椭圆形，一般白色，单粒或成堆。

幼虫水生或陆生，多以腐殖质或植物组织为食。双翅目的水生幼虫是鱼类的天然饵料，还可作为各种不同类型水域的指示标志。

1. 摇蚊科（Chironomidae）

摇蚊幼虫整体为蠕虫状，成熟幼虫体长 2～60 mm，大部分幼虫体长 10 mm 左右。体分头、胸、腹三部分。头部黄色、褐色、黑色等。胸部 3 节，腹部 10 节，体节由 13 节组成。

（1）摇蚊属（*Chironomus*）

形态特征：中型至大型幼虫，体长达 7～60 mm，浅红色至深红色。头部背面具有额唇基和上唇骨片 S Ⅰ 2。无上唇骨片 S Ⅰ 1，两对眼点分离。触角 5 节，环器位于第 1 节近中部，触角叶不超过触角末节，副叶约为第 2 节长的 0.5 倍。劳氏器和触角芒着生在第 2 节端部。上唇 S Ⅰ刚毛羽状或梳状，S Ⅱ刚毛简单，S Ⅲ刚毛细短，S Ⅳ和上唇片发育正常。内唇栉由 15～30 颗约等长的齿组成。前上颚具有

2 颗齿，但新热带区的一些种类具有 5 颗齿。上颚背齿色淡、端齿黑色，内齿 3 颗。齿下毛简单。上颚栉发达，上颚刷羽状。基部外表面有一排放射状纹。颏中齿三分叶，侧齿 6 对。第 1、第 2 侧齿紧靠在一起，有时第 4 侧齿比 2 颗邻齿小。腹颏板扇形，中部分离的距离为颏宽的 1/4～1/3，有时比颏宽。亚颏毛简单。体节通常具有 2 对腹管，或长或短或呈螺旋形卷曲（喜盐摇蚊 *C. salinarius* 无腹管）。肛管或长或粗壮。

①溪流摇蚊（*Chironomus riparius*）

形态特征：幼虫红色，体长 10 mm。活体血红色，头壳黄褐色，近后头区 1/2 黑褐色。触角 5 节。内唇栉 11～16 颗齿。上颚内齿黑褐色。颏中齿 3 颗，侧齿 6 对，高度从中间到两侧逐渐降低，腹颏板影线明显。腹部具有两对腹管，无侧腹管，腹管的长度是其着生体节宽的 1.2～1.4 倍。两对肛管不长于后原足。

②羽摇蚊（*Chironomus plumosus*）

形态特征：幼虫红色或暗红色，体长 20 mm，头壳黑褐色。触角 5 节，触角比 2.0。触角叶约与鞭节等长。上唇 S Ⅰ刚毛羽状，S Ⅱ单一。内唇栉 14 颗齿。前上颚二分叉。上颚具有 1 颗背齿、1 颗端齿和 3 颗黑褐色内齿。颏中齿 3 分叉，6 对侧齿。腹颏板外缘强烈褶皱状，后颏和颊强烈黑化。腹部第 7 节具有 1 对侧腹管，第 8 节具有 2 对腹管，长度与其着生体节宽度近似相等，后面一对弯折。尾刚毛台退化，顶生 7 根尾毛。

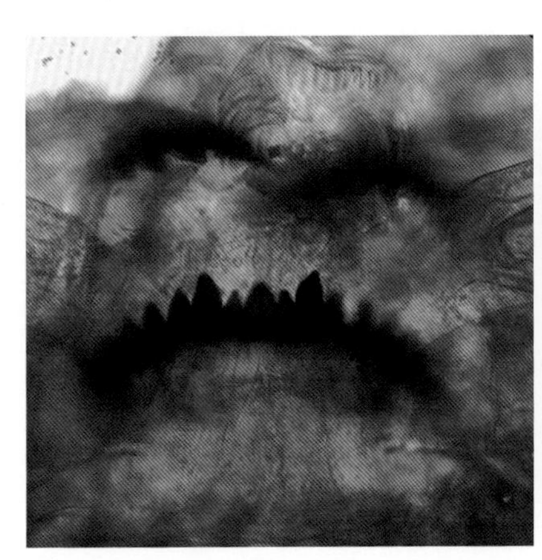

溪流摇蚊（*Chironomus riparius*）
头壳结构腹面观

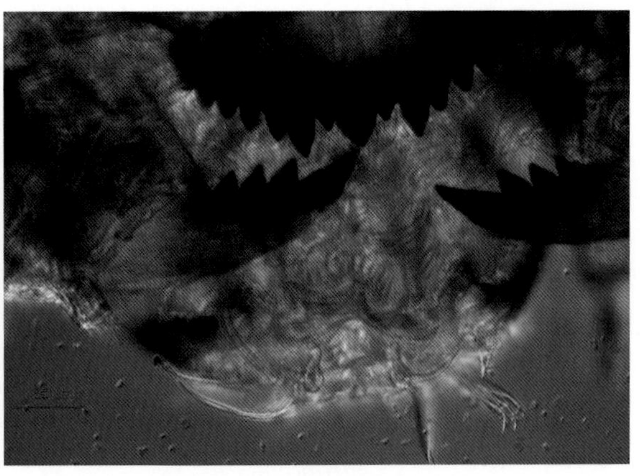

羽摇蚊（*Chironomus plumosus*）
头壳结构腹面观

（2）枝长跗摇蚊属（*Cladotanytarsus*）

形态特征：小型至中型幼虫，体长达 5 mm。触角 5 节，触角托短、无刺突。第 1 节与鞭节等长或稍长，基部具有 1 环器，近中部有 1 根发达的刚毛，第 2 节楔形，比第 3 节短或相等。触角叶位于第 1 节端部，副叶短，触角芒和劳氏器从第 2 节伸出，劳氏器大，花蕾状，劳氏器柄短粗。上唇 S Ⅰ刚毛梳状，S Ⅱ刚毛位于高托之上，末端羽状。S Ⅲ刚毛单毛状。上唇片发达。内唇栉由 3 带锯齿的鳞组成。前上颚具有 4～5 颗小齿，前上颚刷发达。上颚背齿色淡，端齿和 3 颗内齿褐色。齿下毛长，弯曲。上颚刷由 4 根羽状毛组成。上颚栉发达。颏中齿宽，侧面具有缺刻，侧齿 5 对，向侧面逐渐缩小或第 2 侧齿比邻齿小。偶尔第 1 侧齿很小。腹颏板的长比颏的宽度宽。体节上后原足的一些爪内缘具细的锯齿。

范德枝长跗摇蚊（*Cladotanytarsus vanderwulpi*）

形态特征：幼虫体长 3.6 mm。触角 5 节。触角叶达末节中部。劳氏器发达，花冠状。前上颚端部具有 5 颗齿。上颚背齿色淡，端齿和 3 颗内齿褐色。颏中齿分成 3 颗齿，第 1 侧齿比第 2 侧齿小。腹部 2～7 节具二分叉的羽状毛。尾刚毛台具 6 根尾毛。

范德枝长跗摇蚊（*Cladotanytarsus vanderwulpi*）头壳结构腹面观

（3）隐摇蚊属（*Cryptochironomus*）

形态特征：中型至大型幼虫，体长达 15 mm。触角 5 节，第 1 节与鞭节约等长或比鞭节长，端半部具有环器。触角叶位于第 2 节端部的 1/2 处，超过或不超过触角末节，触角副叶短。触角芒位于第 2、第 3 节端部。无劳氏器。上唇 S Ⅰ刚毛短，S Ⅱ刚毛长、尖叶状，S Ⅲ刚毛单毛状，S Ⅳ刚毛细长、分 3 节。上唇片不发达。内唇栉三角形，分 3 叶，前缘具锯齿。内唇侧棘毛中间的 1 对宽且具有锯齿，其他毛细长。前上颚具有 4～6 颗齿，端部向基部逐渐缩小。有前上颚刷。上颚无背齿，具有 1 颗长的端齿和 2 颗三角形内齿。齿下毛细长。上颚刷 1 或者 4 根，1 根时只为单一的毛，具有 4 根时，前 2 根羽状，后 2 根简单。上颚栉毛 1 根，简单或基部有细齿。颏中齿宽、色淡。侧齿 6～7 对，向中部倾斜。第 1 侧齿通常与中齿融合，最外侧的齿具有凹刻。腹颏板明显比颏宽，侧端尖锥形，腹颏板影线细。下颚须细长，第 1 节长为宽的 2 倍。体节上后原足爪简单，无侧腹管和腹管。

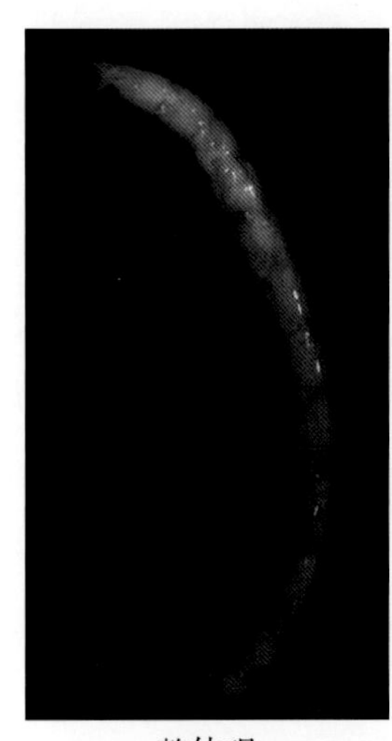

整体观

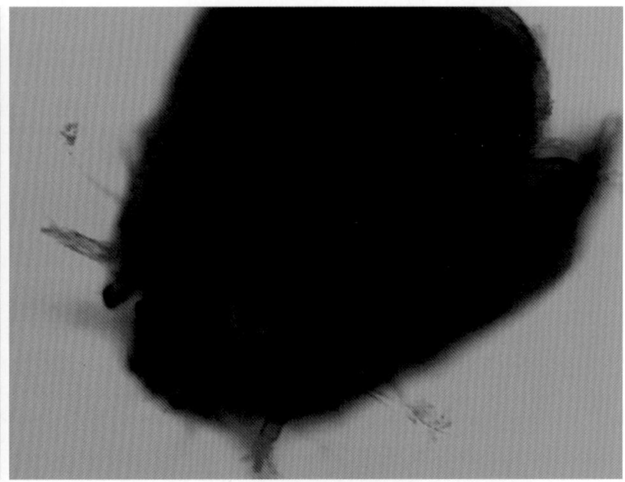

头壳结构腹面观

隐摇蚊属（*Cryptochironomus* sp.）

（4）环足摇蚊属（*Cricotopus*）

形态特征：幼虫中等大小，体长 8 mm。触角 4 节或 5 节，各节依次缩小或第 3、第 4 节等长。个别种类的触角很短。环器位于第 1 节基部的 1/3 处。触角叶多数不超过触角末节，劳氏器明显，有时退化或无。触角芒比第 3 节的长度短。上颚端齿比 3 颗内齿的宽度短。齿下毛端部尖或具有钩状缺刻。上颚刷具有 6～7 根简单的或有锯齿的毛。上颚臼平滑，有时具有刺。颏具 1 颗中齿和 6 对、很少是 5 对或 7 对的侧齿。腹颏板窄，无鬃。下颚具有三角形棘毛。外颚片形状各异。无外颚叶栉。上颚毛简单。体节上前原足端部具有冠状爪，有时爪具有明显的端齿。后原足的爪简单。

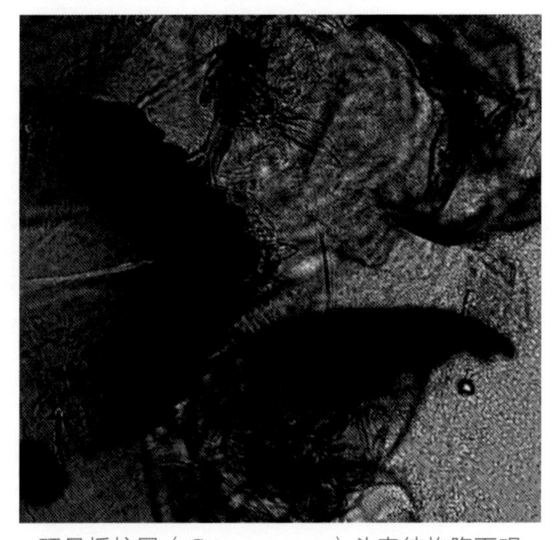

环足摇蚊属（*Cricotopus* sp.）头壳结构腹面观

（5）雕翅摇蚊属（*Glyptotendipes*）

形态特征：中型至大型幼虫，体长 8～10 mm，红色或黑红色。眼点 2 对，头部背面的额光滑，有些种类在亚端部具有 1 凹点。额前缘向内凹陷，平直或向前凸。具有上唇骨片 1 和 2，有些种类上唇骨片 1 的后缘向内凹陷，有些种类上唇骨片具有 1 个长方形的印痕。某些种仅具有上唇骨片 2，上唇骨片 1 的位置为六角形的唇基。触角 5 节，第 3 节长至少是宽的 3 倍，某些种第 3 节仅稍长于宽，基部近 1/3 处具有环器。触角叶明显比鞭节短，副叶与第 2 节等长或仅为第 2 节长的 1/2。第 2 节端部具有 1 对劳氏器，触角芒约为第 3 节的 1/2。上唇 S Ⅰ刚毛羽状、齿状或掌状，S Ⅱ刚毛简单。上唇片正常。内唇栉具有多或少、长度不等的齿。前上颚具有 2 颗齿。上唇基骨片圆形或带形。上颚背齿色淡，具端齿和 3 颗内齿，有时仅有 2 颗内齿。齿下毛长叶状。颏中齿简单，两侧具有缺刻或无。侧齿 6 对，第 4 侧齿有时比 2 颗邻齿小。腹颏板中间分开的距离约为颏中齿宽的 1.5 倍或近乎相连，背缘平滑或具有波纹。腹颏板影线通常是不间断的。亚颏毛简单，或长或短或粗。腹部无侧腹管。有些种具有 1 对短的或中等长度的腹管。

生境：本属幼虫生活于湖泊、池塘及各种小型水体和流水富含碎屑的沿岸地带。

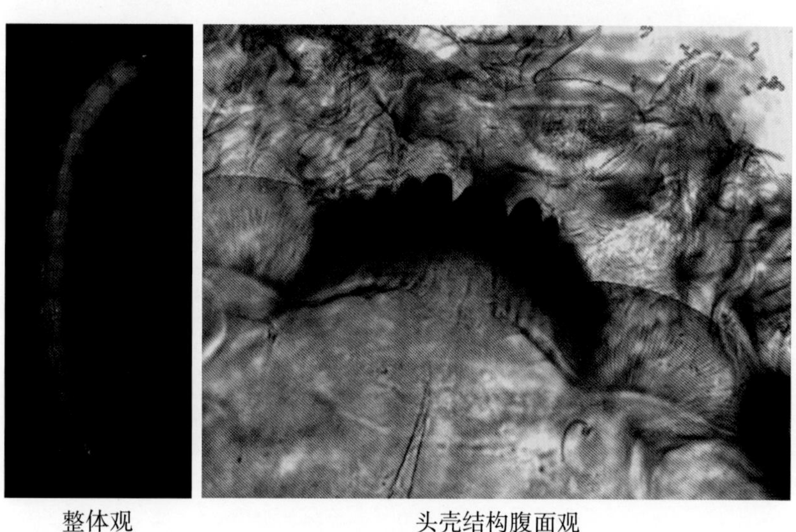

整体观　　头壳结构腹面观

雕翅摇蚊属（*Glyptotendipes* sp.）

（6）多足摇蚊属（*Polypedilum*）

形态特征：幼虫体长 5～14 mm，淡橘红色至深红色。具有 2 对分离的眼点，头部背面的额前缘增宽形成侧突，前缘直。无上唇骨片 1，具有上唇骨片 2。触角 5 节（少数种类 6 节），第 1 节比鞭节长，环器位于第 1 节基部近 1/4 处。触角叶比 2～5 节的长度短或等长。劳氏器对生或互生。上唇 S Ⅰ刚毛宽羽状，S Ⅱ刚毛细羽状，S Ⅲ、S Ⅳ刚毛和上唇片正常。内唇栉由 3 个分离的锯齿形鳞组成，少数种内唇栉无锯齿。前上颚具有 1～3 颗齿，前上颚刷发达。上颚背齿显著，黑色。有些种无背齿，端齿下面有 2 颗内齿，很少有 3 颗内齿。齿下毛细长，端部直或弯曲。颏齿黑色，正常类型具有 4 颗中齿和 6 对侧齿，中齿中间的1对高，两边的 1 对低。侧齿大小不一，正常类型仅具有 5 对侧齿。腹颏板中间的距离宽，至少是颏宽的 1.2 倍，腹颏板影线完整，细或粗。亚颏毛简单。腹部无侧腹管及腹管。

梯形多足摇蚊（*Polypedilum scalaenum*）

形态特征：幼虫体长 6 mm，红色。头壳黄褐色，后头缘深黄色。触角 5 节，第 3 节和第 5 节特别短。触角比 1.4。触角叶超过鞭节。上唇 S Ⅰ刚毛掌状。S Ⅱ刚毛稍宽，端部锯齿状。内唇栉由 3 个独立的鳞片组成。前上颚 2 颗齿，具前上颚刷。上颚具有 1 端齿、1 颗背齿和 3 颗内齿。齿下毛达第 3 颗内齿的端部。上颚臼具有 2 个针状棘刺。颏具有 16 颗齿。第 2 侧齿稍高于中齿。两腹颏板间距约等于 2 颗中齿的宽度。腹部尾刚毛台具有 7 根尾毛。肛管 2 对，端部具有 1 缢缩。

梯形多足摇蚊在洞庭湖全湖为优势种。

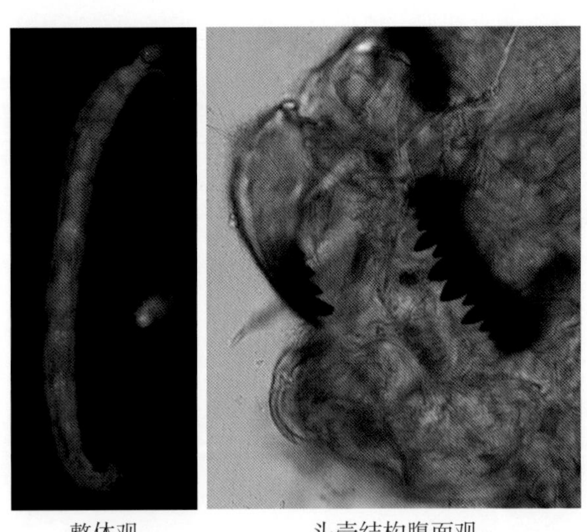

整体观　　头壳结构腹面观

梯形多足摇蚊（*Polypedilum scalaenum*）

（7）前突摇蚊属（*Procladius*）

形态特征：幼虫中型至大型，体长 6～11 mm，色微红，头椭圆形。触角约与上颚等长，触角比 3.5～5。上颚细长，逐渐弯曲。端齿黑色，长为基部宽的 3 倍，为上颚长的 1/4，基部腹面具有 1 颗小的尖齿。基齿宽大，顶端钝圆。下颚须第 1 节长约为宽的 2.5 倍，中部具有环器。背颏具有 6～11 对亮褐色齿，外侧齿小。颏附器三角形，两侧的上唇泡下垂。伪齿舌明显，颗粒分布均匀，端部向基部方向逐渐变宽。唇舌 5 颗齿，长为宽的 1.5～2 倍，基部窄，端部暗褐色。侧唇舌至少是唇舌的 1/2，内缘具少数齿或无齿，外缘齿多达 10 颗。

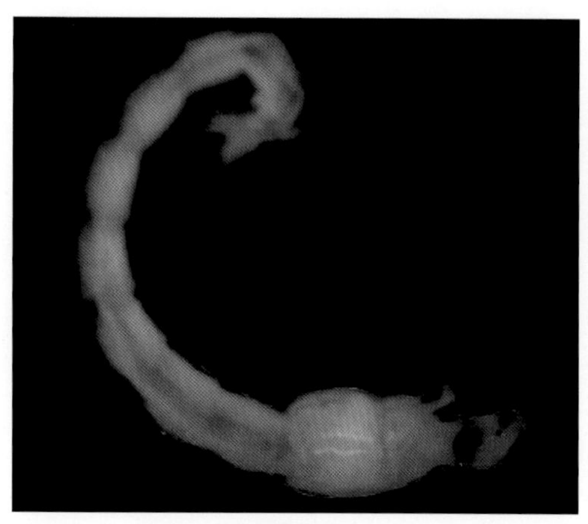
整体观

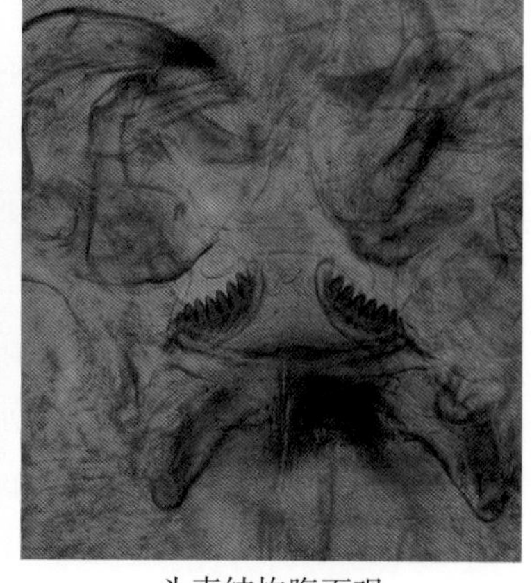
头壳结构腹面观

前突摇蚊属（*Procladius* sp.）

（8）齿斑摇蚊属（*Stictochironomus*）

形态特征：中型幼虫，体长达 14 mm，红色。2 对眼点分离，头部背面额前缘向前凸。无上唇骨片 1，具有上唇骨片 2。触角 6 节，有时第 2 节和第 3 节很短。环器位于第 1 节基部的 1/4～1/3 处。触角叶与鞭节等长或稍比鞭节短，副叶约为第 2 节长的 1/2。劳氏器互生在第 2、第 3 节上。触角芒生于第 3 节上。上唇 S Ⅰ和 S Ⅱ刚毛羽状，S Ⅲ和 S Ⅳ刚毛及上唇片正常。内唇栉由 3 个分离的端部有锯齿的鳞组成。前上颚具有 3 颗齿，前上颚刷显著。上颚宽、基部膨大。上颚齿黑色，背齿长，具端齿和 2～3 颗内齿。齿下毛简单、细长，端部弯曲。颏齿黑褐色，具有 4 颗抬高的中齿，中间的一对中齿小。侧齿 6 对，第 1、第 4 侧齿小。腹颏板中间距离约为颏宽的 1/3，腹颏板长约为颏宽的 1.2 倍。腹颏板影线显著，亚颏毛简单。后原足爪简单，无侧腹管和腹管。

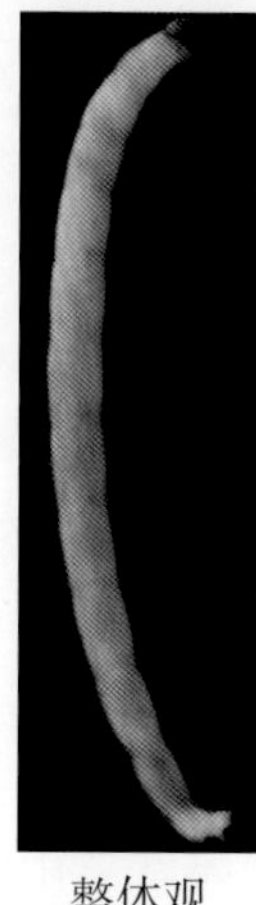
整体观

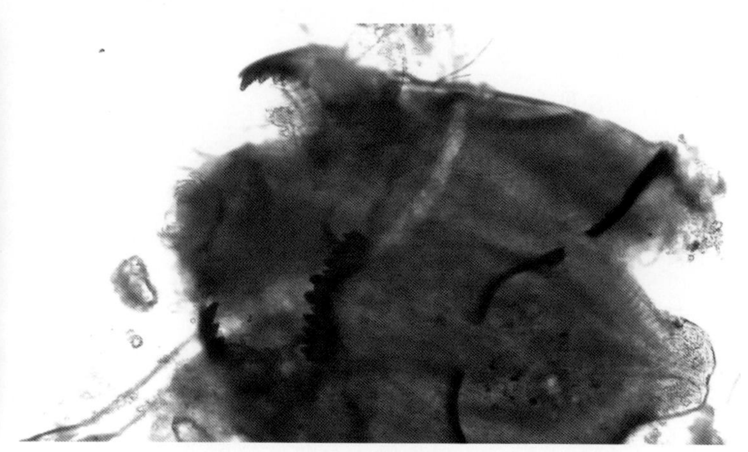
头壳结构腹面观

齿斑摇蚊属（*Stictochironomus* sp.）

（9）直突摇蚊属（*Orthocladius*）

形态特征：中型至大型幼虫，体长 12 mm。触角多5节，有时4节。各节依次缩小或第3节与第4节等长。环器位于第1节的1/3处。触角叶不超过鞭节。劳氏器大或小，触角芒与第3节等长。上唇SⅠ刚毛二分叉，其他刚毛简单。无上唇片，上唇棘毛具有简单的分支。小刺毛端部有分支。上唇侧棘毛简单或有锯齿，上唇基棘毛端部分支。“U”形板“U”形，具有椭圆形或长方形基鳞。前上颚具有1～2颗端齿，只有1颗端齿时常有缺刻，前上颚刷有或无。上颚端齿比3颗内齿的宽度短。齿下毛尖或有缺刻。上颚刷5～8根。简单或有锯齿。上颚臼无刺。刻中齿1颗，侧齿6对或7～9对。腹颏板小。下颚须后棘突三角形。外颚叶具有简单的和梳状叶突。外颚叶栉无或很小。体节：前、后原足分离，端部有爪。尾刚毛台长大于宽，上具有5～7根尾毛。肛管2对，比后原足短或等长。体刚毛简单。

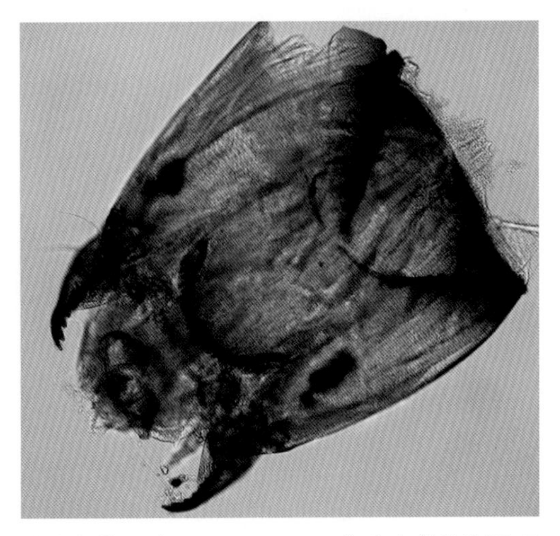
直突摇蚊属（*Orthocladius* sp.）头壳结构腹面观

（10）恩非摇蚊属（*Einfeldia*）

形态特征：中型幼虫，体长10～13 mm，红色。触角5节，第1节基部近1/2处有环器，有些种类环器显著大。触角叶稍比鞭节短，第2节具有短的触角芒和劳氏器。上唇SⅠ刚毛羽状，SⅡ刚毛简单，SⅢ和SⅣ刚毛正常。上唇片正常。内唇栉端部具有1列齿或表面附加的无规律排列的齿或分三部分，每个部分的表面具有细的毛状刺。前上颚具有2颗长的细齿或2颗钝圆的内齿。上颚具有1颗淡色背齿，内面具有附加的小齿。端齿通常紧跟3颗内齿，偶有2颗内齿，齿下毛简单。上颚刷发达。颏中齿两侧具有缺刻或无。侧齿6对，第1、第2侧齿部分基部融合，第4侧齿有时比邻齿低。腹颏板约与颏等宽，中间分开的距离仅为颏中齿的宽，背缘平滑，具平行排列的完整的或中间折断的腹颏板影

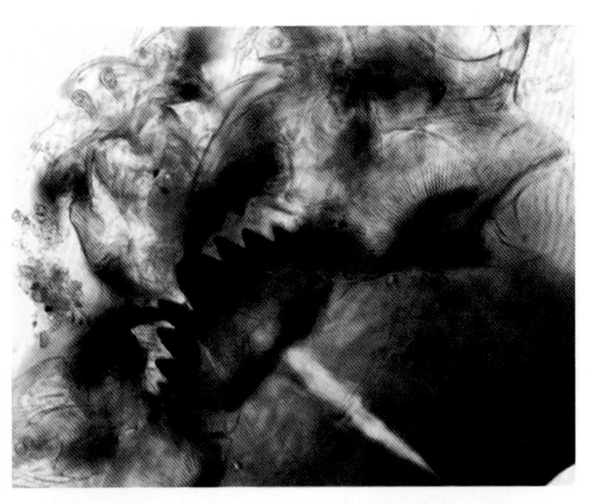
恩非摇蚊属（*Einfeldia* sp.）头壳结构腹面观

线。亚颏毛简单。腹部无或仅有 1 对腹管。

（11）内摇蚊属（*Endochironomus*）

形态特征：幼虫体长 5～14 mm，淡橘红色至深红色。触角 5 节，触角叶比鞭节短，环器位于第 1 节基部近 1/5 处。劳氏器发达。上唇 S Ⅰ刚毛梳状，S Ⅱ刚毛长羽状，S Ⅲ刚毛短，S Ⅳ刚毛和上唇片正常。内唇栉由 3 颗分离的锯齿形鳞组成。前上颚具有 3 颗齿。上颚背齿不显著，1 颗端齿，有 3～4 颗内齿，齿下毛简单，端部弯曲。颏齿黑色，正常类型具有 3～4 颗中齿和 6 对侧齿。腹颏板中间的距离约为颏宽的 1/2，腹颏板影线中间折断，背缘平滑。亚颏毛简单。

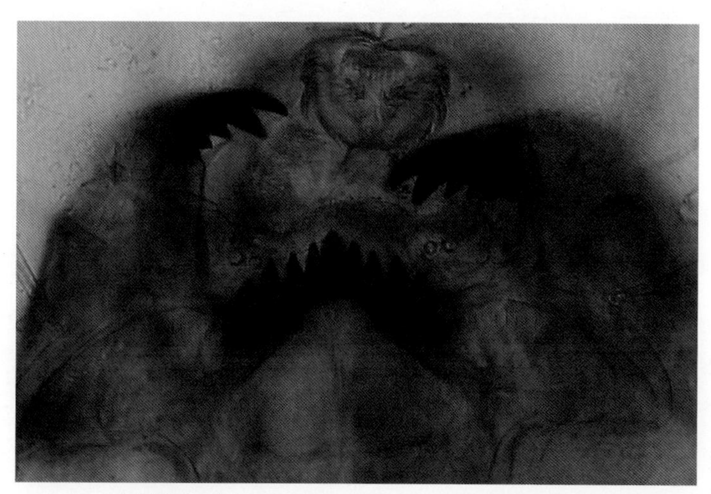

内摇蚊属（*Endochironomus* sp.）头壳结构腹面观

（12）长跗摇蚊属（*Tanytarsus*）

形态特征：中型至大型幼虫，体长达 9 mm。头部背面唇基刚毛简单或羽状。触角 5 节，触角托有或无刺突。第 1 节比鞭节长，基部具有 1 环器，近中部具有 1 根刚毛。第 2 节圆柱形，比 3～5 节的长度长或等长。触角叶不超过触角第 2 节。劳氏器小，柄细长，远超过触角末节。上唇 S Ⅰ刚毛梳状，S Ⅱ刚毛简单或羽状，位于高托之上，S Ⅲ刚毛细毛状。上唇片发达。内唇栉由 3 个端部具有锯齿的鳞组成。前上颚具有 3～5 颗齿，前上颚刷发达。上颚背齿黄色或黄褐色，有些种具有 2 颗背齿和 1 颗或 2 颗其他齿。端齿和 3 颗内齿呈褐色。齿下毛长、弯曲。上颚刷 4 根，羽状。上颚栉发达。颏中齿圆形，侧缘具有缺刻或无，中间常比侧区色淡，侧齿 5 对。腹颏板窄，中部分离。体节：肛鳃发达。后原足仅具有简单少数呈马蹄形排列的爪。栖息在咸水中的种类除外。

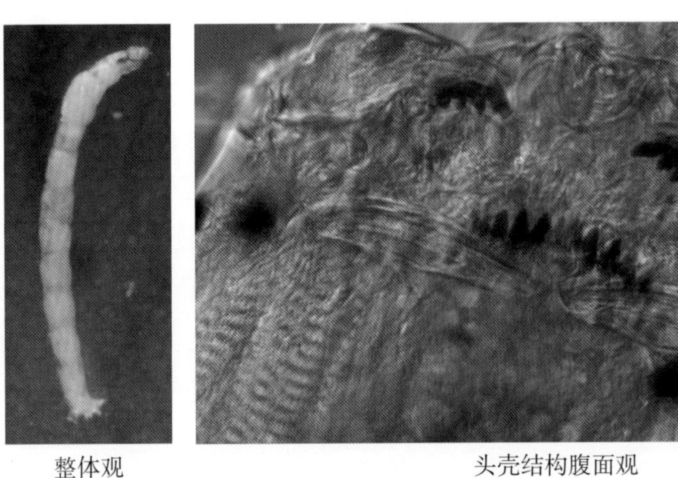

整体观　　头壳结构腹面观

长跗摇蚊属（*Tanytarsus* sp.）

2. 蠓科（Ceratopogonidae）

形态特征：本科幼虫腹部末端末节具有成圈的刚毛。无骨化短突起；前胸气门明显位于背面。

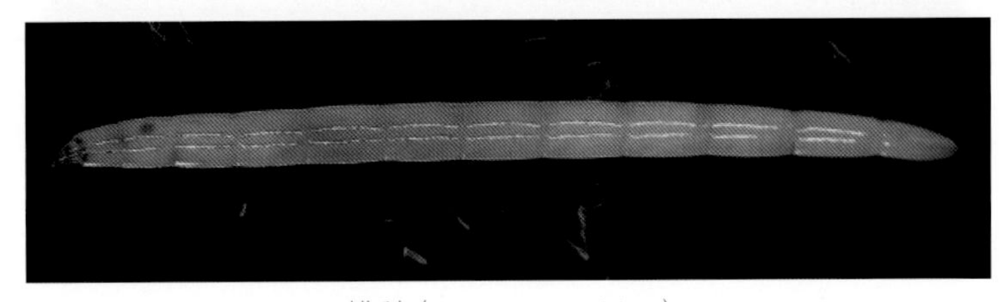

蠓科（Ceratopogonidae）

库蠓属（*Culicoides*）

形态特征：幼虫体长 6 mm，丝状，灰白色，中胸、后胸及腹部各节具有红褐色斑纹。头黄色，眼点大小各 2 个。触角退化。胸部、腹部各节圆筒形。胸部各节前部具有 6 根轮生刚毛，腹部各节背面、腹面各具有 2 根长刚毛。尾端具有 4 根短刚毛。

库蠓属（*Culicoides* sp.）

参考文献

REFERENCES

[1] 蔡如星 . 浙江动物志・软体动物 [M]. 杭州：浙江科学技术出版社，1991.

[2] 大连水产学院 . 淡水生物学 [M]. 北京：北京农业出版社，1982.

[3] 戴爱云 . 中国动物志・无脊椎动物・软甲纲十足目束腹蟹科溪蟹科 [M]. 北京：科学出版社，1999.

[4] 胡鸿钧，魏印心 . 中国淡水藻类——系统、分类及生态 [M]. 北京：科学出版社，2006.

[5] 胡自强 . 洞庭湖及其周围主要水域的螺类 [J]. 湖南师范大学自然科学学报，1993，16（1）：80-85.

[6] 蒋燮治，堵南山 . 中国动物志（节肢动物门 甲壳纲 淡水枝角类）[M]. 北京：科学出版社，1979.

[7] 李新正 . 中国动物志・无脊椎动物・甲壳动物亚门十足目长臂虾总科 [M]. 北京：科学出版社，2007.

[8] 梁象秋 . 中国动物志・无脊椎动物・甲壳动物亚门 十足目匙指虾科 [M]. 北京：科学出版社，2004.

[9] 刘月英，张文珍，王耀先，等 . 中国经济动物志 [M]. 北京：科学出版社，1979.

[10] 任先秋 . 中国动物志・无脊椎动物・甲壳动物亚门端足目钩虾亚目 [M]. 北京：科学出版社，2006.

[11] 沈嘉瑞 . 中国动物志（节肢动物门 甲壳纲 淡水桡足类）[M]. 北京：科学出版社，1979.

[12] 舒凤月，王海军，潘保柱，等 . 长江中下游湖泊贝类物种濒危状况评估 [J]. 水生生物学报，2009，33（6）：1051-1058.

[13] 王丑明，郭晶，张屹，等 . 1988—2017 年洞庭湖浮游植物的群落演变 [J]. 中国环境监测，2018，34（6）：19-25.

[14] 王丑明，张屹，石慧华，等. 洞庭湖大型底栖动物群落结构和水质评价 [J]. 湖泊科学，2016，28（2）：395-404.

[15] 王洪铸. 中国小蚓类研究 [M]. 北京：高等教育出版社，2002.

[16] 王家楫. 中国淡水轮虫志 [M]. 北京：科学出版社，1952.

[17] 王俊才，王新华. 中国北方摇蚊幼虫 [M]. 北京：中国言实出版社，2011.

[18] 王业耀. 中国流域常见水生生物图集 [M]. 北京：科学出版社，2020.

[19] 吴文晖，罗岳平，石慧华. 洞庭湖流域水生态环境变化趋势及生态安全评估 [M]. 湘潭：湘潭大学出版社，2019.

[20] 吴小平，梁彦龄，王洪铸，等. 长江中下游湖泊淡水贝类的分布及物种多样性 [J]. 湖泊科学，2000，12（2）：111-118.

[21] 杨潼. 中国动物志 · 环节动物门 蛭纲 [M]. 北京：科学出版社，1996.

[22] 张玺，李世成，刘月英. 洞庭湖及其周围水域的双壳类软体动物 [J]. 动物学报，1965，17（2）：197-211.

[23] 章宗涉，黄祥飞. 淡水浮游生物研究方法 [M]. 北京：科学出版社，1991.

[24] 赵文. 水生生物学 [M]. 北京：中国农业出版社，2019.

[25] 周凤霞，陈剑虹. 淡水微型生物与底栖动物图谱 [M]. 北京：化学工业出版社，2011.